對本書的讚譽

Zhamak 令人印象深刻地指出了任何在文化、組織、架構和技術層面,需要實作數據網格,以大規模地持續提供價值的資料驅動公司的必要內容。任何從事數據工作的人都必須擁有此書並且閱讀數遍,就像一部好電影,會讓人一次又一次發現其中微妙之處。

—*Andy Petrella*,*Kensu* 創辦人

在本書中,Zhamak 將數據網格從一個聽起來可行的想法,轉變為能實際操作的策略,並且提出之中的細微差別和細節,讓資料能在複雜的組織中發揮作用。

—*Chris Ford*,*Thoughtworks Spain* 技術主管

藉由數據網格,Zhamak 整合技術和組織設計實例,並幫助工程組織,以對資料和分析空間來說合理的方法擴充並且包裝它們。

—*Danilo Sato*,*UK/Europe Thoughtworks* 資料和人工智慧主管

數據網格是一個全新概念,數據從業人員需要學習實作它的時機和方法。Zhamak 的新書兼具理論與實務,可明確引導工程師做出良好的設計選擇。書中詳細的方法使這個新概念既清楚又有用;然而,圖表更是亮點——一圖勝千言。

—*Gwen Shapira*,*Nile Platform* 的共同創辦人與產品長,
並著有 *Kafka: The Definitive Guide*

數據網格的概念也是其中一件我們一直很想做的事,此書將成為我們的指南。

—*Jesse Anderson*,大數據研究所董事總經理;著有 *Data Teams*

很少有像數據網格這樣的概念，會在數據社群中引起這麼多討論。在這本書中，Zhamak 為從業人員清晰闡述數據網格的原理，並揭開它的神祕面紗。

—*Julien Le Dem*，Datakin 技術長和 *OpenLineage* 專案負責人

將數據視為產品，完整且至關重要的全面檢視，包含文化、程序、技術以及實際團隊需要變動以達到目標等各個方面。資料驅動的組織需要充滿活力的數據網格生態系統，由商業需求催生數據產品及其團隊，而非從數據進入的集中式數據湖泊和數據管道中產生。

—*Manuel Pais*，*Team Topologies* 的共同作者

看到一個新典範出現總令人興奮，我見證微服務和其潛在想法成為主流，並且有幸能看到數據網格的建構模塊問世。但跟許多漸進式改良不同的是，Zhamak 和她的同事已經將橫跨部門領域的資料分析，與使微服務具有吸引力的解耦目標之間的潛在張力，轉變為具革命性的想法。有些人可能認為這僅僅是一種技術解決方案，但其實遠遠超出此範圍，它協調了在商務需求和技術解決方案之間長期存在的阻抗問題。雖然很複雜，但它的多面向涉及所有現代軟體開發的部分，並為未來的眾多研發指明道路。

—*Neal Ford*，Thoughtworks 總監 / 軟體架構師 / *Meme Wrangler*；
著有 *Software Architecture: The Hard Parts*

在《數據網格：大規模的提供資料驅動價值》中，Zhamak 不管在技術面還是人力面都是個典範，將領域驅動的思維應用於分析數據和數據產品，從而以迭代方式從資料中獲取價值。

—*Pramod Sadalage*，Thoughtworks 數據與開發維運總監

數據產品扭轉程式和數據之間的關係，封裝資料和為資料提供服務的程式—是一種能清楚區分用於分析的數據產品，和用於營運的微服務方法。

—*Dr. Rebecca Parsons*，Thoughtworks 技術長

數據網格
大規模提供資料驅動價值

Data Mesh
Delivering Data-Driven Value at Scale

Zhamak Dehghani 著

吳曜撰 譯

O'REILLY®

給父親
你的光輝依舊

目錄

第一部分　什麼是數據網格？

第二部分　為什麼選擇數據網格？

第三部分　如何設計數據網格架構？

第四部分　如何設計數據產品架構？

序言

這幾十年來，我一直在為大公司開發軟體，而管理數據始終是主要的結構性問題。在職業生涯的早期中，我對於單一企業等級的數據模型充滿熱情，這些數據通常儲存在單一企業等級的資料庫中。但很快地，我們就發現，讓大量應用程式訪問共享的數據儲存是隨意耦合的災難；而且就算沒有這些問題，也總有更深層的問題。企業的核心理念，例如「客戶」，在不同業務部門需要不同數據模型；而企業收購則更進一步地加劇問題。

為了因應這個問題，較明智的企業會將數據分散化，將數據儲存、模型和管理放到不同的業務部門；這樣，就可以讓最了解該領域數據的人，負責管理該數據。他們藉由明確定義的 API 來跟其他領域共同合作。因為這些 API 能夠包含運作行為，因此我們可以更靈活地共享數據；更重要的是，我們可以隨著時間的推移，讓數據管理持續進化。

雖然已經有越來越多的日常營運方式如此運作，但數據分析仍然是一項日益集中的活動。數據倉庫主要提供精心策劃的關鍵資訊的企業儲存庫。但是這樣一個集中化的群體，會在工作及與其相互衝突的客戶之間產生矛盾，尤其是因為他們無法真正明白數據或消費者的需求。資料湖泊藉由讓原始數據存取普及化而有所幫助，使分析師能夠更接近原始數據來源，但也很容易變成理解不足和來源不清楚的資料沼澤。

數據網格試圖將我們在營運數據中所學到的這些經驗，應用到分析數據的世界中。業務單元領域負責藉由 API 發布分析數據，就如同他們發布營運數據一樣。藉由將他們的數據視為一流產品，他們會傳達數據的含義和來源，並且與數據的消費者共同合作。為了確切落實這方面的工作，企業需要提供一個平台來建構和發布這些數據產品，以及一個聯合治理的架構，以確保這一切都是連貫的。以上這些都說明對於卓越技術重要性的認識，這樣平台和產品才能隨著業務需求的變化而迅速發展。

因此，數據網格本質上是一個相當簡單，且希望能顯而易見的，將成熟的數據管理原則應用於分析數據的世界。然而，實際上這項工作涉及大量事務，特別是因為供應商的許多投資都集中在中心化模型上，因為不支持作業系統開發人員對於健康軟體所認知不可或缺的必要項目（例如測試、抽象建構與重構），而造成情況更加嚴重。

Zhamak 在這方面處於絕對領先地位，為我們的客戶在前進的道路上提供建議，從他們的挫折和勝利中記取教訓，並推動供應商生產工具更輕易地建構這些平台。在全球才剛採用數據網格的重要階段中 ，本書網羅她和她同事的知識；在閱讀本書時，我學到很多實務上會遇到的真實困難相關知識，我相信任何希望自己的組織能夠將數據資源發揮到極致的人，都能在這本書中找到最適合的解釋。

—Martin Fowler
Thoughtworks 的首席科學家

前言

數據網格是帶我們走上處理數據新軌道的推動力：它帶我們想像、捕捉和共享數據，並在分析和人工智能領域中大規模地創造數據價值。這種新興方式使我們遠離數據的中心化以及它的所有權，轉向去中心化的模型。這條新路徑涵蓋組織的複雜性、快速變化和持續增長。不論組織的混亂和複雜性，它都能讓組織從大規模的數據中獲得價值。

回顧這一行業的歷史，過去也曾經有過類似的推動力。Unix 的誕生，以其「編寫只做一件事並把它做好的程式。編寫能夠協同工作的程式……」理念，如同蝴蝶效應般在幾十年後，藉由分散式架構、服務導向的設計、通過標準 API 的溝通和自主領域團隊組織等方式，讓世人能夠對付軟體核心的複雜度。我希望數據網格也可以對付數據核心的複雜度，尤其是分析或人工智能等最需要數據的領域。

我們收集數據並集中儲存，找一個團隊負責，讓不同使用者在各種情境下使用，以從數據中獲取價值，但我觀察到，這是幾十年來，大量投資數據技術的大型技術先進公司常見的失敗模式，這讓我在 2018 年制定數據網格的論文，觀察這些為了擴充數據管理解決方案和組織，以實現其在數據上雄心壯志的努力。因此，我們需要重新審視這些假設。

大約在同一時間，我在紐約的 O'Reilly 會議上分享數據網格的背後概念。我將其稱為「湖之上」（Beyond the Lake）[1]，這也是我正在努力解決的最困難技術性問題之一：取一個新的名字。當我說出這會從根本上改變我們對數據的看法等褻瀆話語時，雖然我害怕會受到嚴厲的批評，但聽眾還是多持正面回應。不論數據分析師或科學家等數據用戶的痛苦是否真實，他們都努力在第一時間獲得高品質且值得信賴的數據。

1　*https://oreil.ly/O3hbf*

卡在數據提供者和數據使用者之間，數據工程師嘗試從不可靠的數據來源取得有意義的資訊以分擔痛苦，將這些資訊以其他人也可以使用的形式，並且在不與企業密切接觸的情況下完成所有工作。聽眾中的領導者紛紛點頭表示，他們的數據和分析解決方案的回報程度僅是一般般。我離開那個會議時，對湖之上更有信心。幾個月後，中國舉行為期一週的技術顧問委員會會議，但在飛離美國的前一天晚上，我 3 歲女兒發燒了，登上飛機時，我試圖掩飾要與生病的孩子分開一週的絕望，但當機長向機組人員宣布關閉艙門時，我還是崩潰並下了飛機，因此錯過會議，並多了一週的時間躲起來，將數據網格的想法和經驗轉化為文字，放在一篇名為〈How to Move Beyond a Monolithic Data Lake to a Distributed Data Mesh〉[2] 的文章中，刊登在 Martin Fowler 的個人網站上，因此獲得成功且難以置信的讀者群，就好像我說出了別人心中所想到的話。三年過去了，本書將更深入探討實現數據網格的原因、內容和方法。

為什麼我要在現在寫這本書？

數據網格建立後的幾年內，一開始就採用並實施的公司始終大力支持。它鼓勵供應商嘗試調整產品，以適應數據網格，並建立一個蓬勃發展的學習社群來分享眾人經驗。

儘管進展如此之快，但我寫這本書的時間可能比預期的要早一些。我們仍然處於為了分析和機器學習（ML）使用案例，而使用本質上差異不小的共享和建立數據方法的早期階段。但我們的產業傾向於過濾一些無法識別的新概念和流行語。因此，我決定寫這本書，為數據網格實作的未來發展奠定共同基礎。我想確定的是，在我們忙於建構新的技術解決方案之前，能夠了解我們需要改變的原因、試圖解決的問題以及辦法。

本書為數據網格的客觀目標奠定基礎，這是它的首要原則。我們將強調如何以這個首要原則來建立頂層架構，並提供執行實作和轉變組織及文化的工具。

這本書適合誰？

本書是為那些具有不同角色和技能組合的人所撰寫的。數據網格是一種範式轉變，從架構師、從業人員、基礎設施工程師到產品經理、數據領導者和高階管理員等，它需要許多互補角色和領域之間的共同努力，才能應用在任何一個組織中。

---

2 *https://oreil.ly/rxjiW*

以下是各種角色可以從本書中學到的內容：

- **分析數據使用者**，如數據科學家和分析師等，閱讀本書可以了解數據網格能提供的內容，以及身為網格活躍成員的他們，要如何成為這個運動的一部分，進而將他們的洞見和推論化為新的數據產品在網格上分享。

- **數據提供者**，例如應用程式團隊或數據工程師等，閱讀本書可以了解數據網格的兩個層面：整合營運和分析數據，以及應用程式。他們將知道自己要如何涉入跨職能領域團隊，以及將建立何種架構來導入數據網格。

- **基礎設施產品擁有者、架構師和工程師**，閱讀本書可以了解自我服務數據平台的角色和設計，進而建立一套整合良好的服務，讓跨職能領域團隊能夠大規模且去中心化的共享數據。

- **數據治理團隊**，閱讀本書可以了解實現治理目標的新結構和方法，這種方式有利於數據的獨立領域所有權、消除組織瓶頸並且大量依賴自動化和計算。本書介紹數據治理的新角色和形式。

- **數據領導者、管理者和高層管理者**，閱讀本書可以了解即將到來的範式轉變，並學習制定基於數據網格的數據戰略、執行該轉換，並以此方式讓組織更穩固。

本書是為具有傳統數據和分析背景的人，以及一直致力於軟體和應用程式交付的人所撰寫的。數據網格縮小了這兩者之間的差距。

如果你來自傳統數據背景，如數據工程師或數據分析師，那我建議你放下過去的偏見，以開放態度面對解決分析數據管理問題與處理數據問題的新方法，將計算和自動化視為數據不可或缺的夥伴。

如果你來自應用程式開發背景，如軟體架構或應用程式基礎架構工程，請帶著對數據和分析的共鳴來閱讀本書。將自己視為共享數據，並且從數據中獲取價值來改進應用程式的解決方案一部分；在全新的未來世界裡，數據工作和應用程式開發將能互補，讓你的解決方案成功。

如何閱讀此書

我強烈建議你從〈序章：想像數據網格〉開始。這個簡短的章節藉由一個數位串流媒體公司 Daff, Inc. 的虛構故事，來說明數據網格的原理，可讓你視覺化地感受數據網格的運作，看出數據網格對日常工作的影響。

其他章節可分為以下五個部分：

第一部分，什麼是數據網格？

這部分介紹每個數據網格的首要原則，並且描述它們的轉換影響。我誠摯建議讀者都能夠閱讀本書的這部分，因為它提供所有關於數據網格的討論。

第二部分，為什麼選擇數據網格？

如果你不確定數據網格是否適合你，但你想知道它能解決哪些問題，又是如何解決的；或者你只是單純想知道它如何發揮影響力，可以閱讀本書的這部分。它比較數據網格與過去的方法，並討論為什麼過去的方法雖然可以帶我們走到今日，卻無法再帶我們走向未來。我也誠摯建議讀者都能閱讀此部分。

第三部分，如何設計數據網格架構？

這部分適用所有技術人員、領導者或從業者。本書此部分的章節著重於數據網格元件的高級架構。它們可幫助你設計數據網格架構，並且同時評估現成的技術，讓其與數據網格保持一致。

第四部分，如何設計數據產品架構？

這部分會詳細介紹數據網格的設計核心概念，即數據產品，它能在不影響必要細節的情況下，簡化複雜的概念，好讓所有人，如經理、領導者或從業者都可以理解。然而，對於要實作數據網格各個面向的技術領導者來說，將能從本書這部分獲取最大效益。

第五部分，如何開始？

這部分是針對那些能夠影響數據戰略和組織變革整體執行角色的人們的指南。它會就如何逐步執行數據網格轉換提供可行的建議，以及如何依據團隊結構、激勵機制和文化等做出組織設計的決策。

本書編排慣例

斜體字（*Italic*）

> 代表新的詞彙、URL、電子郵件地址、檔案名稱以及檔案附檔名。中文以楷體表示。

粗體

> 代表數據領域以及數據產品名稱。

定寬字（`Constant width`）

> 用來列出程式，內文中參照程式的元素，如變數、函式名稱、資料庫、資料型態、環境變數、敘述以及關鍵字。

定寬粗體字（**`Constant width bold`**）

> 顯示指令或其他使用者應該鍵入的文字。

定寬斜體字（*`Constant width italic`*）

> 顯示應由使用者提供的值，或是當下狀況決定的值的置換文字。

 代表一般性注意事項。

 代表警告或警示事項。

致謝

我想把這本書獻給我的另一半 Adrian Paoletti 和女兒 Arianna Paoletti。若沒有他們的耐心和無私的愛與支持，這本書就不會存在；在過去的一年半，我們錯過許多假期和週末，只為了讓我能夠完成本書，我將永遠感謝你們的體諒和愛。我還想把這本書獻給一路以來用愛和各種激勵的話語幫助我的母親 Nayer Dadpay 及姊妹 Parisa Dehghani，我愛妳們。

有人說寫書是件很寂寞的事，但對我來說並非如此。我要感謝那些在寫作過程中願意慷慨分享時間和回饋的早期審稿人，以下不依照特定順序，Andy Petrella，感謝你用謙遜和幽默的態度，以數據科學家的角度分享看法。Chris Ford，感謝你總是用深思熟慮的結構化評論拓展我的視野。Mammand Zadeh，感謝你讓我知道經驗豐富且務實的數據基礎設施領導者的心聲，並一直幫助我串連想法與現實。Martin Fowler，感謝你讓我看清大局，得知其中差距，並幫助我釐清複雜的概念。Danilo Sato 和 Sam Ramji，感謝你們的指導、智慧和時間。

Thoughtworks 的員工參與許多科技業中劃時代的運動：微服務、持續交付、敏捷開發等，不勝枚舉，之所以能如此，正是因為 Thoughtworks 的領導力量鼓勵在追求卓越軟體的過程中各自發揮創意。以下依舊不依照特定順序，Rebecca Parsons 和 Chris Murphy，感謝你們支持我寫這本書，同時謝謝我在 Thoughtworks 共事過的同事：Gagan Madan、Zichuan Xiong、Neal Ford、Samia Rahman、Sina Jahangirizadeh、Ken Collier、Srikar Ayilavarapu、Sheroy Marker、Danilo Sato、Emily Gorcenski、David Colls、Erik Nagler 和許多其他人。

我要感謝 O'Reilly 所有幫助這本書出版的人。在 O'Reilly 美好且熱情的大家庭中，我想特別提到 Gary O'Brien，Gary，感謝你一直以來的支持，甚至犧牲跟家人團聚的那些週末，只為了審閱書稿內容並回答我的問題，幫助我在低潮和懷疑中振作起來，重回正軌。Melissa Duffield，謝謝你幫助我邁出第一步，讓這本書開始，並且以無與倫比的同理心支持我。

最後，我要感謝寫作過程中的老師和指導精神 Martin Fowler，謝謝你帶我走的每一步。

想像數據網格

想像力會帶我們到從未去過的地方；少了它，我們將無處可去。

—Carl Sagan

根據失敗者超越倖存者的比例，每家成功的公司，背後都有三家失敗且慘遭遺忘的公司 [1]。在人工智慧的時代中，站穩腳步的人已經破解複雜性的密碼，將數據驅動的實驗落實到業務中的各個面向，這並不是引人注意的巧合，因為快速學習且持續變化，並且與機器智能合作，才能超越人類邏輯和推理來理解現實。

容我虛構一家全球音樂串流媒體公司 Daff, Inc. [2]，並以它為例說明。Daff 成功實現它的使命：「以身歷其境的藝術體驗，將全世界的藝術家和聽眾在生命中的每一刻串連起來。」而這使命的背後，是公司對於數據、分析和機器智能的極大期待，**數據網格**就是他們使用的方法。數據網格是 Daff 的數據戰略、架構和營運模型的支柱，讓他們能夠以數據和機器學習（ML）的方式，有規模且快速地實驗、學習和適應。

我想和大家分享 Daff 實作數據網格之後的故事，讓你們了解數據網格的本質，親眼見到所套用的數據網格原則、它的優勢、實際運行的架構和組織結構。

要介紹像數據網格這類的複雜內容，最佳方法就是引用範例。然而，現在要找到一個擁有成熟數據網格的公司為例子還言之過早，因為我們目前才正要建構第一個數據網格。因此，我將以一家虛構的公司，來描述並且展示我期望在幾年後看到的一些特性。雖然現實不一定能完全符合想像，但對於我們正在努力實現的目標願景來說，這會是理解且

1　根據美國勞工統計局（BLS）調查，只有 25% 的新興企業能開設超過 15 年以上時間，這項統計數據從 1990 年代以後皆是如此，一直以來都沒有多大變化。

2　「Daff」是一種 3000 多年前的波斯打擊樂器，至今仍有人在演奏它，也成為歷久不衰的象徵。關於 Daff 的靈感來自我長期收聽的 Spotify，公司內部運作以及其服務例子全屬虛構。

達到目標的重要部分。為了更能說明此願景，我虛構的這間公司，是一家各商業媒體精選名單上的優良企業。

在我講述這個故事時，下方會有註解，好讓你找到相對應的後面章節，深入探討這裡簡介的各個部分。然而，我還是希望你先專心看完這個故事，知道結局後再往下看後面的章節。

數據網格實務

現在是西元 2022 年。

Daff 在 Premium 方案訂閱者大幅成長後，持續努力地使用機器學習來觀察用戶體驗。該公司仍然是最受歡迎且功能豐富的平台之一，它使用數據來加強使用者身歷其境的體驗，擁有豐富內容庫，並且接觸新興和正在崛起的藝術家。Daff 藉由增加全新服務，擴展到相鄰領域的 Podcast、影像和組織活動，進而持續地發展。如今，Daff 幾乎將觸角伸到全球各個國家，從活動、藝術場所到健身平台，在當地和全球商業合作者的生態系統中不斷成長。

在過去 3 年中，Daff 將他們管理和分析數據的方式，轉變為一種稱為**數據網格**的方法，從大規模分析數據中獲取價值，進一步加強數據和業務兩者間的聯繫。

Daff 部署複雜的機器學習模型，這些模型不斷地在組織內外部多樣且持續進化的數據集合中找出特定模式。Daff 為聽眾提供專門針對個人品味、心情、特定時間及地點的推薦清單。利用數據，為藝術家提供目標明確的活動，以幫助他們擴大觸及率。他們藉由業務分析、儀表板、報告和視覺化效果，來即時掌握自適應業務的脈動。而這只是 Daff 從數據中獲取的冰山一角價值。

讓我們來看看 Daff 是如何做到的。

數據好奇心與實驗的文化

Daff 其中一個最顯著的改變，是允許各種假設性問題到處出現的文化：如果我們可以做出改變，就算事情只能變好一點點？另一種文化則是著迷於實驗、觀察結果、分析並理解數據、再從中學習，套用至結論。

這種文化建立在技術基礎之上，它讓每個人都勇於嘗試，不管是應用機器學習的廣大實驗，或者只是調整使用者介面功能的小型實驗。

Daff 由不同業務單元組織而成，稱為「領域」（*domains*）。**播放器**領域專注於可攜帶式設備所使用的核心音樂播放器，**合作**領域則尋求商業夥伴，例如健身應用程式和藝術場所，而**播放清單**領域則研究更多且進階的播放清單產生方法。每個領域都結合了軟體開發和更廣泛的業務能力，並且負責可以支持該領域的軟體元件。

身處 Daff 你會注意到，不論何時，每個領域都在同時進行各項實驗，用以改進其應用程式和服務。例如，**播放器**團隊不斷嘗試與使用者更好的互動方法，**合作**領域團隊使用從各種外部來源，如**健身平台**、**藝術場所**等獲取的數據作實驗，**播放清單**團隊不斷套用更先進的機器學習方法，來推出並推薦更吸引人的合輯。**藝術家**領域團隊利用機器學習方法，來發掘那些一般人會忽視的藝術家，並且吸引他們加入。

每個業務的領域以及與它們協作的技術團隊，都大加讚揚有意義、值得信賴且安全的數據。不僅如此，每個人都希望在整個組織中依照需求存取數據能成為一種常態。他們知道自己在實現這個目標中所扮演的角色，對數據的解讀方式、來源與提供方式負起全責，並且在其中占有一席之地。

只要可以利用舊有的數據和模式來實作該領域的特性或功能，每個領域都會積極的套用機器學習模型。舉例來說，**播放清單**團隊使用生成機器學習模型，來產生奇妙到讓人覺得不可思議的合輯，可針對不同情境推出不同內容，不管是跑步還是專注學習等。**藝術家**團隊的數據來自各種社群媒體，和 Daff 之外的其他機構，他們以此找到新興藝術家，邀請他們加入平台、推廣，讓更多聽眾認識他們。

你可以感受到他們運用數據和學習新現實的熱情，來創造和發現那些之前對人類感官來說只是噪音的訊號。[3]

數據網格之前的數據文化

這種文化與 3 年前的 Daff 形成強烈對比。當時他們將與數據有關的蒐集、實驗和相關情資工作，外包給獨立的數據團隊，該團隊承受極大壓力，因各個領域都不相信所謂的數據，或者是經常找不到他們需要的數據。這讓數據團隊一直在做彌補工作，可能是上游應用程式和資料庫因為任何一個微小變化而破壞的數據管道，也可能是要前一天亟需數據解決方案的某個領域。各領域不用對數據的易獲得性、可靠性和可用性有任何的責任，也不感興趣；而取得正確數據的準備時間和其他阻力，也會讓這些領域很難執行新的實驗。

比較這兩種不同的狀況，可以看出 Daff 在 3 年後轉向數據網格取得了多大的進步。

3　請參閱第十六章〈組織與文化〉，會以此處的 Daff 範例討論數據網格組織中的價值、文化、激勵機制和責任。

數據和機器學習的嵌入式合作夥伴關係

數據實驗文化似乎好得令人難以置信。若想知道它實際運作的方法，可參考 Daff 最近開發的數據驅動業務功能故事，來了解相關人員的參與經驗。

智慧型音樂播放清單已經成為 Daff 平台一項成功的功能。**音樂播放清單**領域在許多機器學習模型上運作，這些模型相互交叉各種來源的數據，包括聽眾所在地、正在做的事情、他們的興趣以及參與的場合等，為聽眾推薦更匹配的播放清單。

播放清單機器學習模型會利用整個組織不同來源的分析數據產品模式，例如：

- **聽眾**的領域、**個人檔案、社群網絡、位置**等共享數據，來了解聽眾背景和與其相似的族群。

- **播放器**領域、**播放會議和播放事件**等共享數據，來了解聽眾在播放器設備上的行為和偏好。

- 來自音樂**專輯領域、音樂曲目和音樂檔案**等數據，來了解音樂曲目的檔案和分類。

有多種經過訓練的機器學習模型可以產生智慧播放清單，如**星期一播放清單、星期日早晨播放清單、專注播放清單**等。

播放清單團隊將這些不斷改進的合輯，以數據產品的形式分享給其他團隊。數據即為產品，是一個成熟的概念，指的是依照 Daff 既定的數據共享標準而分享的數據，全域數據發現工具可以自動存取數據產品。它們共享並且確保擁有相同的服務水準目標（service-level objectives, SLO），例如每個播放清單的更新頻率、準確率和及時性，並擁有最新且易於理解的說明書。簡單來說，數據產品是具有正確訪問權限的使用者所能獲得的高品質數據，並且容易理解、好上手。

播放器領域團隊則聚焦在不同播放器如手機、桌機和汽車等的使用者介面，這是**播放清單**數據產品中最主要的使用者之一；他們不斷消化最新和最棒的播放清單，並將此呈現給聽眾。

播放清單團隊計畫要更新他們的模型，為不同的體育活動推薦新的播放清單，例如**跑步播放清單、自行車播放清單**等。他們需要找到一些現存資料，包括聽眾在運動時喜歡或播放的音樂資訊。

首先，**播放清單**團隊進入網格的探索入口，並且搜尋所有可能跟體育活動相關的數據產品。藉由探索機制，他們發現**合作夥伴**領域中有一些跟運動相關的數據，這個探索工具能讓團隊自動存取文件、範例程式以及更多與數據產品相關的資訊。他們自動的請求存取權限，以取得**合作夥伴**數據產品使用權並且檢視樣本資料集。雖然他們發現了一些涉及**聯合成員**（合作健身平台成員的聽眾）的有用數據，但沒有找到任何他們在跑步、騎自行車或做瑜伽時，在這些平台上聆聽或喜歡的音樂資訊。

播放清單團隊跟**合作夥伴**數據產品擁有者取得聯繫。每個領域都會有一個專門的產品擁有者，他會專注於該領域所共享的數據。藉由直接對話告知**合作夥伴**團隊，他們需要存取健身平台在不同活動中播放的音樂曲目，以及平台成員喜歡的音樂曲目。這段對話能重新建立**合作夥伴播放清單**數據產品的優先順序。

合作夥伴業務團隊的宗旨，是藉由跟**健身平台**等合作平台的無縫整合以及音樂分享，為聽眾創造更好的體驗。建立**合作夥伴播放清單**數據產品跟他們的業務目標一致。**合作夥伴**團隊是最適合建立這些數據產品的團隊，他們跟合作夥伴平台有最密切的合作，而且也了解他們的整合 API，以及這些 API 的生命週期。這些 API 會直接為**合作夥伴播放清單**數據產品提供數據。

鑑於 Daff 在過去 3 年建立的自我服務數據基礎設施和平台能力，**合作夥伴**團隊能夠簡單建立起新的數據產品。他們跟其中一個廣受歡迎的**自行車和健身合作夥伴**合作，使用他們的 API 來存取其成員播放過和喜歡的曲目。

合作夥伴團隊使用平台數據產品的生命週期管理工具來轉換邏輯，將這些數據呈現為多種模式的數據產品，最初是使用增量檔案的近即時快照。為了更容易地整合**合作夥伴播放清單**跟其他數據產品，轉換程式著重於將**音樂曲目 ID** 轉換為 Daff 在所有數據產品中使用的全域曲目 ID 系統。不過幾個小時，他們就建立新的**合作夥伴播放清單**數據產品，並將其部署到網格中，同時也提供給**播放清單**團隊，讓他們的實驗能夠持續下去。

在這個再平凡不過的場景中，隱含一些數據網格原則的基本原理：第一是**數據的去中心化領域所有權** [4]，藉此消除數據使用者和數據提供者之間的差距。在這種情況下，讓**播放清單**領域能夠直接與**合作夥伴**領域共同工作，而每個團隊都有責任長期提供數據、**播放清單和合作夥伴播放清單**。

4　見第二章〈領域所有權原則〉，說明在數據網格組織中的長期數據產品所有權。

第二個原則是**將數據視為產品**[5]的文化和技術。團隊有責任提供易於被發現、易於理解、可存取和可使用的數據，稱之為數據產品。每個跨功能的領域團隊中都有一些既定的角色，例如數據產品擁有者，負責並且能夠成功的分享數據。

在幾個小時或最多一兩天內分享新的**合作夥伴播放清單**數據產品的可行性，以及發現正確數據並且輕鬆使用的可能性，全都依賴於**自我服務數據平台**[6]。此平台為跨功能團隊提供分享和使用數據的服務，並且能夠有效率且安全的建立和分享數據產品。舉例來說，自動存取控制、預設加密個人資訊以及使用全域發現工具註冊所有數據產品等，都是平台提供的服務。

Daff 以一套健全的治理策略，自信且有效的分享數據，大家對誰應該擁有哪些數據都有共識，就是這種政策的其中一個例子。在這種情況下，**合作夥伴團隊**是**合作夥伴播放清單**的擁有者，因為他們是最接近數據來源的團隊，並且掌握與合作夥伴的關係，他們也非常了解會影響合作夥伴數據的因子。Daff 建立起一套「為數據產品指派長期擁有者」的管理政策，受其啟發，而有這基本且簡單的決策；聯合群組的領域將定義政策，再由數據平台將之自動化。這就是數據網格的聯合計算治理[7]原則。

Daff 花了很多的時間，才到達這一無縫且無摩擦的階段。圖 P-1 顯示這種點對點和去中心化的合作方法。

5　見第三章〈數據即產品原則〉，說明數據網格組織中，將數據分享視為產品的概念。
6　見第四章〈自我服務數據平台的原理〉，說明以數據網格基礎設施服務為自我服務平台的目的和特徵。
7　見第五章〈聯合計算治理原則〉，說明跨網格的數據產品建立全域策略的營運模型和方法。

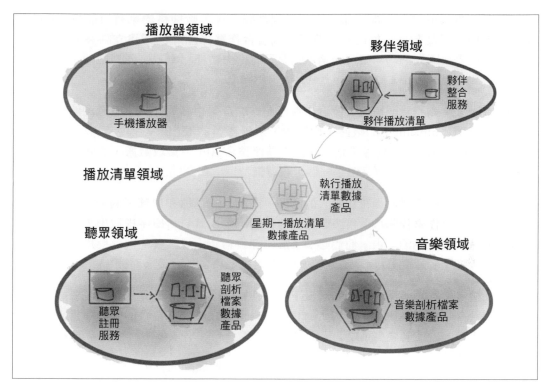

圖 P-1　使用數據網格的智慧播放清單建立場景

數據網格出現之前的數據工作

相同情況，若在 3 年前將需要花上數週時間，和許多摩擦及瓶頸、跨團隊的多次交接，並且很可能得到質量不佳的數據。3 年前，預期的花費時間和所有摩擦，很可能在一開始就會讓該計畫陷入停滯、被迫放棄，或者花費更多成本，而這還是最好的情況。

在 3 年前，**播放清單**團隊需要詢問中央數據和 AI 團隊，先建立和訓練**體育播放清單**的新模型。中央數據和 AI 團隊中的數據科學家，需要在整個組織所需的其他眾多機器學習計畫中考量優先順序。在最佳情況下，他們會優先執行播放清單的請求，數據科學家將到已中心化的數據湖泊或數據倉庫團隊獲取數據，並且請求一個中心化的治理團隊以存取數據。

這將會花上數天的時間。即便如此，在找到數據之後，數據科學家有可能無法完全理解這些數據。因為數據可能已經過時了，或者**合作夥伴**團隊已經建立許多尚未進入中央數據倉庫或數據湖泊的新整合服務；也有可能中央數據科學家團隊對數據不是那麼的信任。

在數據科學家意識到自己需要更多合作夥伴提供的音樂相關數據後，數據湖泊團隊需要一個負責管道（pipeline）的數據工程團隊，來獲得新的取出、轉換、讀取／取出、讀取、轉換（ETL/ELT）等管道設定，從合作夥伴整合 API 中獲取數據，並將它們送到數據倉庫或數據湖泊中，但這又會是一個卡在待備清單上很久的工作。

中心化的數據工程團隊必須花費數天的時間，來協商、溝通和理解一個全新的領域，例如這裡提到的**合作夥伴**領域，再將數據從他們的應用程式資料庫中提取出來並且放到管道，然後進入數據湖泊之中。他們必須了解內部資料庫，以及其他內部應用程式的細微差別，才能將內部音樂 ID 對應到全域 ID。而這預期將會花費更多時間。

在沒有直接參與和理解業務案例的情況下，**合作夥伴**團隊沒有優先處理高品質的合作夥伴音樂整合[8]，並且支援數據工程師 ETL 管道的急迫性。臨時整合的內容通常需要花費數天時間除錯，才能夠產生可以流入數據湖泊中的資料。但事情不會因此停下來

Daff 依照功能劃分的組織設計和技術，根本不利於數據驅動的實驗[9]。

圖 P-2 呈現 Daff 在導入數據網格之前的組織結構和架構。他們擁有現代化的軟體開發架構和組織結構，因為他們調整了自動化領域的業務和技術開發團隊。然而，他們劃分數據及分析團隊和整體架構的功能，並且使用數據湖泊和數據倉庫的中心化單一架構。

中央數據團隊和單一架構，為了要反應公司內外的數據來源激增及其使用狀況的多樣性，已成為瓶頸。數據團隊一直承受莫大壓力，並且因為 Daff 的增長而嚴重拖慢速度。投資的回報現已趨於平緩。

簡而言之，Daff 的數據團隊結構和架構，已無法配合整個組織的願景和成長速度了[10]。

8　見第十六章〈組織與文化〉，說明團隊分享數據的內在動機。
9　見第八章〈轉折點之前〉，說明導入數據網格之前數據團隊的本質。
10　見第八章〈轉折點之前〉，詳細介紹現今企業架構和組織方法中的瓶頸與不足之處。

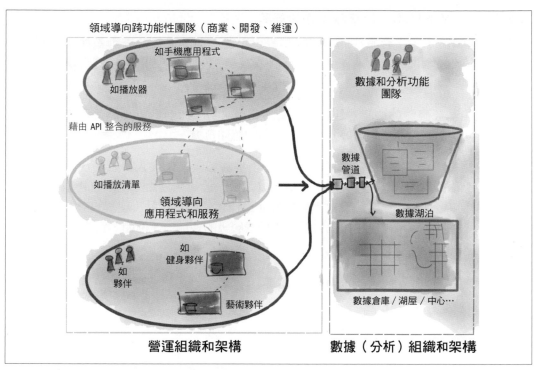

圖 P-2　Daff 在導入數據網格之前的組織和架構

看不見的平台與政策

在我剛剛與大家分享的體育播放清單情境中，數據使用者和提供者對於發布數據網格通常都有不可思議的體驗：沒有摩擦、快速的點到點結果、擁有明確邊界的分享責任感。

為了遠端實現這一點，Daff 建立一套自我服務的技術以及自動化，使用起來感覺很順手，而且幾乎察覺不到。

在數據提供者和數據使用者的經驗之下，為了快速、自動的分享數據，一個由自我服務功能組成的平台可以實現一連串的關鍵體驗：

建構、部署、監控和發展數據產品的經驗

　　在此範例中，數據平台能提供在短時間內建立和發展**合作夥伴播放清單及體育播放清單**數據產品的無摩擦體驗，包括與來源整合、建構和測試數據轉換程式以及提供數據。

將數據產品網格視為一個整體工作的經驗

在這種情況下，平台服務能夠搜尋和發現數據產品、連接並查詢數據、訂閱不斷進化的數據變化，以及連接和關聯多個數據產品，以建立嶄新且符合趨勢的播放清單。

該平台這些基於體驗的功能，針對數據產品開發人員、所有者或一般使用者進行最佳化，以盡可能的減少他們在數據分享和實驗中的認知負擔。

Daff 無法接受用機器逆最佳化的代價，來最佳化數據產品開發人員及一般使用者的體驗。平台看不見的部分，也就是靠近實體層且遠離一般使用者之處，負責物理和機器最佳化。雖然平台強調黏著性服務的體驗階段能最佳化使用者體驗，使其自動化且連接數據產品，但平台的實用階段最佳化物理性和機器層級的性能 [11]。例如，它支援：

- 數據產品的高效能多形式儲存
- 跨數據產品的高效能查詢和工作負載處理
- 高效能的搜尋和索引
- 減少數據移動

播放清單團隊的無縫體驗使用來自不同團隊的多個數據產品，包括**合作夥伴、聽眾和音樂檔案**，取決於一套管理所有數據產品的全域標準政策 [12]：

- 數據分享 API 的標準化
- 元數據的標準化，包括 SLO、文件和數據建模語言
- 分享數據實體 ID 的標準化

自動化數據產品的無限規模

數據網格藉由橫向擴展的組織和技術結構，滿足 Daff 的成長願景。正如你在智慧播放清單範例中看到的，導入新播放清單或改進現有播放清單，就只是增加更多數據產品並將它們連接在一起，例如，**跑步播放清單、騎車播放清單、健身平台 X 合作夥伴播放清單、健身平台 Y 合作夥伴播放清單**等。這是一種橫向擴展的架構，你可以增加更多同等的節點，並將它們相互連接以達成無限擴展。數據產品是實作為架構中的量子，也就是架構中可以獨立部署並且仍然擁有所有結構元件來完成其工作的最小單元。

---

11 見第十章〈多階段數據平台架構〉，更詳細說明平台的不同階段。

12 見第四部分〈如何設計數據產品架構？〉將數據產品的分享面向描述為網格上的架構量子。

這種架構確保所有數據產品都實作一組標準的數據存取和數據分享的合約,讓每個產品都可以連接到網格上的其他數據量子來分享數據和語義。每個數據產品都封裝了數據轉換邏輯和管理其數據的策略。該架構與領域導向的組織自主,和相對應數據產品導向的分散式架構互相匹配。

Daff 的數據產品標準化賦予它速度與規模[13]。

正向的網路效應

Daff 在使用數據和分析上的成功,可以歸功於是藉由將數據產品作為價值單位交換的領域點對點連接性,所產生的正向網路效應。網路越大,建立的連接越多,領域之間分享的數據就越多,也就越有智慧和高階洞察力,最終改善企業。

Daff 投入鉅額資金來執行其數據網格戰略,推動組織和文化轉變,並建立基礎設施和平台基礎。但他們也一直在努力追蹤能帶來可衡量收益的投資回報。

根據測量結果,他們對外創造更深層的使用者參與度,並藉由套用 ML 和數據來改善聽眾在多個接觸點的體驗,進而增加活躍聽眾的數量。對內,他們移除中心化和中介的阻礙,以縮短訪問數據的準備時間;創建可發掘和共享數據產品的制式合約與介面,來降低數據更改的風險;對數據產品採用自動化持續交付實踐,以減少開發之中的不必要消耗;以其數據產品之間的連接量,來評估整個企業的數據應用增加幅度;在每個領域和團隊都嵌入數據所有權,以增加參與創建數據驅動解決方案的團隊數量。最後,利用平台服務,並聚焦在數據開發人員的體驗,以降低數據擁有和端到端數據解決方案創建的成本。

以上就是他們根據數據網格投資衡量的一些改進領域[14]。

---

13 見第十一章〈依照能供性設計數據產品〉,描述數據量子的設計和能供性。
14 見第十五章〈策略與執行〉,了解如何衡量和監控數據網格的執行進度。

為什麼要轉換為數據網格？

讓我們回到 2019 年，這是 Daff 的轉折點 [15]。

在過去的幾年裡，Daff 大量投資在他們的數據解決方案，例如數據湖泊和數據倉庫，以大規模取得數據。他們在首席數據和人工智慧長的領導下，建立起一個大型數據和人工智慧團隊，負責整個組織內的數據採集、建立模型和服務，以及建立企業所需的分析和機器學習解決方案。Daff 採用的組織架構和營運模式是當時的業界標準。

這一年，Daff 反思並意識到他們對數據的期望已經超出執行能力。中央數據團隊和單一架構已經無法呼應公司內外激增的數據來源及其使用狀況的多樣性，數據團隊承受著莫大壓力，並且因為 Daff 的增長而大幅的被拖慢速度。投資的回報現已趨於平緩。

他們必須要做出改變，而這也是他們發現數據網格的時候。

在開始數據網格之前，Daff 仔細研究了他們的業務，包括目標、組織及技術能力等，和數據網格之間的一致性。

數據網格的預期結果與他們想解決的問題相符合：

快速增長和複雜性增加

企業成長迅速，變得越來越複雜，多樣化和大膽分析的期望目標也越來越不可行。數據網格是設計用來從數據中獲取價值，並在複雜和大型環境中仍然保持敏捷性。

從大規模數據中獲取價值

Daff 在數據和分析的技術基礎上大量投資，但結果卻停滯不前。數據網格藉由將更多的通才技術人員調動為數據開發人員和使用者，以更有效率的方式從數據中獲取價值。

數據網格的目標和整體影響範圍看起來很理想。然而，考慮到 Daff 的背景，這是否是個正確的選擇？

答案是正面的。

數據網格相容於 Daff 現有的領域導向組織設計，這是對他們現有設計和架構的擴展。數據網格建立在去中心化的數據所有權模型之上，該模型只是擴展了他們現有的企業相關開發團隊。

---

15 見第六章〈轉折點〉，介紹需要採用新方法來管理和使用數據的主要企業驅動因素，類似於此處 Daff 提到的方法。

實際上，中心化的數據團隊的功能會在最後切割，因為這與他們目前領域導向的業務和技術組織設計有些不一致。考量到他們希望每個領域都由數據驅動，並且在其中嵌入智慧決策，因此將數據和分析的所有權轉移到領域是可以想見的。該公司已經與企業開發營運領域的團隊一起營運，因此會想擴展這些團隊的數據能力和責任，以真正朝向實現數據存取和使用者大眾化，治理方式當然也需要遵照這些組織接縫 [16]。

他們知道，作為採用數據網格的先驅，他們需要投入時間和資源來建立基礎技術和導入平台。Daff 將自己視為一家以技術為核心的軟體公司，不僅做好其業務，還會一路上調整和擴展。他們並不會吝於投資技術 [17]。

Daff 發現推行一種新方法，包括對數據文化、數據組織結構、數據角色、數據架構和技術的改變，將會是長達數年的轉型過程。

因此，他們在接下來的 3 年中致力於逐步轉向數據網格。在整個過程中產出精心挑選的數據驅動使用案例，同時帶動組織轉變並且建立起平台和技術。[18]

前進的道路

儘管在商業、文化和技術方面取得成功，但 Daff 仍有一段路要走。他們對數據網格執行演進的探索工作已經結束了，因此建立起工作方式和基礎平台。他們已經將網格擴展到許多其他領域，然而，為了要繼續從網格中獲取價值，他們需要不斷最佳化和改進方法，在落後的領域中繼續努力，成為網格的活躍成員，並將他們的平台功能擴展到適用於舊系統，但尚未適用於領域導向的跨職能團隊。

這是數據網格轉換過程的預期軌跡：一條進化路程，不時出現探索、擴展和抓取的重複循環 [19]。

我希望 *Daff* 的數據網格故事能讓你閱讀至此，也希望我們會在下一章繼續見到你。

---

16 譯者注：單一個大組織或團隊切割為較小部門或團隊之後，這些小型團隊部門的溝通或合作落差，就是所謂的接縫（seams）。
17 見第五部分〈如何開始？〉介紹一種自我評估工具，用於評估本書撰寫時的數據網格是否適合公司。
18 如果要將他們多年的努力過程全部寫出，會是一本超長篇小說。不過，如果你想閱讀執行和轉型方法，可參見第十五章〈策略與執行〉，和第十六章〈組織與文化〉。
19 見第十五章〈策略與執行〉，介紹一種在進化轉型中建立數據網格的方法。

第一部分

什麼是數據網格？

……唯一值得信賴的簡單，是在複雜彼端發現的簡單。

—Alfred North Whitehead

研究數據網格的應用方式，例如本書開頭的 Daff 公司範例，可以了解實現它所需的工程和組織複雜性，我們可以只討論這些錯綜複雜的數據網格實作；但與其這樣，為了理解數據網格，我更寧願討論它的首要原則。一旦我們了解這些基本元素，就可以從頭開始，自己實作。

這就是這一部分介紹數據網格方式的內容，將聚焦在介紹它的首要原則，以及它們如何交互使用。

這些原則會引導其實作行為、結構和演變的主題與意義。我希望能在這部分建立基礎，以提供未來實踐和技術改進的基準。

別忘了，本書撰寫時，數據網格可以說仍處於創新採用曲線（an innovation adoption curve）中的創新者和早期採用者階段。[1] 大膽的創新者已經接受它，並且為它建立工具和技術；而備受推崇的早期採用者，正在因為受數據網格的啟發，而改變他們的數據策略和架構。因此，現在解釋數據網格的原則和架構風格相當適合，而具體的實作細節和技術也會隨著時間而陸續改進與建立。我相信在你閱讀本書時，任何具體的實作設計或工具建議都有可能已過時。

---

1   Everett Rogers, *Diffusion of Innovations*, 5th Edition(New York: Simon & Schuster, 2003).

我把這部分組織成五個章節。第一章〈數據網格概述〉，快速概述它的 4 個原則以及它們在高級模型中的組成。以下各章分別專注於各項原則：第二章〈領域所有權原則〉、第三章〈數據即產品原則〉、第四章〈自我服務數據平台原則〉及第五章〈聯合計算治理原則〉。

照順序介紹這些原則很重要，因為它們是層層堆疊建構在彼此之上。數據所有權和架構領域導向的分布是這個方法的核心。其他一切都由此而來。數據網格就基於這些原則。

我建議有興趣了解或想套用數據網格的讀者，都能閱讀這部分內容；更希望這裡提供的內容，能夠為各位提供關於數據網格的討論和些許資訊。

第一章

數據網格概述

> 誠如曾經帶過我的老師所言:「簡單思考」,意思為用最簡單的術語簡化各個部分為單一整體,回到首要原則。
>
> — Frank Lloyd Wright

數據網格是一種去中心化的社會技術方法,用於在組織內部或跨組織的複雜、大規模環境中,分享、存取和管理分析數據。

數據網格是這種在大規模分析使用案例中,獲取、管理和存取數據的新方法,這種數據可稱之為分析數據,用於預測或調查分析等使用案例,是企業洞見的視覺化和報表基礎。它可用於訓練機器學習模型,藉由數據驅動的智能服務來增強業務;讓組織從原先靠直覺和第六感所制定出的決策,轉變為基於觀察和數據帶來的預測所採取的行動。分析數據是未來軟體和技術的能力,它能幫助人工設計從基於規則的演算法,到數據驅動機器學習模型的技術轉變,因此在技術領域中成為越來越重要的關鍵元件。

 本書使用的術語「數據」(data),如果沒有特別說明,指的就是分析數據,它能提供報表和機器學習訓練的使用案例。

產出

為了在複雜和大規模的組織中，從大規模數據中獲取價值，數據網格的功用在於：

- 優雅的面對變化：包括企業的基本複雜性、波動性和不確定性

- 面對成長仍保持敏捷

- 提高數據價值與投資價值的比例 [1]

轉變

除了早期的分析數據管理方法，數據網格還導入多維度技術和組織轉變。

圖 1-1 總結數據網格與過去方法相比所帶來的變化。

數據網格能對組織的成立目標、架構、技術解決方案和社會結構，與管理、使用和分析數據的方式，帶來根本性的轉變：

- 就組織而言，數據的中心化所有權本來掌握在運行數據平台技術的專家上，數據網格將其轉變為去中心化的數據所有權模式，將數據的所有權與責任，收回到產生或使用數據的業務領域。

- 就架構而言，從在單一數據倉庫和數據湖泊中蒐集數據，轉變為藉由標準化協定存取的分散式數據產品網格來連接數據。

- 就技術而言，它從將數據視為執行管道程式的副產品技術解決方案，轉變為將數據和維護數據的程式，視為一個活躍的自動化單元。

- 就營運而言，它將數據治理從專人干涉、由上而下的中心化營運模型，轉變為在網格節點中嵌入計算策略的聯合模型。

- 就原則而言，它改變價值系統，數據從需要蒐集的資產，轉變為不分組織內外部的數據使用者，都可得到所需服務並令人滿意的產品。

- 就基礎設施而言，它從兩組零散的點對點整合基礎設施服務，一組用於數據和分析，另一組用於應用程式和營運系統；轉變為一組用於營運和數據系統、整合良好的基礎設施。

---

1 第七章會介紹數據網格的預期結果，並以更深入的方式描述如何達成。

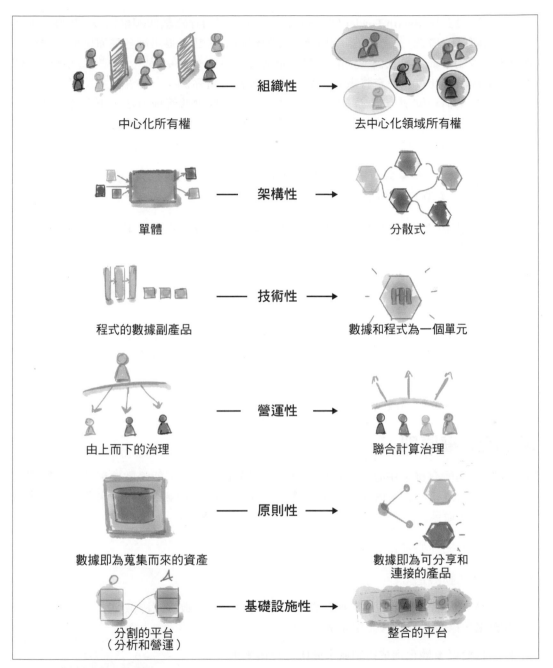

圖 1-1　數據網格維度的變化

自從我那篇發表在 Martin Fowler 個人網站[2]的文章[3]開始介紹數據網格以後，我發現大家一直試圖幫這個概念分類。數據網格是一種架構嗎？它是一張寫滿各種原則的清單嗎？是營運模型嗎？畢竟，我們主要的認知功能來自各種*已分類的方式*[4]，並以此理解這個世界的架構。因此，我決定將數據網格歸類為*社會技術範例*：一種在複雜組織中，辨識出人與技術架構和解決方案之間的互動方法。這是一種數據管理方法，不僅能最佳化分析數據分享解決方案的完美技術，而且還讓所有相關人員，包含數據提供者、使用者和擁有者，使用起來更為便利。

數據網格可以視為企業**數據戰略**中的一個元素，藉由反覆執行的方式，來說明**企業架構**和**組織營運模型**的目標狀態。

用最簡單的話來說，可以使用四個相互作用的原則，我會在本章簡單定義這些原則以及它們共同運作的方式。

原則

用四個簡單的原則，就可以描述支撐數據網格的邏輯架構和營運模型。這些原則讓我們得以朝數據網格的目標前進：從大量數據中增加價值、隨著組織的成長而保持敏捷性、以及靈活應付複雜多變的業務環境。

以下是這些原則的結論概述。

領域所有權原則

將分析數據的所有權去中心化到最接近該數據的業務領域，可能是數據來源或是數據主要消費者。有邏輯性的分解（分析）數據，並且以它代表的業務領域，來獨立管理領域導向的數據生命週期。

架構性地和組織性的協調業務、技術和分析數據。

領域所有權的動機是：

- 與組織成長軸線一致的水平擴充數據分享能力：增加數據來源數量、增加數據消費者數量，以及增加數據使用案例的多樣性
- 藉由將變更本地化到業務領域來最佳化持續變更

---

2   *https://oreil.ly/ybdAb*

3   *https://oreil.ly/1deXz*

4   Jeff Hawkins and Sandra Blakeslee (2005). *On Intelligence* (p. 165). New York: Henry Holt and Co.

- 藉由減少跨團隊同步並且移除數據團隊、數據倉庫和數據湖泊的中心化瓶頸，來實現敏捷性

- 縮小數據實際來源，與何時、何處分析數據使用案例之間的差距，以提高數據業務的真實性

- 藉由移除複雜的中介數據管道，來提高分析和機器學習解決方案的彈性

數據即產品原則

有了這個原則，可將領域導向的數據視為產品，直接與數據使用者（數據分析師、數據科學家等）分享。

數據即產品有以下實用特性：

- 可發現

- 可定位

- 可解讀

- 值得信任且真實

- 可在本地存取

- 可互相操作及組合

- 本身就有價值

- 具安全性

數據產品提供一組定義明確並且易於使用的數據分享合約。每個數據產品都有自主性，在管理之下，其生命週期和模式都獨立於其他產品。

將數據視為產品，也導入一個新興邏輯架構單元：**數據量子**（*data quantum*），它自動地控制且涵蓋所有分享「數據即產品」需要的結構組件，包括數據、元數據、程式碼、策略和基礎設施依賴性聲明。

需要將數據視為產品的原因在於：

- 藉由改變團隊與數據的關係，消除領域導向成為數據孤島的可能性。數據是團隊彼此分享的產品，而不是蒐集後成為一座數據孤島。

- 一旦發現過程和使用高品質數據、點對點、無摩擦的體驗更為順暢，就能建立數據驅動的創新文化。

- 藉由增加在建構時的變更彈性，以及執行時區隔數據產品和明確定義的數據分享合約，讓變更的數據產品不會影響到其他數據產品。
- 利用跨組織界線的分享和使用數據，從數據中獲得更高價值。

自我服務數據平台原則

此原則催生新一代自我服務數據平台服務，讓領域的跨職能團隊能夠分享數據。平台服務的重點是消除從數據來源到消費的點對點數據分享過程中的摩擦。平台服務管理單一數據產品的整個生命週期，包括可靠且互相連接的數據產品網格，提供網格等級的體驗，例如在網格中呈現新興知識圖譜並且傳承給其他產品。該平台簡化數據使用者發現、存取和使用數據產品的體驗，也簡化數據提供者建構、部署和維護數據產品的體驗。

建立自我服務數據平台的原因在於：

- 降低數據去中心化所有權的總成本。
- 抽象化數據管理的複雜性，並且減少領域團隊在管理數據產品的端到端生命週期時的認知負擔。
- 動員更多開發人員，如技術通才者來開發數據產品，並且減少對特定專業的需求。
- 自動化治理策略，為所有數據產品建立安全且合乎規範的標準。

聯合計算治理原則

此原則建立一個基於聯合決策和責任結構的數據治理營運模型，團隊由領域、數據平台和各主題專家，如法律、合規或安全等組成。營運模型建立在領域的自主性和敏捷性，與網格的全域互相操作性之間的平衡激勵和責任結構。治理執行模型高度依賴藉由平台服務，為每個數據產品撰寫程式和推行自動化策略，不論其顆粒度有多細微。

推行聯合計算治理的原因在於：

- 在獨立但可互動的數據產品聚合和關聯中，獲得更高層次的能力
- 應付領域導向去中心化所造成的不良後果，如領域的不相容或無法互相連接
- 在分散式數據產品網格中，讓建立跨領域治理要求（如安全性、隱私權、法律合規性、……等）變得可行
- 減少領域和治理功能之間需要手動同步的額外負擔

原則的相互作用

這四項原則將共同成為必要且充分的條件。它們相輔相成，各自應付其他可能出現的新挑戰。圖 1-2 說明這些原理的相互作用。

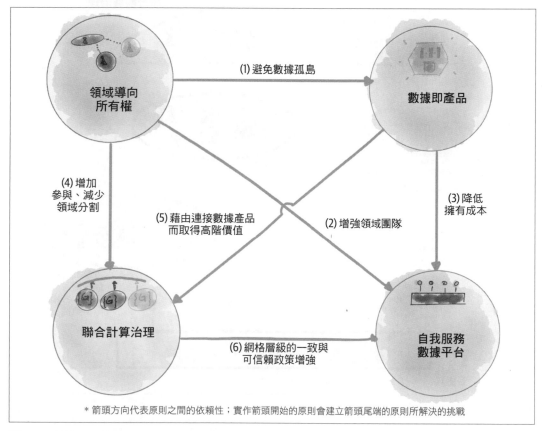

圖 1-2　數據網格的四個原則及它們的相互作用

舉例來說，去中心化的領域導向數據所有權，可能會導致數據在領域成為孤島資料，而這可以藉由數據即產品原則來解決，要求領域有組織責任，在領域的內外部分享數據時，達到近乎產品等級的品質。

同樣的，數據產品的領域所有權可能會導致工作重複、增加數據產品擁有成本，並且降低數據分享效率。在這種情況下，自我服務數據平台能賦予跨職能領域團隊分享和使用數據產品的能力。該平台的目標是降低領域團隊的認知負荷，減少不必要的工作，提高領域的生產力，並降低總擁有成本。

數據網格模型概覽

在操作上，你可以想像如圖 1-3 所示這些原則的實際狀況。

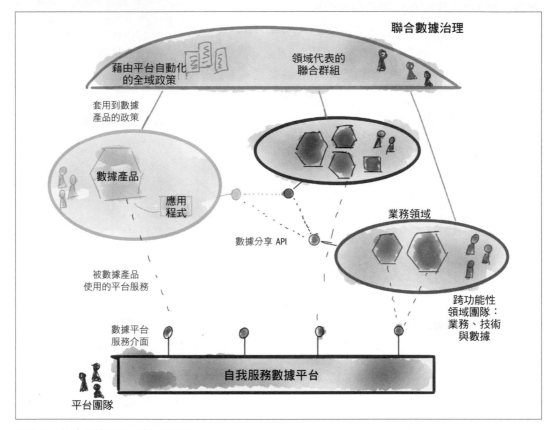

圖 1-3　數據網格原理的操作模型

具有跨職能團隊的領域，藉由數位應用程式和數據產品來實現業務領域的目標。每個領域藉由合約來分享數據和服務。數據產品可以交由新的領域建構並擁有。全域策略由領域代表組成的聯合群組所定義。這些策略與其他平台服務會共同提供使用者自動化功能。

這就是數據網格的簡化操作模型。

數據

數據網格專注於分析數據。它可以辨識兩種數據模式的模糊劃分，導入一種將兩者緊密整合的新模式，但同時又尊重它們之間的明顯差異。

「什麼是營運數據？又什麼是分析數據？」這對於數據網格的早期支持者來說，一直讓人感到困惑，就讓我澄清這些術語的含義。

營運數據

營運數據支持業務運行，並藉由交易完整性來保持業務的目前狀態。這些數據由 OLTP（online transaction processing，線上交易處理）系統即時的抓取、儲存和處理。

營運數據可見於支持業務功能的微服務、應用程式或紀錄系統的資料庫中。它會維持業務的目前狀態。

營運數據的建模和儲存，會針對應用程式或微服務的邏輯和存取模式而最佳化。它會不斷更新，對其讀寫存取。它的設計必須要能承受多人同時以不可預測的順序更新相同的數據，這導致「交易」需求。存取本身也是相對即時的活動。

營運數據又可稱為「內部數據」[5]。它是私有數據，應用程式或微服務會在其上執行 CRUD（建立、更新、刪除）等操作。營運數據可以藉由 API，如 REST、GraphQL 等，或各類事件與外部分享，例如。外部的營運數據與內部的營運數據具有相同的性質，至少這是我們「現在」對業務的了解。

營運數據記錄業務中發生的事情，支持特定於業務交易的決策。簡而言之，**營運數據直接用於營運業務，並且服務終端使用者。**

想像一下 Daff。它的**聽眾註冊**服務實作全新的使用者訂閱或退訂的業務功能；支持註冊程序並保存目前訂閱者列表的交易資料庫，就是營運數據。

現在，蒐集到的營運數據會蒐集轉換為分析數據，再以此訓練機器學習模型，以此智慧服務整合進入營運系統。

5　*https://oreil.ly/YOZhC*

分析數據

這是以歷史性的、整合與聚合的觀點,而建立數據的運行業務副產品。由 OLAP（online analytical processing,線上分析處理）系統維護和使用。

分析數據是時間推移下,業務事實的時間性、歷史性,及通常含有聚合性的觀點;它會建立成模型,以提供回顧或是展望未來的洞見。分析數據會針對分析邏輯最佳化──訓練機器學習模型然後建立視覺化報表。分析數據是「外部數據」[6] 類別的其中一部分,也就是讓分析消費者直接存取的數據。

分析數據具有歷史感。分析使用案例需要隨著時間的推移來尋找比較和趨勢,而許多營運使用則不需要太多歷史紀錄。

分析存取模式往往包括對大量數據的密集讀取,但較少寫入。關於分析數據的定義,目前仍在使用的說法是:非揮發性、統整的、依照時間變動的數據集合[7]。

簡而言之,分析數據用於最佳化業務和使用者體驗。這些數據能推動企業組織的 AI 和分析期望。

舉例來說,在 Daff 的案例中,最佳化聽眾體驗相當重要,以根據他們的音樂品味和喜愛的音樂人來推薦播放清單。幫助訓練推薦播放清單機器學習模型的分析數據,抓取聽眾過去的所有行為以及喜歡的音樂特徵。這種統整過去經驗的方法,就是分析數據。

現今,分析數據儲存在數據倉庫或數據湖泊中。

起源

> 在不更換範例的情況下,就排斥現有範例,其實就是在排斥科學。
>
> 　　　　　　　—Thomas S. Kuhn,《*The Structure of Scientific Revolutions*》作者

Thomas Kuhn 是美國科學史及哲學專家,在他當時頗具爭議的著作 *The Structure of Scientific Revolutions*（1962）中提出範式轉變（paradigm shift）。他觀察到科學以兩種主要模式發展:漸進式和革命式。科學經歷漫長演進,正常情況下,會由現存理論構成之後進一步研究的基礎;然而,偶爾會遭遇到範式轉變,挑戰並且超越現有的知識和規範。

6　*https://oreil.ly/X6J5h*
7　此定義提供者為「數據倉庫之父」William H. Inmon。

舉例來說，從**牛頓力學**進步到**量子力學**就是範式轉變，因為科學家無法再用現有理論，解釋量子等級上的物理規律。Kuhn 發現，範式轉變的先決條件是偵測到**異常**，也就是觀察到不符合現有規範的事物，因此進入**危機**階段，質疑以現有範式來解決新問題和觀察的有效性。他還發現，人們會越來越絕望的試圖在現有解決方案中，導入不可持續的複雜性，以解決異常問題。

這幾乎完全符合數據網格的起源以及它的原則。在偵測到異常後，即我在第一部分中描述的失敗模式和偶然的複雜性，但現有數據解決方案與當今企業現實並不相符；因此，在數據方法的發展過程中，我們正處於 Kuhn 所說的危機時刻，需要一種全新範式。

我很希望我可以宣稱數據網格的原則既新潮又新穎，而且是我巧妙地想出了它們。但相反的，數據網格原則過去二十多年實際狀況下發展出來的通則化和改進，並且已證明可以解決我們最近遇到的複雜性挑戰，即**組織的大規模數位化**，而導致的**軟體複雜性規模**。

這些原則是數位化組織解決組織成長和複雜性的基礎，同時實現前所未有的數位化願景：將所有服務轉移到網路上，在客戶的每一個接觸點都使用移動裝置，並且藉由絕大多數的自動化活動，來減少組織同步時間。它們是改進先前軟體的範式轉變：微服務[8]和 API 革命、以平台為主的高效能團隊[9]、計算治理模型（如零信任架構，Zero Trust Architecture）[10]，以及橫跨多個雲端和主機服務環境的安全運行分散式解決方案。在過去的幾年裡，這些原則已經得到改進，並且適用於分析數據問題空間。

讓我們更仔細地看看數據網格的每個原則。

8　*https://oreil.ly/IMENg*

9　Matthew Skelton and Manual Pais (2019). (*Team Topologies: Organizing Business and Technology Teams for Fast Flow*). Portland, OR: IT Revolution.

10　Scott W. Rose, Oliver Borchert, Stuart Mitchell, and Sean Connelly (2020). "Zero Trust Architecture"(*https://oreil.ly/rGEfn*), Special Publication (NIST SP), National Institute of Standards and Technology, Gaithersburg, MD.

第二章

領域所有權原則

數據網格的核心概念是**去中心化**，並將**數據責任分配給最接近數據的人**，以支援橫向擴展結構和連續快速的變動週期。

問題是，要如何畫出數據解構的邊界？以及如何整合這些元件、分配責任？

為了找到數據解構的軸線，數據網格將遵循**組織單元的接縫**。它遵循與企業一致的責任分工，但它不應遵循底層技術解決方案所設置的邊界，例如數據湖泊、數據倉庫、管道等，也不遵循功能邊線、數據團隊或分析團隊的邊界。

數據網格的方法不同於現有數據架構的分區和數據責任劃分的方式。第八章將說明依照技術劃分的傳統數據架構（如數據倉庫），並且將數據的所有權賦予跟該技術相關活動的團隊（如數據倉庫團隊、數據管道團隊等）以執行。傳統架構反映出組織結構，將分享分析數據的責任集中至單一數據團隊。這樣行之有年的舊方法，將分析數據管理這個處理全新相關領域的複雜性和成本，限制在專業群組內。

組織過去劃分數據責任的方法，跟現代數位化業務結構大不相同。現今組織是根據業務領域而拆解細分。這種拆解在很大程度上將持續變化和進化的影響，限制到一個領域中。舉例來說，Daff 已將其業務（及其支撐和塑造業務的數位解決方案），切割為**Podcast**、**活動**、**合作夥伴**、**聽眾**等領域。

數據網格將數據分享責任賦予給各個業務領域。每個領域都對其最熟悉的數據負責：該領域是該數據的第一階使用者，或是該領域控制數據的來源點。舉例來說，聽眾團隊負責剖析**聽眾檔案**、**統計聽眾人口**、**訂閱項目**以及其他任何他們最了解、受影響和能掌控的分析數據。我將此稱為領域所有權原則。

我使用所有權（*ownership*）一詞作為產品所有權的簡寫，指長期負責建立、建模、維護、發展和以產品形式分享數據，來滿足數據使用者的需求。

本書中所有**數據所有權**的出現都限制為僅限於組織的責任，以維護他們與內部和外部實體（如使用者、顧客和其他組織）交易中所生成的數據品質、壽命和合法可存取性。

要注意別跟**數據主權**（*sovereignty*），也就是指「由蒐集數據的人所掌控」混淆。數據的最終主權仍舊歸屬於抓取數據和受其管理的使用者、顧客及其他組織所有。組織是**數據產品擁有者，但每個人都是自己數據的所有者。**

自我主權數據的概念為：每個人對其個人數據擁有完全的控制權和權力。我個人深感同理且十分贊同，只是這並不在本文範圍之內。然而，我堅信數據網格可以為自我主權數據奠定基礎，但這將是另一本書的主題。

我也會避免使用過去數據管理和治理時的特定且含義不清的詞語，例如**數據託管**（*data custodianship*）。這是為了避免混淆跟數據網格不相容的現存數據治理角色。

這種一目了然的責任分工，解決了我將在第七章〈轉折點之後〉深入討論的許多問題，但也帶來新的挑戰。導致分散式邏輯數據架構：分散式架構是可擴充的，但管理起來更為複雜，需要新的方法以處理領域之間的數據互動性和連接性。接下來的章節和原則會一一面對這些挑戰。

在下一節中，我將敘述如何應用領域驅動設計（domain-driven design, DDD）策略，以拆解數據及其所有權，並且介紹組織轉移到以領域為導向的數據所有權所需的轉變。

領域驅動設計的簡要背景

領域驅動設計是一種基於業務接縫而拆解軟體設計（模型）和團隊分配的方法。它根據業務以領域為單位來分解軟體，並根據不同業務領域使用的語言，來為軟體建模。

Eric Evans 在 2003 年出版的《領域驅動設計》（*Domain-Driven Design*）[1] 一書中介紹這個概念。從那時起，DDD 就深刻影響現代架構思維，進而影響組織建模。業務數位化後，軟體設計複雜性也快速成長，DDD 就是針對此的回應。隨著組織數位資產（後台應用程式、數位服務、網站和移動裝置技術）的增加，而不斷增加自身功能，軟體變得更加複雜且難以管理。正如該書副標題「解決軟體核心複雜性」所指出的，我們需要一種新的軟體建模及所有權方法。

DDD 將領域定義為「具有知識、影響力或活動力的範圍」[2]。在 Daff 範例中，**聽眾訂閱**領域了解訂閱或取消訂閱後會發生的事、管理訂閱的規則、訂閱期間會產生哪些數據等知識。訂閱領域明確的影響訂閱方式，以及訂閱過程中會告知和抓取哪些數據。它也是一組待執行的活動，例如新聽眾到來、觸發付款等。此段描述中我還想增加的是*產出*，該領域具有特定業務目標並力求其最佳化產出，訂閱領域必將最佳化最大化訂閱者數量、簡單註冊流程，和最小化使用者的流失。

領域驅動設計，以及打破基於領域的軟體建模想法，大大影響過去十幾年的軟體架構，微服務就是一例。微服務架構將大型且複雜的系統，分解為依照業務領域能力建構的分散式服務。它藉由鬆散耦合的服務整合，來提供使用者產品使用經歷及複雜的業務流程。

領域驅動的設計從根本上改變技術團隊的形成方式，並且讓業務和技術跨職能團隊能夠保持一致。它對組織擴展方式發揮極大影響力，使團隊可以獨立自主的擁有領域能力和數位服務。

我強烈建議你在將 DDD 概念應用於數據之前，先使用本書之外的資源來熟悉 DDD。要深度定義 DDD，並且詳細說明它如何與數據網格一起使用，已經超出本書範圍。

---

1 *https://oreil.ly/T5saX*
2 Eric Evans, *Domain-Driven Design: Tackling Complexity in the Heart of Software*, (Upper Saddle River, NJ: Addison-Wesley, 2003).

將 DDD 的策略設計應用於數據

儘管我們在處理營運系統時，採用了領域導向的拆解和所有權，但以業務領域為主的拆解想法，尚未滲透到分析數據空間。

到目前為止，我所見過 DDD 在數據平台架構中最接近的應用，是讓來源營運系統發出業務領域事件[3]，並讓單一數據平台使用它們。但是，在平台使用數據之後，領域團隊的責任就結束了，數據責任轉移到數據團隊。隨著數據團隊執行的轉換越來越多，數據也會越來越偏離其原始形式、語言和意圖。例如，Daff 的 **Podcast** 領域，會在短期保留日誌紀錄上，發出正在播放的 Podcast 日誌紀錄。然後在下游，一個中心化的數據團隊將蒐集這些紀錄，並將它們轉換、聚合後，再將它們儲存為永存的檔案或資料表。

要將 DDD 應用於數據，我建議回到最原始的定義。Eric Evans 在他的書中介紹一套為具有複雜領域和許多團隊的組織所設計的互補策略：*DDD 策略設計*，能在企業層面擴展建模，擺脫以往使用的建模和所有權模式：

組織層級中心化建模

> Eric Evans 發現，完全統一組織的領域模型既不可行也不具有成本效益。這類似於數據建模中使用數據倉庫的方法，會變為具有緊密依賴的分享模式。中心化的建模會拖累組織變化的速度。

有限整合的內部模型孤島

> 這種模式會導致團隊之間的繁瑣溝通，類似於不同應用程式中的數據孤島，以脆弱的抓取、轉換、讀取（ETL）程序連接。

不刻意建模

> 類似於數據湖泊，將原始數據轉存至二進位大型物件的儲存裝置中。

相反的，DDD 策略設計包含基於多個模型的建模，每個模型都會考量到一個特定領域，稱為有界情境（*bounded context*）[4]。

---

3 *https://oreil.ly/9ENd4*

4 *https://oreil.ly/2RhbM*

有界情境是「特定模型的限定適用性，讓團隊成員對一致性及可獨立開發的目標，有清晰且共同的理解。」[5]

此外，DDD 導入情境描繪，明確定義出有界情境跟獨立模型之間的關係。

數據網格對單一數據產品，如**數據**、**數據模型**和**所有權**，採用有界情境的邊界。

對於已經採用微服務或領域導向架構的組織來說，這是一個相對簡單的擴展。他們已經在基於領域的有界情境上建立服務。現在，他們只要在每個領域中套用相同的拆解和建模來分析數據即可。

領域數據所有權是現行複雜系統企業**擴展**的基礎。

讓我們以 Daff 為例。有一個**媒體播放器**團隊負責移動裝置和網站數位媒體播放器。媒體播放器應用程式會發送**播放事件**，顯示聽眾與播放器的互動方式。許多下游使用案例都可使用這些數據，包括藉由重建和分析**聽眾會談**（session）、發現和聆聽音樂的縱向旅程，來提高播放器應用程式的性能及使用者參與度。

在沒有數據網格實作的情況下，**媒體播放器**團隊不論播放事件到達播放器設備的品質和頻率如何，基本上都將播放事件轉儲存到某種短期保留的串流基礎設施；或更糟糕的，將它直接儲存在交易資料庫中。然後，已中心化的數據團隊再將這些事件蒐集到數據湖泊或數據倉庫中，也有可能兩者並用。

數據網格改變了**媒體播放器**領域的行為。它擴展**媒體播放器**團隊的責任，提供即時且聚合的高品質**播放事件**，並長期保留以分析檢視。**媒體播放器**團隊現在直接負起與數據分析師、數據科學家或其他對數據感興趣的人分享**播放事件**分析數據的第一線責任。**播放事件**分析數據接著由**聽眾會談**領域轉換，並且聚合到聽眾互動的程序檢視中。

推薦領域使用**聽眾會談**來建立新的數據集，也就是基於聽眾社交網路的播放行為來推薦音樂的圖譜。

在此範例中，**聽眾會談**領域純粹是一個數據領域，它唯一的目標是在與播放器互動時提供聽眾最佳的體驗，並且增加聽眾個人資料的相關獨特資訊。有鑑於此，對這些數據的需求已經重建組織，創造一個新興領域和一個新興長期團隊。圖 2-1 可總結這個例子。

---

5 Evans, *Domain-Driven Design* (p. 511).

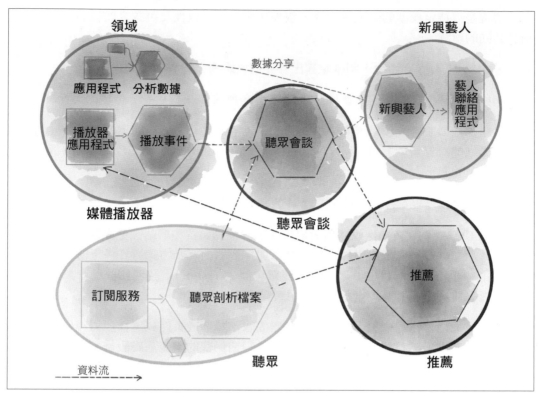

圖 2-1 拆解分析數據所有權和架構，與現有或新的業務領域同步

領域數據原型

當我們將數據網格應用到組織及其領域時，我們會發現一些不同的領域導向分析數據原型。數據網格原則在領域跟原型之間並沒有太大區別；然而，在實際層面上，辨識出它們的特性有助於最佳化實作。

領域導向的數據有三種原型：

來源對齊的領域數據

反映營運系統產生的業務事實分析數據，通常也稱為原生數據產品。

聚合領域數據

聚合多個上游領域的分析數據。

消費者對齊的領域數據

轉換分析數據以達到一個或多個特定使用案例的需求，通常也稱為搭配用途的領域數據。

圖 2-2 擴充我們之前的範例，並且顯示領域導向的數據原型。舉例來說，**媒體播放器**領域提供從**媒體播放器**應用程式事件蒐集的來源對齊分析數據。**聽眾會談**領域提供聚合數據產品，將單一聽眾的播放器事件轉換和聚合為互動會談，並且增加從**聽眾**領域獲取有關聽眾的更多資訊。而**推薦**領域數據則是與消費者對齊的，它滿足由播放器應用程式提供的智慧推薦特定需求。

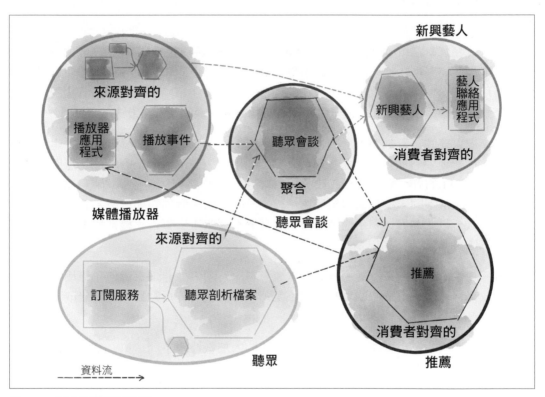

圖 2-2　領域數據原型範例

來源對齊的領域數據

有些領域會自然地跟產生數據的來源一致。來源對齊的領域數據代表業務事實和現實，它抓取的數據非常接近以營運系統，即現實系統（*systems of reality*）為來源所產生的內容。在我們的範例中，諸如「使用者與媒體播放器互動」或「使用者訂閱」之類的業務事實，都會產生與來源對齊的領域數據，例如**播放事件、音源播放品質串流和聽眾剖析檔案**等。這些事實最為人所知，而且是由與它們相對應的營運系統所產生，舉例來說，**媒體播放器**系統最能了解**播放事件**。

總之，在數據網格的假設之下，領域負責提供該領域業務真相，以作為來源對齊的領域數據。

業務事實最好以業務領域事件[6]的形式呈現，並且能夠以時間註記事件的分散式日誌紀錄形式，來儲存與服務。除了時間性的事件之外，來源對齊的領域數據通常需要以能夠容易被使用的歷史性切片方式提供，並在一個密切反映業務領域變化間隔的時間內聚合。舉例來說，在**聽眾**領域中，每日聚合**聽眾剖析檔案**就是能夠用來分析的合理模型。

注意，來源對齊的分析數據不是直接從來源應用程式的（私有）交易資料庫中建模或存取。直接從營運資料庫公開分析數據是一種反面模式（anti-pattern），可在應用程式資料庫之上的 ETL 實作、變更數據抓取[7]和數據虛擬化[8]觀察到。應用程式資料庫模型提供服務的目的非常不同，並且通常根據應用程式及終端使用者的需要，來為執行交易的速度建模。分析數據的儲存和架構則是要易於理解和存取產出報告、機器學習訓練及非交易性的工作。

分析數據的生命週期跟來源應用程式的營運資料庫不同。並非每次最佳化應用程式資料庫的修改都會導致分析數據的變動，也不是每次轉換新的分析數據都需要修改其來源應用程式資料庫。

領域分析數據的本質跟營運系統用來完成工作的內部數據也不同，第一章介紹過這兩種數據類型之間的差異。

基於這些原因，現在的數據網格區分出來源應用程式的營運資料庫，以及其協同運作的分析數據儲存。雖然這兩種類型的數據各自獨立，但它們也緊密整合，並且由同一個領域團隊所擁有。

---

6 *https://oreil.ly/9ENd4*
7 *一種觀察內部資料庫操作（包括插入、更新、刪除），並將它們以事件形式表達出來的技術。*
8 *在可操作的應用程式資料庫之上，為外部查詢和工作負載建立物質化的檢視。*

來源對齊的領域數據是最基本的原型，預期它將能永久抓取及提供。隨著組織的發展，它的**數據驅動服務和智能服務**總是可以回歸到業務事實，並且建立出新的聚合或預測。

注意，與創建時的**原始數據**緊密相關的來源對齊領域數據，並不會針對特定消費者擬合或建模，但其他的領域數據原型會。

聚合領域數據

業務的核心概念跟企業規模的來源系統之間從來不存在一對一的映射。通常會有許多系統，可以為屬於共享業務概念的部分數據提供服務。因此，可能有很多來源對齊的**數據**，最終需要聚合成一個更為聚合形式的概念。舉例來說，從許多不同的起源點都可以定義「訂閱者」、「歌曲」或「音樂家」的屬性，例如，**聽眾**領域會擁有關於訂閱者的個人資料相關資訊，而**播放器**領域則知道他們在音樂上的喜好；有些行銷或銷售的使用案例需要全盤了解訂閱者。這便需要全新長期聚合數據，由許多來源對齊領域而來，再組合成**聽眾**的各個面向。

我強烈建議，不要像**聽眾 360**（listener 360）那樣，用過於膨脹的野心，試圖在單一概念捕捉各個方面的聚合領域數據，然後為許多跨組織範圍的數據使用者提供服務。這樣的聚合可能會過於複雜且難以管理、難以理解，且無法在任何特定的使用案例上實施，也難以保持最新狀態。在過去，主要數據管理（Master Data Management, MDM）[9]的實作方式，就是試圖將分享數據資產的所有面向都聚合在一個地方及一個模型中，這是單一整體模式建模的回頭路，而且完全無法擴展。

數據網格提供的是由終端消費者自己組織以目的為主的數據聚合，並且抵抗重複利用性高，且不切實際的聚合誘惑。

消費者對齊的領域數據

有些領域與消費使用案例密切對齊。消費者對齊的領域數據及擁有它的團隊，目標在滿足單一或一小群密切相關的使用案例。舉例來說，當聽眾與播放器應用程式交流時，就會產生以此目的為主的數據，以**推薦**給聽眾。

9　「控制主要數據值和標示符號，讓跨系統能夠一致使用相關基本業務實體最精確和及時的數據。MDM的目標包括確保數值的精確和即時可用性，同時降低與不明確標示符號（標示出多於一個實體，或是參照至多個實體）相關的風險。」DAMA International, *DAMA-DMBOK: Data Management Body of Knowledge*, 2nd Edition (p. 356). (Basking Ridge, NJ: Technics Publications, 2017).

用於訓練機器學習模型的工程特徵通常屬於這一類。舉例來說，Daff 導入一種機器學習模型，用來分析歌曲的情緒為正面或負面，然後將這些資訊用在音樂推薦和排名。然而，要分析一首歌的情感，數據科學家需要從歌曲中抓取出一些特徵和附加資訊，例如「活潑」、「可以跳舞」、「樂器演奏」、「動感程度」等。一旦抓出這些屬性（即特徵），就可以用來維護與分享消費者對齊的領域數據，進而訓練**情感分析**領域或其他相關模型，例如建立**播放清單**。

與來源對齊的領域數據相比，消費者對齊的領域數據具有不同本質。它在結構上經歷更多變化，並將來源領域事件轉換為適合特定使用案例的結構和內容。

我有時因此稱之為**以目的為主**的領域數據。這裡的「消費者」概念，指的是消費數據的應用程式，或是如數據科學家或分析師等的數據使用者。

轉換到領域所有權

對我來說，領域驅動的數據所有權感覺是個生命體，在現代組織數位化之旅下自然發展。儘管如此，它還是對一些古老的分析數據管理規則提出質疑，以下是其中一些案例，我相信你也會想到其他規則。

向上游推送數據所有權

數據架構命名法大量的使用生命之源：水。諸如數據湖泊、湖濱市集、數據流、數據湖屋、數據管道或湖泊水合等相關概念。我承認，水的流暢和美好能讓人感到安心；然而，其背後也隱藏著讓人不安的概念，也就是數據必須從一個來源流向其他地方，例如中心化的湖泊，才會顯得有用處、有意義、有價值並且值得消費，它在暗示上游數據並不如下游數據有價值或是好用。

數據網格對這個假設提出挑戰。數據在來源領域（是來源分析數據而不是來源營運應用程式）中可以消費且使用，我稱之為來源對齊的領域數據。它僅會從營運系統流向其合作者和相鄰的分析數據產品，在適合分析使用之前，純化或最佳化的轉換極為有限。

當然，來源對齊的領域數據可以在之後的下游聚合與轉換，以建立全新更高階的洞見，我將此稱為聚合領域數據，或以目的為主的領域數據。這些下游轉換在領域的長期所有權之下發生在下游領域中；而領域之間的無人區，也就是現今所謂的**數據管道**，則不會發生智慧轉換。

定義多個連接模型

數據倉庫技術和中央數據治理團隊一直在尋找規範模型的聖杯,這絕對是個好主意。一個描述數據領域的模型,可以對所有數據使用者提供分享意義。但在真實世界中,系統是複雜且不斷變化的,沒有任何一種模型可以描述這種混亂的數據。相比之下,數據網格遵循的是 DDD 的有界情境和數據建模的情境描繪,每個領域都可以根據其情境對數據建模,與其他人分享數據跟模型,並且知道模型如何關聯和映射到其他模型。

這代表在不同領域中可能有多個相同概念的模型,而這無傷大雅。舉例來說,在支付領域中的**音樂家**數據會包括**支付**相關的屬性,這絕對不同於**推薦**領域中的**音樂家**模型,如音樂家剖析檔案和曲風。但是網格應該允許將**音樂家**從一個領域映射到另一個領域,並且能夠將數據從這個領域鏈接到另一個領域中的同一個音樂家。有許多種方法可以實現這一點,包括統一識別方案,也就是讓所有領域中的同一個**音樂家**使用同一個 ID。

多義詞

多義詞 [10] 是橫跨不同領域的分享概念。它們指向同一個實體,具有領域特定的屬性。多義詞代表企業中分享的核心概念,例如「音樂家」、「聽眾」和「歌曲」等。

在 DDD 之後,數據網格讓不同領域的分析數據,根據其領域的有界情境來對多義詞建模。然而,它也允許使用全域識別方案,來將多義詞從一個領域映射到另一個領域。

擁抱最相關的領域數據:不要期望單一的事實來源

數據產業中流傳著另一個傳說,為每個共享的業務概念尋找到單一的事實來源,舉例來說,尋找單一個事實來源以了解關於「聽眾」、「播放清單」、「音樂家」等一切內容。這是想法讓人讚賞,背後也有其必要動機:防止多個拷貝副本的過時數據,及不可信的數據繼續發展。但在現實中,它的成本可想而知相當高昂,會造成規模和速度障礙,或甚至根本無法達成。數據網格並不堅持達到單一事實來源,但是,它使用各種方法,降低多個過期數據拷貝副本的可能性。

---

10 *https://oreil.ly/G78lb*

領域導向的長期所有權，以及共享可發現、高品質和可使用數據（在分析師和科學家的多種模式中）的責任，減少拷貝和保留過時數據的需要。

數據網格支持重塑和重組數據，以建立以目的為主的數據。數據可以在單一領域讀取，然後由另一個領域轉換和儲存。舉例來說，**新興音樂家**領域讀取**播放事件**領域數據並且轉換，然後將其儲存為**新興音樂家**，如同現實世界，數據可移動、複製和重塑。在這樣的動態拓撲下，很難維持單一事實來源的想法。數據網格支持呈現真相，同時採用動態拓撲來達成規模和速度。

正如你將在之後章節所看到的，數據網格平台會觀察網格，防止複製數據時經常出現的錯誤，並且呈現最相關與最可靠的數據。

將數據管道隱藏為領域的內部實作

由於仍然需要清理、準備、聚合和分享數據，因此**數據管道**的應用程式也仍然存在，無論是使用中心化數據架構或是數據網格都一樣。不同之處在於，在傳統的數據架構中，數據管道是最讓人關注的架構，它構成更複雜的數據轉換和移動；但在數據網格中，數據管道只是數據領域的內部實作，並由領域內部處理。這是一個必須從領域外部抽象化思考的實作細節。因此，在過渡到數據網格時，你會將不同的管道以及它們的任務，重新分配到不同的領域。

舉例來說，與來源對齊的領域需要對該領域的事件做出包括清理、去除重複內容和豐富內容的動作，讓其他領域可以使用它們，而不用在下游重複清理。

若以 Daff 為例，提供音樂**播放事件**的**媒體播放器**領域，包括一個清理和標準化的數據管道，提供一個符合標準組織編碼事件、去除重複內容，且可幾乎即時的**播放事件**串流。

相同地，我們會看到中心化管道的聚合階段，移動至聚合或以目的為主的領域數據實作細節。

有人可能會爭論這種模型會導致每個領域重複工作，以建立自己的數據處理管道實作、技術堆疊和工具；但數據網格可藉由第四章中描述的自我服務數據平台解決這個問題。

藉由數據網格，領域會承擔額外的數據責任。因為責任和工作將從中心化的數據團隊，轉移到領域，以藉此獲得敏捷性和真實性。

回顧

在技術周圍安排數據及其所有權一直是擴展的障礙;變化如何發生與特徵如何開發之間是獨立的。中心化組織的數據團隊一直在製造摩擦,領域驅動的有界情境建模是企業級擴展建模的其中一個替代方案,已嘗試過且經過測試。

數據網格將領域邊界情境的概念,應用於分析數據的世界。它要求最接近數據的領域團隊擁有分析數據,並將領域的分析數據提供給組織的其他領域。數據網格藉由組合、聚合和投影現有領域,支持建立全新領域數據。

領域數據有三種模糊的分類:

- 來源對齊(原生)的分析數據,由擁有來源營運系統的團隊建立與分享。

- 消費者和生產者之間聚合、分析數據,並且將多個上游數據產品組合在一起。聚合是由生產者團隊、消費者團隊或新成立的團隊所擁有。

- 針對特定數據消費情境而設計的消費者對齊(以目的為主)的分析數據。

領域導向的數據所有權的轉變,導致現實世界中的數據混亂,這點需要接受並處理,特別是在快速和可擴充的環境中:

- 使用相互連接(映射)的多個分享實體模型。

- 在高階層級中不使用管道。將管道隱藏在支持特定領域數據的內部實作中。

如果要用一個概念總結本章,那就是以下這句話:

> 所有模型都是錯誤的,但至少有些有用。

—George Box

不要試圖過早設計業務領域,並且據此分配和建模分析數據。相反的,從你的業務接縫開始工作。如果你的業務單位就是基於領域劃分,請從此開始;如果不是,也許數據網格還不是正確的解決方案。讓數據演化影響組織形態,反之亦然。

第三章

數據即產品原則

現有分析數據架構的一個長期挑戰，是使用數據，包括發現、理解、信任、探索和最終消費高品質數據的高摩擦和成本，已經有許多調查證實這種摩擦。數據科學平台公司 Anaconda 最近的一份報告〈The State of Data Science 2020〉[1] 發現，數據科學家有近一半的時間都花在準備數據：即讀取和清理上。如果不正視它，這個問題只會隨著數據網格的增加而加劇，因為提供數據的地方和團隊的數量（也就是領域）會增加。將組織的數據所有權分配給業務領域後，會有更多人關注可存取性、可用性和協調性。更嚴重的數據孤島和數據可用性的回歸，是數據網格第一原則：領域導向所有權的潛在不良後果。數據即產品原則就是要解決這些問題。

數據網格的第二個原則，數據即產品，將產品思維套用於領域導向的數據，以消除這種可用性摩擦，並且讓數據使用者，諸如數據科學家、數據分析師、數據探索者以及介於這些之間的任何人，都有愉快的體驗。數據即產品期望各領域提供的分析數據都可視為一項產品，而該數據的消費者即是客戶。此外，數據即產品支持數據網格的案例，藉由大大的增加偶然和刻意使用的潛力，來釋放出組織數據的價值。

Marty Cagan 是一位在產品開發和管理領域的傑出思想領袖，他在 *INSPIRED*[2] 一書中，提供令人信服的證據，證明成功的產品均具有以下三個共同特徵：可行性、價值性及可用性。數據即產品的原則定義了一個新概念，稱之為數據產品，它體現標準化特徵，使得數據有價值且可用。圖 3-1 能視覺化說明這點。本章會介紹這些特性。第四章會描述要如何讓數據產品建立起可行性。

1　*https://oreil.ly/S8XMz*
2　*https://oreil.ly/mzv7u*

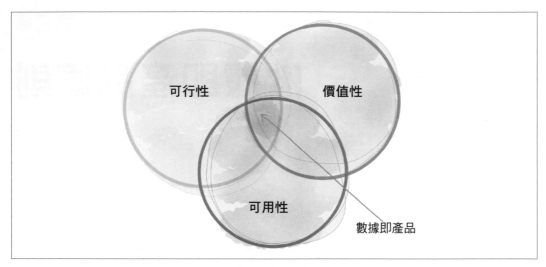

圖 3-1　數據產品存在 Marty Cagan 成功產品特徵的交會處

要成為產品的數據，會遵循一組規則並且展現出特有特徵，恰好落在 Cagan 的文氏圖中**可行性**、**價值性**及**可用性**交集。要使數據成為產品，對使用者來說，它就必須要具有價值，無論是本身就有價值還是要跟其他數據產品合作產生價值。它必須讓使用者產生共鳴，並且對其可用性和完整性負責。

我承認，將數據視為產品並不單單只是出於善意這麼簡單。為此，該原則對**領域數據產品擁有者**和**數據產品開發人員**等領域導入新任務，他們要負責建立、服務和傳播數據產品，同時要保持數據的可存取性、品質、可用性，以及在數據產品生命週期中是容易取得的等特定客觀目標。第十六章將會詳細介紹這些新任務。

與過去的範式相比，數據即產品反轉了責任模型。在數據湖泊或數據倉庫架構中，建立具有品質和完整性的數據責任位於來源的下游，並且由中心化的數據團隊保存，數據網格將這個職責轉移到更接近數據來源的位置。這種轉變不單只在數據網格上所見，事實上，在過去十幾年間，我們已經看到測試和營運**向左轉移**的趨勢，因為在靠近來源的情況下解決問題將會更便宜且更有效。

我甚至會說，在網格上分享的不僅僅是**數據**；而是一個**數據產品**。

數據即產品是將產品思維應用於數據的建模和分享方式，不應該跟產品銷售互相混淆。

讓我們了解如何將產品思維應用在數據上。

將產品思維應用於數據

在過去的十幾年中，高績效組織已經接受將其內部營運技術視為產品的想法，就跟他們的外部技術一樣。他們將內部開發人員視為客戶，只要他們滿意就成功了。特別是在兩個區域中強烈順應這個趨勢：將產品管理技術套用在內部平台，加速內部開發人員在內部平台上建立和託管解決方案的能力，如 Spotify Backstage[3]；以及將 API 視為產品，以建立可發現、可理解且易於測試的 API，來確保開發人員最佳體驗，如 Square API[4]。

將產品思維的神奇成分套用在內部技術，首先要與內部消費者，也就是開發人員建立同理心，與他們合作設計體驗，蒐集使用指標，並且隨著時間的推移不斷改進內部技術解決方案，以保持易用性。強大的數位化組織分配大量資源和注意力，來建立對開發人員而言有價值的內部工具，進而拓展至整體業務。

令人好奇的是，大數據解決方案中缺少引起共鳴、將數據視為產品、將使用者視為客戶等這些神奇成分。營運團隊仍然將他們的數據視為業務營運的副產品，將其留給其他人，例如數據團隊抓取並且將其回收到產品中。相反的，數據網格領域團隊將類似嚴謹的產品思維套用到他們的數據中，力求獲得最佳的數據使用者體驗。

回到 Daff 的案例。其中一個關鍵領域是**媒體播放器**領域，該領域提供基本數據，例如誰在何時何地播放了哪些歌曲。這個資訊有幾個不同的關鍵數據使用者，舉例來說，**媒體播放器支援**團隊對這件剛發生的事件很感興趣，希望能夠快速捕捉導致客戶體驗下降的錯誤，並且迅速恢復服務，或是專業的回應客戶服務電話。另一方面，**媒體播放器設計**團隊則對聚合播放事件感興趣，這些事件可以呈現聽眾在一段時間內的使用過程數據故事，用來改進更具有吸引力功能的媒體播放器，進而獲得更理想的整體聽眾體驗。

了解這些使用案例以及其他團隊需要的資訊後，**媒體播放器**領域以產品的形式，向組織的其他部門提供兩種不同類型的數據：以無限事件日誌紀錄方式公開的**最即時播放事件**，以及在儲存上以序列化檔案方式公開的**聚合播放會談**。這是套用於數據的產品所有權。

圖 3-2 展示**媒體播放器**領域的數據產品。

---

3   *https://oreil.ly/B1fwB*

4   *https://oreil.ly/gG9eL*

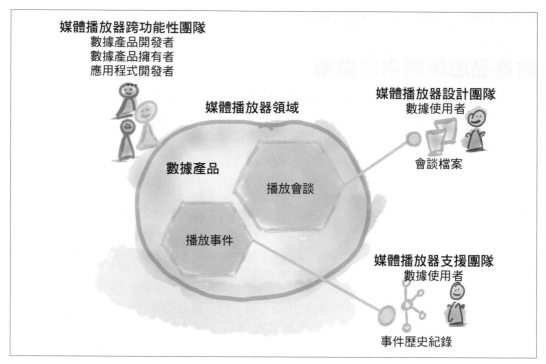

圖 3-2　數據產品範例

可想而知，你可以對數據採用多數產品所有權技術。然而，數據有一些獨特之處。數據產品所有權與其他類型產品的區別在於**數據使用案例的無界限本質**，特定數據可以與其他數據結合，最終再轉化為深刻洞見和行動的方式。在任何時候，數據產品擁有者都知道或可以計畫今天已知的可行數據使用案例，然而今天產生的數據，有很大一部分對未知的未來使用案例來說，仍有可能超出他們的想像。

這對於來源對齊的領域更是如此，而對於消費者對齊的領域則較不是如此。這種與來源對齊的數據捕抓到業務互動和事件發生時的真實情況，未來的數據使用者可以繼續使用、轉換和重新解釋它們。來源對齊的數據產品需要平衡已知的使用案例和未知的使用案例，他們別無選擇，只能努力在數據中盡可能建立接近的模擬業務現實模型，而不做多餘的假設數據使用方式。舉例來說，將所有**播放事件**抓取為無限高解析度的日誌紀錄就是一個安全的選擇。它為未來使用者開啟一扇大門，讓他們可以建立其他轉換，並且從今天抓取的數據中推斷出新的洞見。

這就是數據產品設計和軟體產品設計之間的主要區別。

數據產品的基準可用性屬性

在我看來，數據產品需要包含一組不可妥協的基準特徵，才會視為有用處。這些特徵可以套用在所有數據產品，無論其領域或原型為何。我將其稱為數據產品的基準可用性屬性。每個數據產品都將這些特徵合併成為網格的一部分。圖 3-3 列出數據產品的可用性屬性。

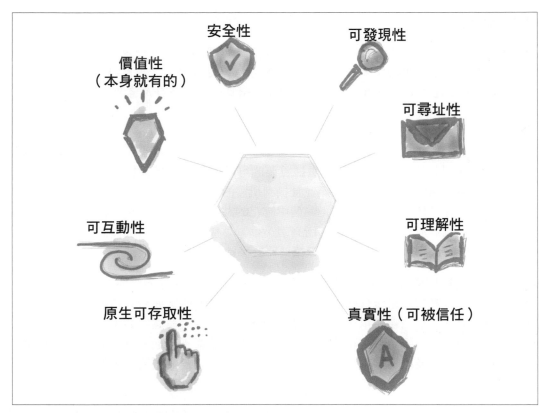

圖 3-3　數據產品的基準可用性屬性（DAUTNIVS）

請注意，這些可用性特徵以數據使用者的體驗為導向，它們不是用來表示技術能力的，第四部分「數據量子架構設計」中會涵蓋數據產品的技術特性。

本節列出的基準特徵是對過去所謂的 FAIR[5] 數據的補充：可尋找性（*findability*）、可存取性（*accessibility*）、互動操作性（*interoperability*）以及可重複使用性（*reusability*）[6]。除了這些原則之外，我還介紹了使分散式數據所有權發揮作用的必要特徵。

讓我們站在數據使用者的角度來了解這些屬性。

可發現性

> 好的設計中，有兩個最重要的特徵：可發現性和理解性。可發現性：是否有可能知道可執行哪些操作，又要在哪裡和如何執行這些操作？理解性：這一切的意義為何？應該如何使用？選項各異的控制項目和設定是什麼意思？[7]
>
> —Don Norman

數據使用者在他們的旅程中邁出的第一步，是要在數據世界中發現可以使用的數據，並且探索和搜尋以找出「它」。因此，數據首要的可用性屬性，是易於發現。數據使用者需要能夠探索可用的數據產品，搜尋並且找到所需的集合，然後探索並且有信心的使用它們。可發現性的傳統實作方式，是一個中心化的註冊列表或是目錄，裡面列出可用的數據集合，以及關於每個數據集合、所有者、位置、樣本數據等附加資訊。這些資訊通常由中心化的數據團隊或治理團隊在數據編寫於事實發生後。

數據網格上的數據產品可發現性採用左移解決方案，其中數據產品本身會刻意的提供可發現性資訊。數據網格包含網格的動態拓撲、不斷發展的數據產品和可用數據產品的龐大規模。因此，它依賴於單一數據產品以標準方式在其生命週期的不同時間點，如建立、部署和運行時，提供可發現性資訊。每個數據產品都不斷地分享其來源、所有者、運行時資訊，包括及時性、品質指標、樣本數據集等，以及最重要的，數據的使用案例或使用數據的應用程式等消費者貢獻資訊。

第四部分「如何設計數據產品架構？」中將討論數據產品可發現性的技術設計。

5　*https://oreil.ly/2BB7V*

6　FAIR 原則發表於 2016 年的同儕評審科學期刊 *Scientific Data* 上。

7　Don Norman, *The Design of Everyday Things: Revised and Expanded Edition.* (New York: Basic Books, 2013).

可尋址性

數據產品為數據使用者提供一個永久且唯一的地址，以便用程式或手動方式存取。這個尋址系統包含數據的動態特性和網格拓撲。它必須認知到數據產品的各個面向將持續發生變化，同時要確保使用的連續性。

尋址系統擁有以下數據產品不斷變化的面向，同時藉由持久的唯一地址保持對數據產品的存取：

數據產品中的語義和語法的變化

模式演變

隨著時間（窗口）的推移不斷發布新數據

與特定時間（或時間窗口）關聯的數據元組（data tuples）的分區策略和分組

新支援的數據存取模式

序列化、呈現和查詢數據的新方法

更改運行時的行為資訊

舉例來說，服務等級的目標、存取日誌紀錄、除錯日誌紀錄

唯一地址必須遵循一個全域的使用慣例，幫助使用者能夠以程式方式一致的存取所有數據產品。數據產品必須有一個可尋址的聚合根[8]，作為數據產品所有資訊的入口，包括文件、服務等級的目標和它所服務的數據。

可理解性

一旦找出數據產品後，數據使用者旅程的下一步就是去理解它，這涉及了解其底層數據的語義，以及數據編碼的各種語法。

每個數據產品都提供語義一致的數據：具有特定意義的數據。數據使用者需要理解這個意義：數據產品封裝怎樣的實體？實體之間的關係為何？以及與它們相關的數據產品有哪些。

8　*https://oreil.ly/D4M9x*

回到媒體播放器事件的例子，數據使用者應該很容易理解**播放器事件**的組成內容：**使用者**、他們採取的**播放動作**、動作的**時間**和**位置**，以及動作產生的**回饋**。數據使用者應該很容易理解可用的動作類型，以及聽眾觸發播放器事件與來自相鄰**聽眾**領域**訂閱者**之間存在的關係。數據產品提供這種語義的正式表示。

除了理解語義之外，數據使用者還需要準確的了解數據的呈現方式。它是如何序列化？存取和查詢數據的語法為何？他們可以執行怎樣的查詢？或是要如何讀取數據物件？他們需要了解數據底層語法的綱要（*schema*）。範例數據集和範例消費者程式理想上會擁有此資訊。附有正式數據描述的範例，可以提高數據使用者的理解。

此外，像是計算筆記本[9]這樣的動態和計算文件，是講述數據產品故事的絕佳夥伴。計算筆記本包括數據文件以及使用它的程式，並且直觀地展示程式結果的即時回饋。

最後，理解是一個互相學習的社會過程，數據產品促進使用者之間的交流，並且分享他們的經驗以及他們利用數據產品的方式。

理解可用的數據產品不需要步驟分解式的教學，自助式的理解方法就是基準可用性的特徵。

值得信賴和真實性

> 「信任是」與未知的自信關係。[10]

> —Rachel Botsman

沒有人會使用他們無法信任的產品。所以信任數據產品的意思為何？更重要的是，怎樣才能讓它值得信任？要解釋這一點，我喜歡使用 Rachel Botsman 所提出的信任概念：**已知與未知之間的橋樑**。數據產品需要縮小「數據使用者有信心地了解數據」，與「使用者不知道，但需要知道後才能信任數據」兩者之間的差距。雖然可發現性和可理解性等稍早提過的特徵在某種程度上縮小這個差距，但要能夠信任數據到可以使用則需要更多時間。

數據使用者需要有自信的知道數據產品具真實性，它如實呈現業務事實。他們需要自信的知道，數據反映出已發生事件真實性的程度，以及根據業務事實建立的聚合和預測的真實性機率。

---

9 *https://oreil.ly/k0TmE*
10 Rachel Botsman, "Trust-Thinkers" *https://oreil.ly/Q2s3i*, July 26, 2018.

其中一個縮小信任差距的方法，是保證和傳達數據產品的服務水準目標[11]，消除數據周圍不確定性的客觀措施。

數據產品 SLO 包含：

變化間隔

反映數據變化的頻率

時效性

業務事實發生與數據可使用之間的時間差異

完整性

所有必要資訊的可用性程度

數據的統計形狀

分布、範圍、數量等

血緣

從源頭到此的數據轉換之旅

隨著時間的推移的精確度和準確性

隨著時間推移，商業真實性的程度

營運品質

新鮮度、普遍可用性、性能

在傳統的數據管理方法中，抓取和載入有錯誤、不能反映業務真實性或是根本不可信的數據相當常見。這是中心化數據管道大部分工作關注之處，吸收之後清理數據。

相比之下，數據網格導入一個根本性的轉變，也就是數據產品的所有者必須溝通，並且於他們的特定領域中，確保可接受的品質和可信度等級，將其作為他們數據產品的內在特徵。這意味著在建立數據產品時，要先清理和執行自動化數據完整性測試。

提供數據出處和包括數據旅程、數據來源及到達此方法的數據血緣，作為與每個數據產品相關聯的元數據，有助於消費者進一步增強對數據產品的信心。使用者可以評估此資訊，以確定數據是否符合他們的特定需求。我認為，一旦塑立在每個數據產品中建立可

---

11 *https://oreil.ly/41TpM*

信度的原則，就不需要藉由調查過程來建立信任，並且不需要套用檢測技術來遍尋血緣樹。話雖如此，數據血緣在某些狀況中仍然是重要的元素，例如根本原因分析、除錯、數據規定審查以及評估數據是否適合 ML 訓練等。

原生可存取性

根據組織的數據成熟度，有形形色色的數據使用者角色需要存取數據產品。範圍涵蓋大量使用者，如圖 3-4 所示：擅長在電子試算表中探索數據的數據分析師，擅長使用查詢語言建立數據統計模型，如視覺化報告的數據分析師，管理和架構數據並使用數據框來訓練 ML 模型的科學家，以及期望即時事件串流，或基於提取數據 API 的數據密集型應用程式開發人員。使用者相當廣泛，他們對於如何存取和讀取數據也有不同的期望。

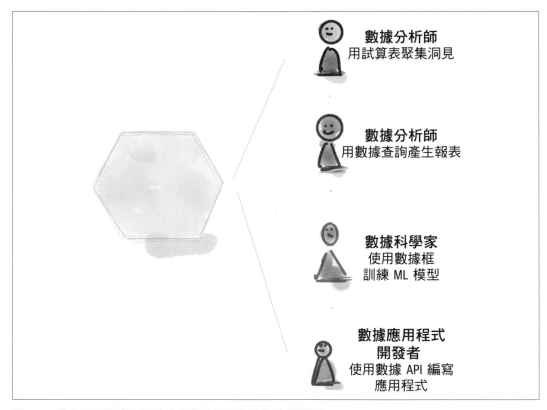

圖 3-4　具有不同數據存取模式的廣泛數據產品使用者範例

數據產品的**可用性**，與特定數據使用者使用原生工具存取數據產品的難易程度之間，存在著直接的連結。因此，數據產品需要讓各種數據使用者能夠以他們的原生存取模式存取和讀取數據。這可以實作數據的多面向儲存操作，或藉由在同一數據上建構多個讀取轉接器來達成。

舉例來說，**播放事件**數據產品需要透過 SQL 以原生支援方法查詢讀取數據，以滿足數據分析師原本的訪問模式，為數據密集型應用程序發布事件流，也為數據科學家提供列式文件。

可互動性

其中一個分散式數據架構中的主要關注點，是跨領域關聯數據，並以完美且有洞見的方式將它們以連接、過濾和聚合拼接在一起的能力。跨領域數據有效組合的關鍵，是遵循讓跨領域簡單連接數據的標準和協調規則。

以下是需要標準化，以促進互動性和可組合性的數據產品事項：

欄位類型

　　一個通用且定義明確的類型系統

多義詞標示符號

　　全域識別跨數據產品邊界的實體

數據產品全域地址

　　分配給每個數據產品的唯一全域地址，理想情況下會有統一綱要，以便於建立跟不同數據產品的連線

通用元數據欄位

　　例如數據發生的時間和記錄數據的時間

綱要連接

　　連接和重用由其他數據產品定義的綱要（類型）的能力

數據連接

　　在其他數據產品中能夠連接或映射到數據的能力

綱要穩定性

　　尊重向後相容性的進化綱要方法

舉例來說，讓我們看看管理多義詞標示符號。在 Daff 的案例中，**音樂家**是一個核心業務概念，出現在不同的領域中。音樂家雖然保持相同的全域實體，但在每個領域中具有不同的屬性和可能不同的標示符號，**播放事件**數據產品對音樂家的看法一定不同於處理收據和支付藝術家版稅的**支付**領域。為了在不同領域的數據產品中找出音樂家數據的關聯，Daff 需要就這件事達成共識：如何橫跨所有數據產品，廣泛性地識別一個藝術家。

第五章涵蓋適用於所有數據產品的全域標準和協議主題。互動性是任何分散式系統設計的基礎，數據網格也不例外。

價值性（本身就有）

顯而易見，我認為數據產品必須要具有價值性：它應該對服務於業務和客戶的數據使用者具有一定的內在價值；畢竟，如果數據產品擁有者無法從數據產品中看到任何價值，又何必創造它。話雖如此，值得一提的是，數據產品應該本身就是一個有價值且有**意義**的數據集合，而不用與其他數據產品連接和關聯。

當然，藉由多個數據產品的相連接，總能得出更進階的意義、洞見和價值。但是，如果數據產品本身沒有價值，它根本就不應該存在。

雖然這聽起來很自然，但從倉庫架構遷移到數據網格時，有一個常見的反面模式：直接將倉庫資料表映射到數據產品上，會產生沒有價值的數據產品。在數據倉庫中，存在最佳化相關性實體之間的膠水表格，也就是事實。這些已標示表格代表符號從一種實體映射到另一種實體，但這類已標示表格若沒有與其他表格連結，則它本身就沒有意義或價值，只是方便連接表格的實作。

相反的，不在在單一個讓機器能夠橫越網格連結資訊的數據產品。索引或事實表等機器最佳化必須由平台自動建立，並且隱藏於產品之後。

安全性

數據使用者以保密且尊重的方式，安全地存取數據產品。無論中心化還是分散式架構，數據安全都不能妥協。然而，在像數據網格這樣的分散式架構中，存取控制是由數據產品驗證，就在數據流、**存取**、**讀取**或**寫入**中。存取控制策略可以靈活變化，它們在數據產品中的每個存取點都會持續受到評估。

此外，對數據產品的存取並不完全是二元的：使用者不一定可以看到數據。在許多情況下，雖然使用者可能無法查看實際紀錄，但它也可能具有足夠權限來查看數據形狀，並且以它的統計特徵來對此評估。

存取控制策略可以集中定義，但在運行時，是由單一獨立的數據產品強制執行。數據產品遵循著「安全策略即程式」[12] 的做法，這意味著以控制版本、自動測試、部署和觀察，以及計算式評估與強制執行的方式，編寫安全策略。

以程式方式描述、測試和維護的策略，可以闡明各種與安全相關的問題，例如以下內容：

存取控制

數據使用者，如系統和人員可以存取數據產品的對象、內容和方式

加密

在磁碟、記憶體或傳輸中的加密所使用的演算法，以及如何管理金鑰，並且遭受入侵後，盡可能地減少影響範圍

保密等級

數據產品攜帶的機密資訊類型，例如個人身分資訊、個人健康資訊等

數據保留

資訊必須保留的時間

法規和協議

GDPR（歐盟）、CCPA（美國加州）、特定領域法規、合約協議

轉換到數據即產品

在跟我的客戶合作時，我發現他們非常接受數據網格的原則，而且常常忍不住問自己，「為什麼我沒有想到呢？」或者偶爾會有人說，「我們一直在做類似但不完全相同的事情。」這些原則在他們組織的技術現代化之旅中，似乎是直觀且相當自然的下一步，是組織營運面向現代化的擴展，例如，使用微服務轉向領域導向的所有權，並將內部產品，如營運 API 也視為產品。

然而，當他們更深入的去實作數據網格的轉換時，會產生一種離開舒適圈的感覺。我在與數據網格早期實作者的對話中發現，雖然他們用語言表達原則，和實施這些原則的意圖，但實作方式本身仍然深受過去所熟悉的技術影響。

---

12 *https://oreil.ly/zH1k2*

基於這個原因，我決定發表下述經過沉澱後的轉換聲明以及一些實際步驟，來明確表達現有範式與真正擁有**數據即產品**之間的差異。

我也要請你思考一些我這裡可能沒說的轉換陳述。

在領域中包含數據產品所有權

過去十幾年間，團隊不斷的從職能劃分轉向為跨職能。開發維運運動縮小了建構和營運業務服務，與組建開發和維運跨職能團隊之間的差距。讓客戶感興趣的產品開發使得設計和產品所有權更接近開發人員。

分析數據即產品的導入增加了跨職能領域團隊現存的職責列表，並將他們的角色擴展到：

數據產品開發人員

　　只要數據產品存在並正在使用，就扮演負責開發、服務和維護領域數據產品的角色

數據產品負責人

　　在交付價值、滿足和成長數據使用者以及維護數據產品生命週期中，扮演負責讓該領域的數據產品成功的角色

為每個領域定義這些角色，並且根據領域的複雜性以及其數據產品的數量，為這些角色分配一個或多個人員。

重新定義術語以創造變化

數據分析中的一個常用術語是吸收（*ingestion*），也就是從通常不怎麼可靠的上游來源接收數據，再將數據排出，作為其操作的副產品。現在，這成了下游管道的工作，要在數據**消費**產生價值之前，吸收、清理和處理數據。

數據網格建議從**吸收**到**消費**，重新建構接收上游數據。細微的區別在於，上游數據已經有人清理、處理並且準備好可以**使用**。語言的變化創造一種新的認知框架，它更符合數據即產品提供服務的原則。

與之相關，需要嚴格評估 ETL（抓取、轉換、讀取）中使用的**抓取**一詞，和其他變化。抓取喚起了提供者的被動角色和消費者的介入角色。眾所周知，從一個外部無法使用而最佳化的營運資料庫中抓取數據，會產生各種病態的耦合和脆弱的設計。相反的，我們可以將語言轉換為**發布、服務**或**分享**。這意味著數據分享的實作，已從存取原始資料庫，轉變為有意分享領域事件或聚合。

到目前為止，你可能已經了解我有多重視語言和我們使用的隱喻。加州大學柏克萊分校認知科學和語言學教授 George Lakoff 在他的著作 *Metaphors We Live By*[13] 一書中，優雅地展示在**爭論**的概念中轉換語言的後果，不論是**戰爭**還是**舞蹈**。想像一下我們生活的世界以及我們培養的關係，與其**贏得爭論**，失去或獲得爭論的基礎，找出可攻擊爭論的弱點；我們倒不如像個舞者一樣，藉由美麗而團結合作的舞蹈儀式，以平衡且美觀的爭論來表達想法和情感。這種出人意料的語言重構，會對行為造成深遠影響。

將數據視為產品，而不僅是資產

「數據是一種資產。」「必須像管理資產一樣管理數據。」這些是我們在大數據管理中常見的概念。

將數據比喻為資產並不是新鮮事。畢竟，幾十年來，企業架構方法和框架開放組織的標準（TOGAF）[14]，明確的將「數據是資產」[15] 作為它的數據第一原則。雖然從表面上看這是一個相當無害的比喻，但它已經塑造了我們對此的負面看法和行動，例如衡量成功的行動。根據我的觀察，數據即資產已經導致藉由虛榮指標來衡量成功：這些指標，例如在數據湖泊或數據倉庫中抓取的數據集合和資料表數量，或者是數據量體等我在組織中反覆遇到的指標，都讓我們看起來或感覺良好但並未產生效益。數據即資產強調保存和儲存數據，而非分享數據。有趣的是，在 TOGAF「數據是資產」原則之後的，就是「數據是可分享的」。

我建議改變**數據即產品**的比喻，並且隨之改變視野，舉例來說，藉由數據的**採用、使用者數量**以及他們對數據的**滿意度**來衡量是否成功。這強調分享數據的重要性，而不單純是保留和扣住數據。它強調優質產品應有的持續得到關懷特性。

我邀請你一同找出我們需要修改的隱喻和詞彙，以建構數據網格全新概念系統。

---

13 *https://oreil.ly/3YZ26*
14 *https://oreil.ly/oekyG*
15 *https://oreil.ly/Z6Y0y*

建立信任但驗證的數據文化

數據即產品原則有許多實踐方法，這些實踐法導致一種文化，也就是數據使用者在預設情況下可以信任數據的有效性，並且將重點放在驗證數據是否適合他們的使用案例上。

這些實踐包括導入數據產品的長期所有權角色，對數據產品的完整性、品質、可用性和其他使用性特徵負責；導入數據產品的概念，不僅分享數據，而且明確的分享一組客觀測量方式，例如及時性、留存率和準確性；並且建立一個數據產品開發流程，讓數據產品的測試自動化。

今天，若是不實施數據即產品，**數據血緣**仍然是建立信任的重要因素。數據使用者別無選擇，只能假設數據是不可信的，需要藉由其血緣調查一番後才能信任它。這種缺乏信任是數據提供者和數據使用者之間存在巨大差距的結果，因為數據提供者對使用者及其需求缺乏可見性，缺乏對數據的長期責任，以及缺乏計算保證。

數據即產品的實際目標，就是建立一種新文化，從有罪推定到俄羅斯諺語中的信任但驗證。

將數據和計算連接為一個邏輯單元

我們來做一個測試。

當你聽到**數據產品**這個詞時，你會想到什麼？它的形狀、內容和給人感覺為何？我可以保證，大部分讀者都會想到靜態文件或資料表、列和行、某種形式的儲存介質。感覺它是靜態的，可累積的，由代表事實的位元和位元組所組成的內容，也許是一個漂亮的模型。這很直接，畢竟，根據定義，單數形式的**數據**（*datum*），指的是「部分資訊」。[16]

這種觀點導致**程式**（計算）與數據分離，在這種情況下，會分離維護數據、建立數據和服務數據的程式。這種分離會建立隨時間而衰減的孤立數據集；若規模較大，我們將這種分離稱為數據沼澤[17]：一個惡化的數據湖泊。

數據網格從這種數據與程式分離的雙重模式，轉變為將數據和程式視為同一個架構單元，一個結構完整可以完成任務的可部署單元，以提供特定領域的高品質數據；數據與程式兩者缺一不可。

---

16 無意間發現，十八世紀拉丁語中 datum 的意思是「給予的東西」。這個早期的含義更接近於「數據產品」的精神：可以提供和分享有價值的事實。

17 *https://oreil.ly/6ixTI*

對於管理微服務架構的人來說，數據和程式作為一個單元共存並不是多新的概念。營運系統的演進已經轉變為一種模型，在該模型中，每個服務都管理它的程式和數據、綱要定義和升級。營運系統之間的區別在於程式與其數據之間的關係。在微服務架構的情況下，數據為程式服務。它維護狀態，讓程式可以完成工作，為業務功能提供服務。在數據產品和數據網格的情況下，這種關係是相反的：程式為數據服務。程式轉換數據、維護其完整性、管理其策略並最終為其服務。

請注意，託管程式和數據的底層物理基礎設施是分開的。

回顧

數據即產品的原則，是從數據所有權的分布到領域所產生的數據孤島挑戰回應。這也是數據文化轉移至源頭朝向數據責任和數據信任變化，最終目標是讓數據可簡單使用。

本章解釋數據產品 8 個不可妥協的基準可用性屬性，包括可發現性、可尋址性、可理解性、可信賴性、原生可存取性、可互動性、價值性和安全性。

我介紹數據產品擁有者的角色，他們是對領域數據及其消費者深入了解的人，以確保數據所有權的連續性以及成功指標的責任性，例如數據品質、減少數據消耗的前置時間，以及藉由淨推薦值獲得的一般數據使用者滿意度[18]。

每個領域都包含一個數據產品開發者角色，負責建構、維護和服務在領域中的數據產品。數據產品開發人員將與該領域的應用程式開發人員一起工作。

每個領域團隊可以提供一個或多個數據產品。也可以組建新的團隊來提供不適合現有營運領域的數據產品。

數據即產品創造一個新的世界系統，在這個系統中，數據對使用者有極高共鳴，因此可以得到信任、建立和提供服務，而成功標準是來自提供給使用者的價值，而不是它的規模。

這種雄心壯志的轉變是組織轉型的一種，我將在本書第五部分中介紹。它還需要一個底層的支援平台，就是下一章要探討的平台轉變，能讓數據即產品更為可行。

---

18 *https://oreil.ly/iFCtM*

第四章

自我服務數據平台原則

簡單化，就是減去明顯之事，增加有意義之事。

—John Maeda

到目前為止，我已經提供朝向數據網格轉變的兩個基礎：業務領域導向的分散式數據架構和所有權模型，以及作為可用和有價值的產品所分享的數據。隨著時間進展，這兩者看似簡單又相當直覺的轉變可能會產生不良後果：每個領域的工作重複、營運成本增加，以及跨領域時可能出現大規模的不一致和不相容。

不只是建構應用程式和維護數位產品，期望領域工程團隊以產品的方式擁有和分享分析數據，也引起從業者及其領導者的合理關注。此時此刻，我常會從領導者那裡聽到的擔憂包括：「如果每個領域都需要建構和擁有自己的數據，我將如何管理領域數據產品的營運成本？」「我要如何聘請本來就很難找到的數據工程師到各個領域之中？」「這在每個團隊中看起來似乎都是大量過度設計和重複工作。」「我應該添購什麼技術來提供所有數據產品的可用性特徵？」「我要如何以分散式方式執行治理以避免混亂？」「我該拿複製的數據怎麼辦？要如何管理？」等。同樣的，領域工程團隊和從業者也表達出一些擔憂，例如，「除了建構應用程式來執行業務之外，我們要如何將團隊的責任延伸到分享數據？」

解決這些問題是數據網格第三個原則存在的理由，也就是以**自我服務數據基礎設施為平台**。這並不是因為數據和分析平台存在任何缺點，而是因為我們需要修改它們，好讓它們能夠以**去中心化的方式**，為新的**通才技術人員**水平擴展分享、存取和使用分析數據。這是數據網格平台的關鍵區別。

圖 4-1 描述從每個領域中抓取出不特定領域的功能，並轉移到作為平台的自我服務式基礎設施。該平台由專門的平台團隊建構和維護。

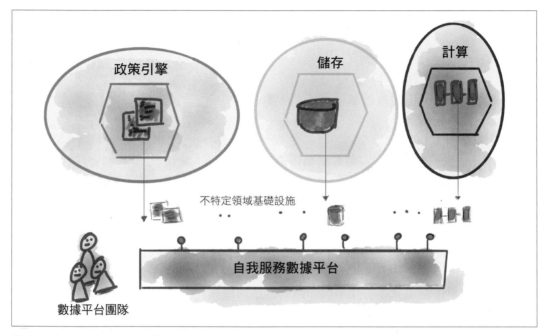

圖 4-1　抓取不特定領域的基礎設施，並蒐集到單獨的數據平台中

在本章中，我將平台思維套用於底層基礎設施功能，來澄清我們在數據網格情境中所說的平台一詞的含義；然後，我會分享數據網格底層平台的獨特特徵。後面的章節，如第九章和第十章，將進一步詳細介紹平台的功能以及要設計方式。現在，讓我們討論一下數據網格的底層平台，跟我們現今所擁有的許多解決方案有何不同。

在本章中，我使用數據網格平台這個片語作為一組底層數據基礎設施功能的縮寫。平台一詞的單數形式，並不是代表具有緊密整合功能的單一解決方案或單一供應商，它只是一組技術，可用於實現第 54 頁「數據網格平台思維」中提到的目標：一組獨立但又可以良好協同工作的技術。

數據網格平台：比較和對比

屬於數據基礎設施範圍的大量技術解決方案，經常偽裝成一個平台。以下是現有平台功能的簡單例子：

- 湖泊、倉庫或湖屋形式的**分析數據儲存**

- 處理批次和串流形式數據的**數據處理框架**和計算引擎

- **數據查詢語言**，基於計算數據流程式或類 SQL 代數敘述句的兩種模式

- **數據目錄解決方案**，讓數據治理以及跨組織發現所有數據

- **管道工作流程管理**，編排複雜的數據管道任務或是 ML 模型部署工作流程

這裡的許多功能都需要應用在數據網格；然而，數據網格平台的方法和目標已有轉變。讓我們快速的做個比較和對比。

圖 4-2 顯示數據網格平台跟現有平台相比的一些獨特特徵。注意，數據網格平台可以利用現有技術，同時提供這些獨特的特性。

以下部分說明數據網格如何進一步建構自我服務平台。

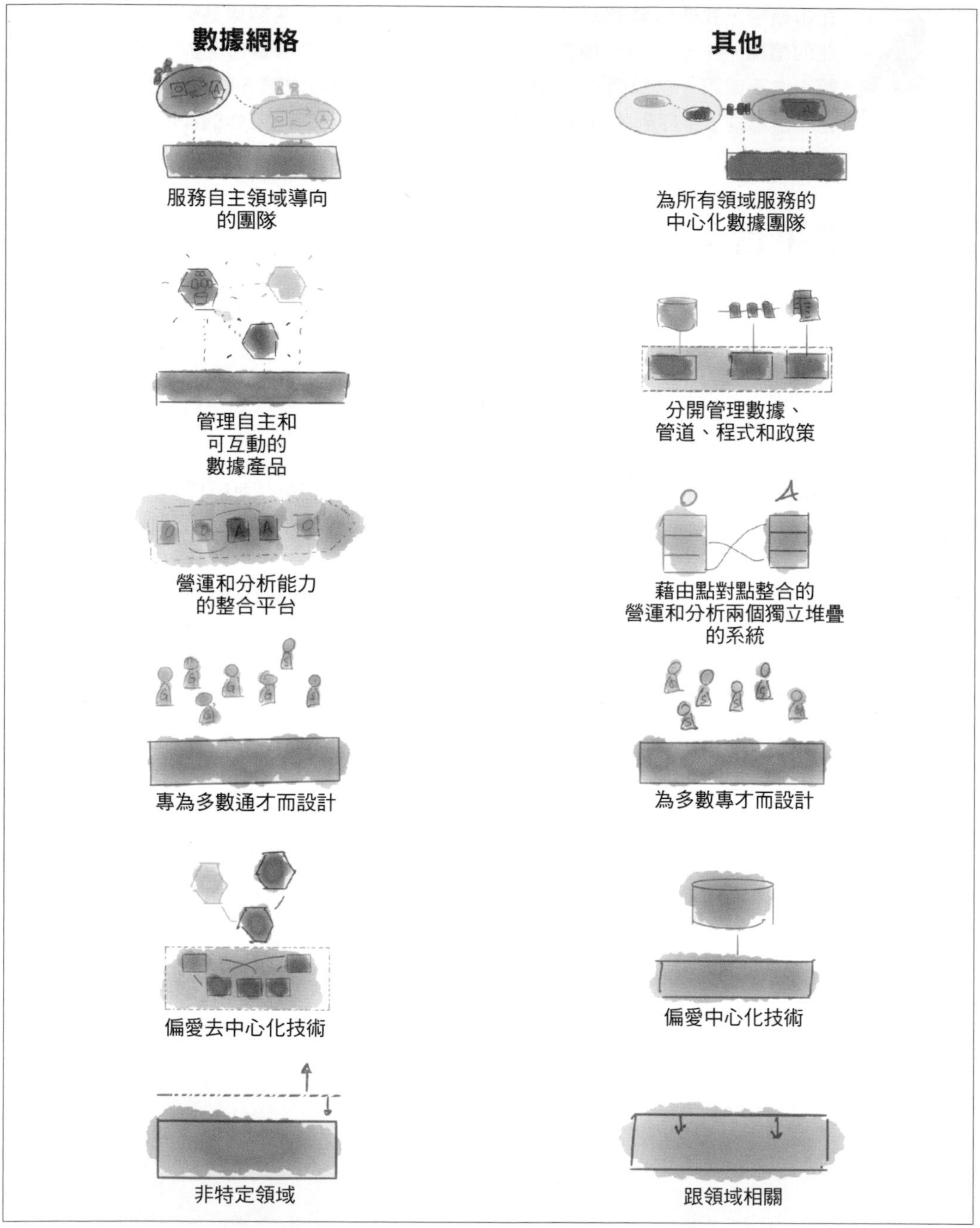

數據網格　　　　　　　　　　　　　**其他**

服務自主領域導向
的團隊

為所有領域服務的
中心化數據團隊

管理自主和
可互動的
數據產品

分開管理數據、
管道、程式和政策

營運和分析能力
的整合平台

藉由點對點整合的
營運和分析兩個獨立堆疊
的系統

專為多數通才而設計

為多數專才而設計

偏愛去中心化技術

偏愛中心化技術

非特定領域

跟領域相關

圖 4-2　數據網格平台的差異化特徵

服務自主領域導向的團隊

數據網格平台的主要職責，是讓現有或新的領域工程團隊能夠點到點的建構、分享和使用數據產品；從營運系統和其他來源獲取數據；然後以產品形式轉換數據，並且跟終端數據使用者分享。

團隊必須以自主的方式建立該平台，而不依賴於中心化數據團隊或中介角色。

許多現有的供應商技術，都是在中心化數據團隊存在的預設情況下所建構出來，這些團隊為所有領域抓取和分享數據。關於這種中心化控制的假設，對技術影響深遠，例如：

- 成本是整體估算和管理的，而不是依照孤立的領域資源一一評估。

- 安全和隱私管理假設實體資源是分享於同一帳戶下，並且不會擴展到每個數據產品的安全隔離背景。

- 中央管道（DAG）編排假設所有數據管道是集中管理的：使用中央管道配置容器和中央監控入口。這與每個管道都很小，並且都分配給數據產品實作的獨立管道相衝突。

這幾個範例是用來說明現有技術如何阻礙領域團隊自主行動。

管理自主和可互動的數據產品

數據網格將一個新的結構，一個領域導向的數據產品，置於其方法的中心；這是一種自主交付價值的新架構。它對終端數據使用者提供可發現、可使用、可信賴且安全的數據，以及對所有的行為編碼。數據產品相互分享數據，並在網格中相互連接。數據網格平台必須與這種新結構一起運作，並且必須支持管理自主生命週期以及所有的組成部分。

這種平台特性不同於現存平台的管理行為，例如數據處理管道、數據及其元數據，以及將數據視為獨立部分而治理的策略。但是，可以在現有技術上建立新的、空泛的數據產品管理，只是這樣做並不聰明。

營運和分析能力的持續平台

領域所有權原則需要一個平台,使自主領域團隊能夠點到點的管理數據,這在組織上縮小了營運階段和分析階段之間的差距。因此,數據網格平台必須提供更具連結的體驗。無論團隊是在建構和執行應用程式,還是在分析使用案例中分享和使用數據產品,團隊體驗都應該無縫接軌。為了使現有領域技術團隊成功採用該平台,它必須消除使用時的障礙,也就是營運和分析之間的分裂。

數據網格平台必須縮小分析和營運技術之間的差距。它必須想辦法讓彼此不用花多大力氣就能一起工作,要讓跨職能的領域導向的數據和應用程式團隊覺得這一切很自然。

舉例來說,今天運行數據處理管道,如 Spark 的計算結構,受不同叢集架構所管理,並且經常與運行營運服務的計算結構如 Kubernetes 連線中斷。為了建立與它們相關的微服務密切協作數據產品,如來源對齊的數據產品,我們需要更緊密的整合計算結構。我曾跟幾個較小的組織合作過,它們在同一個計算結構上運行兩個計算引擎。

由於兩個階段之間的內在差異,在平台的許多領域中,營運和分析系統的技術必須有所差異。舉例來說,考慮出於除錯和審查目的的追蹤狀況,營運系統使用樹狀結構的 OpenTelemetry[1] 標準,來追蹤跨分散式應用程式的 API 呼叫。另一方面,數據處理工作負載使用 OpenLineage[2],來追蹤跨分散式數據管道的數據血緣。兩個階段之間有足夠的差異來讓我們注意到它們的差距;但是,重點是完美整合這兩個標準。畢竟,在許多情況下,一趟數據的旅程始於回應使用者操作的應用程式呼叫。

專為多數通才而設計

現今採用數據平台的另一個障礙,是每個技術供應商所承擔的專業化水平,不管是行話還是對供應商的特定知識。這催出數據工程師這樣難得一見的的專業角色。

在我看來,這種不可擴展的專業化有幾個原因:缺乏(實質上的)標準和慣例,缺乏對技術互動性的激勵,也缺乏讓產品超級簡單易用的激勵。我相信這是大型單體平台常見的心態,單一供應商可以提供簡單易用的功能,將數據儲存在他們的平台上,並且依附他們的附加服務來保存數據,在他們的控制之下處理數據。

---

1 *https://opentelemetry.io*
2 *https://openlineage.io*

數據網格平台必須打破這種模式，並且從定義一組開放約定開始，這些約定促進不同技術之間的互動性，並減少專家必須藉由學習，才能從數據中產生價值的專有名詞和經驗數量。藉由易於學習的經驗、語言和 API 來激勵和支持通才開發人員，是降低通才開發人員認知負擔的起點。為了將數據驅動的開發水平擴展到更多的從業者，數據網格平台必須與通才技術人員保持關聯性。他們必須轉移到背景，自然的熟悉通才人員使用的原生工具和程式語言，以他們的方式找到出路。

不用說，實現的前提是不影響產生可持續解決方案的軟體工程實務。舉例來說，許多少量程式或無程式平台承諾會使用數據，但在測試、版本控制、模組化和其他技術上妥協。隨著時間過去，已無法維護它們。

通才技術人員（專家）一詞通常是指稱為 T 形（T-shaped）[3] 或滴塗（Paint Drip）[4] 的技術人員群體。他們是在廣泛的軟體工程領域經驗豐富的開發人員，在不同時間點專注於一兩個領域以獲得深入知識。

關鍵是，在探索許多其他領域的同時，可以深入一兩個領域。

他們跟只在某一特定領域擁有專長的專家形成對比；他們對專業化的關注不允許自己探索多樣化的領域。

在我看來，未來的通才將能夠處理數據，並且藉由數據產品建立和分享數據，或者當專業數據科學家開發模型後，將它們用於特徵工程和 ML 訓練。簡言之，人工智慧是他們使用的主要服務工具。

到目前為止，大多數的數據工作都需要專業化，並且需要付出很多努力，才能在很久之後獲得專業知識。這限制了通才技術人員的增加，讓數據專家更顯稀有。

偏愛去中心化技術

現有平台的另一個共同特徵是控制的中心化。例如包括中心化管道編排工具、中心化目錄、中心化倉庫架構、計算／儲存資源的中心化分配等。數據網格專注於藉由領域所有權去中心化的原因，是為了避免組織同步化和瓶頸，最終減緩變化的速度。雖然表面上這是一個組織問題，但底層技術和架構會直接影響組織的溝通和設計。單一或中心化的技術解決方案，會導致中心化的控制點和團隊。

3　*https://oreil.ly/jHehn*
4　*https://oreil.ly/Durvx*

數據網格平台需要在設計的核心中，考慮組織在數據分享、控制和治理方面的去中心化。他們檢查設計中每個中心化的面向，這些面向可能會導致團隊同步化、控制中心化和自主團隊間的緊密耦合。

話雖如此，基礎設施的許多面向都需要集中管理，以減少每個領域團隊在分享和使用數據時執行的不必要任務，舉例來說，設定數據處理計算叢集。這就是一個讓自我服務平台能有效大放異彩之處，它集中管理底層資源，同時允許獨立團隊點到點的實現他們的成果，而不會緊密依賴其他團隊。

非特定領域

數據網格在領域團隊（專注於建立業務導向的產品、理想的數據驅動服務和數據產品），跟專注於領域技術推動力的平台團隊之間，建立起清晰的職責劃分。這跟現有的職責劃分不同，在現有職責劃分中，數據團隊通常負責合併特定領域的數據，以提供給分析使用者和底層技術基礎設施。

這種責任劃分需要反映在平台能力中。該平台必須在提供不特定領域的功能，與支持特定領域的數據建模、處理和跨組織分享之間，取得平衡。這需要對數據開發人員和平台上產品思維的應用程式有深入了解。

數據網格平台思維

> 平台：人或物可以站立的升高水平表面。
>
> —Oxford Languages

平台這個詞在日常技術術語中很常使用，並且遍布在組織的技術戰略中。儘管我們常常使用它，但卻很難定義和解釋。

為了讓我們在數據網格的背景下理解平台，我使用一些值得信賴來源的工作來描繪：

> 數位平台是自我服務 API、工具、服務、知識和支援的基礎，它們是引人注目的內部產品。自主交付團隊可以利用該平台，以更快的速度交付產品功能，同時減少協調工作。
>
> —Evan Bottcher, "What I Talk About When I Talk About Platforms"[5]

---

5 *https://oreil.ly/EoWNP*

平台團隊的目的，是使串流對齊的團隊能夠以極高自主權交付工作。串流對齊的團隊對在產品的建構、運行和修復應用程式上保持完全的所有權。平台團隊提供內部服務，以減少串流對齊團隊開發這些底層服務時所需的認知負荷。

該平台簡化原本複雜的技術，並且減少使用它的團隊認知負擔。

—Matthew Skelton and Manuel Pais, *Team Topologies*

平台是設計為一次一個互動。因此，每個平台的設計，都應該從生產者和消費者之間的核心互動開始設計。核心互動是發生在平台上最重要的活動形式：吸引大多數使用者進入平台的價值交換。[6]

—Geoffrey G. Parker et al., *Platform Revolution*

平台也擁有一些關鍵目標，我喜歡將它們套用到數據網格中：

使自主團隊能夠從數據中獲取價值

我們看到的一個共同特徵是，能夠讓使用該平台的團隊以自主意識完成工作，並且取得成果，而無需另一個團隊藉由存貨相依等直接參與他們的工作流程。在數據網格的背景下，讓領域團隊能夠以自主的方式，分享分析數據或使用分析數據，來建構基於 ML 的產品新責任，是數據網格平台的關鍵目標。藉由自我服務 API 來使用平台功能的能力，對實現自主性至關重要。

與自主和可互動的數據產品交換價值

平台的另一個關鍵面向，是刻意設計的交換的價值與方式。在數據網格的狀況下，數據產品是數據使用者和數據提供者之間價值交換的單元。數據網格平台必須將數據產品的無摩擦交換，作為其設計中的價值單元。

藉由降低認知負擔來加速價值交換

為了簡化和加速領域團隊交付價值的工作，平台必須隱藏技術和基礎的複雜性，這能夠降低領域團隊的認知負擔，以專注在重要的事情上；在數據網格的狀況下，就是建立和分享數據產品。

6　Geoffrey G. Parker, Marshall W. Van Alstyne, and Sangeet Paul Choudary, *Platform Revolution*, (New York: W.W. Norton & Company, 2016).

水平擴展數據分享

數據網格是一種解決方案，目的是解決從數據中獲取價值的組織規模大小問題。因此，平台的設計必須要能夠因應不同規模：在組織內的主要領域之間分享數據，以及在更廣泛的合作夥伴網路中，跨越組織的信任邊界之外。這種規模的阻礙之一，是缺乏安全的橫跨多個平台分享數據的互動性。數據網格平台必須設計成擁有與其他平台分享數據產品的互動性。

支持嵌入式創新文化

數據網格平台藉由消除對創新沒有直接貢獻的活動，來支持創新文化，使尋找數據、獲取洞見和使用數據來進行 ML 模型開發變得非常容易。

圖 4-3 描述套用於分享和使用數據產品的領域團隊生態系統的這些目標。

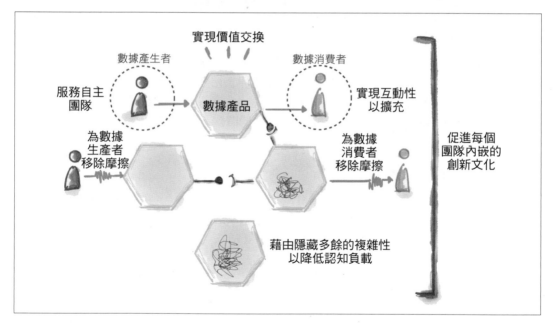

圖 4-3　數據網格平台的目標

現在，讓我們談談數據網格平台如何實現這些目標。

使自主團隊能夠從數據中獲取價值

在設計平台時，考慮平台使用者的角色，以及他們分享和使用數據產品的過程將有所幫助；之後，該平台就可以專注於要如何為每次的數據旅程創造無摩擦體驗。舉例來說，讓我們看看數據網格生態系統的兩個主要角色：數據產品開發人員和數據產品使用者。當然，這兩種角色都包括一系列具有不同技能的人，但在這次討論中，我們可以專注於他們旅程範圍內常見的面向。還有其他角色，例如數據產品擁有者，他們的旅程對於實現建立成功的數據產品的結果同樣重要；但為簡潔起見，我將它們排除在此範例之外。

數據產品開發人員

數據產品開發人員的交付過程，涉及到開發數據產品，包括測試、部署、監控和更新；並且在持續交付[7]的前提下，保持其完整性和安全性。簡而言之，開發人員管理數據產品的生命週期，將程式、數據和策略視為一個單元來工作。你可以想像，需要配置相當多的基礎架構才能管理這個生命週期。

為數據產品的生命週期管理提供和管理底層基礎設施，需要具備現今工具的專業知識，並且不是每個領域都可以輕鬆複製。因此，數據網格平台必須實現所有必要性功能，讓數據產品開發人員建構、測試、部署、保護和維護數據產品，而無需擔心底層基礎設施資源的供應狀況。它必須要有不特定領域的跨功能一切能力。

最後，平台必須使數據產品開發人員能夠只關注特定領域面向的數據產品開發：

- **轉換程式**，生成和維護數據的特定領域邏輯
- **建構時測試**，以驗證和維護領域的數據完整性
- **運行時測試**，以持續監控數據產品是否符合其品質保證
- 開發數據產品的**元數據**，例如綱要、文件等。
- 宣告所需基礎設施資源

其餘的必須由數據網格平台處理，例如基礎設施配置：儲存、帳戶、計算等。自我服務方法為數據產品開發人員揭露一組平台 API，來宣告他們的基礎設施需求，並且讓平台負責其餘的工作。第十四章將詳細討論。

7　*https://oreil.ly/cmkps*

數據產品使用者

無論是分析數據以創造洞見還是開發機器學習模型,數據使用者的旅程都始於發現數據。一旦發現數據,他們需要存取、理解並且深入研究以進一步探索。如果證實這是合適的數據,他們將繼續使用它。使用數據並不限於一次性的存取;消費者持續接收和處理新數據,以使他們的機器學習模型或洞見保持最新狀態。數據網格平台建構促進這種旅程的底層機制,並為數據產品消費者提供順利無摩擦完成工作所需的能力。

為了使平台能夠自主實現這一旅程,它必須減少對人工干預的需求。舉例來說,它必須消除要詢問建立數據的團隊或治理團隊才能驗證或存取數據的需要。該平台讓存取請求的過程自動化,並且根據對消費者的自動驗證來授予存取權限。

與自主和可互動的數據產品交換價值

數據網格平台的一個有趣視角,是將其視為一個多邊平台[8]:一個主要藉由兩個(或多個)不同對象之間的直接互動,來創造價值的平台。在數據網格的狀況下,這些對象就是數據產品開發人員、數據產品擁有者和數據產品使用者。

這個特殊的角度可以成為建構平台的無限創造力泉源,平台的成功直接藉由交換價值,即數據產品來衡量。價值可以在網格上的數據產品之間,或在網格邊緣的終端產品,例如 ML 模型、報告或儀表板之間,跟數據產品交換。網格本質上變成組織數據市場。這種特殊的數據網格平台特性可以成為組織內文化變革的催化劑,將分享提升到全新層次。

正如上一節所討論的,交換價值的一個重要面向是能夠*自主*的做到這一點,而不會受到平台的阻礙。對於數據產品開發人員來說,這代表能夠建立和服務他們的數據產品,而無需不斷地依賴平台團隊。

藉由組合數據產品來創造更高價值

價值交換不僅僅是使用單一數據產品,通常還會延伸到多個數據產品組合。舉例來說,關於 Daff **聽眾**的有趣洞見,是藉由他們聽音樂的**行為**、關注的**音樂人**、**人口統計**、與**社群媒體**的互動、**朋友**網絡的影響力以及周圍文化**事件**等相互關聯所產生。這些是需要相互關聯並且組合成特徵矩陣的多個數據產品。

---

8 *https://oreil.ly/Ugv1S*

平台讓數據產品的相容性成為可能。舉例來說，平台支援數據產品連接：當一個數據產品使用來自另一個數據產品的數據和數據類型（綱要）時。為了無縫整合，平台提供一種標準化且簡單的方式來識別數據產品、找出數據產品位址、連接到數據產品、從數據產品讀取數據等。這種簡單的平台功能建立起具有同質介面的異質領域網格，我將在第十三章中深入介紹。

藉由降低認知負荷加速價值交換

認知負荷最初出現在認知科學領域，它是解決問題或學習時，臨時保存資訊所需要的工作記憶量。[9] 影響認知負荷的因素有很多種，例如主題的內在複雜性或是任務或資訊的呈現方式。

越來越多人認為，平台是減少開發人員完成工作認知負擔的一種方式，藉由*抽象化複雜度*，即隱藏呈現給開發人員的細節和資訊數量來做到這一點。

身為一名數據產品開發人員，我應該能夠表達我領域的不可知願望，而無需準確描述要如何實作。舉例來說，作為開發人員，我應該能夠*宣告*我的數據結構、保留期、可能大小和機密等級，並且將這些留給平台來建立數據結構、配置儲存、執行自動加密，管理加密金鑰、自動輪替金鑰等。這是不特定領域的複雜度，作為數據開發人員或使用者，我不應該接觸到這種複雜度。

有許多技術可以在不犧牲可配置性情況下抽象化複雜度。常用的方法有以下兩種。

藉由宣告性建模抽象化複雜度

在過去幾年間，容器編排器如 Kubernetes[10]，或基礎設施供應工具如 Terraform[11] 之類的營運平台，已經建立一種新模型，用於藉由目標狀態的*宣告性建模*來抽象化複雜度。這與其他方法形成對比，例如使用命令式指令來命令要建構目標狀態的方式。本質上，前者專注於*內容*，後者則專注於*方法*。這種方法成功的讓開發人員的生活輕鬆不少。

在許多情況下，宣告性建模很快就會遇到限制。舉例來說，一旦邏輯變得複雜，藉由宣告來定義數據轉換邏輯的回報就會遞減。

9　John Sweller, "Cognitive Load During Problem Solving: Effects on Learning," *Cognitive Science*, 12(2) (April 1988): 257–85.

10　*https://kubernetes.io*

11　*https://www.terraform.io*

然而，可以藉由狀態來描述的系統，例如已配置的基礎設施，就非常適合宣告式的風格。數據網格基礎設施即平台的情況也是如此，定義管理數據產品生命週期的基礎設施的目標狀態，是可以用宣告方式定義的。

藉由自動化抽象化複雜度

藉由自動化，來從數據產品開發人員的旅程中消除人為干預和手動步驟，是降低複雜度的另一種方法，特別是在整個過程中因為手動錯誤而引起的複雜度。數據網格實作的自動化機會無所不在。底層數據基礎設施本身的供應，可以使用基礎設施即程式[12]來自動化。此外，在數據價值流中從生產到消費的許多動作，也都可以自動化。

舉例來說，今天的數據認證或驗證批准過程通常是手動完成，這是一個為自動化帶來巨大機遇的領域。平台可以自動驗證數據的完整性，套用統計方法來測試數據的性質，甚至可以使用機器學習來發現預期之外的異常值。這類的自動化消除了數據驗證過程的複雜度。

橫向擴展數據分享

在現有的大數據技術環境中，我注意到一個問題，就是缺乏可以大規模數據分享的互動解決方案的標準，舉例來說，缺乏在存取數據時統一的身分驗證和授權模型，缺乏表達和傳輸數據隱私權的標準，以及缺乏在呈現數據的時間性面向標準。這些缺少的標準阻礙了超出組織信任邊界的可用數據網路的擴展。

最重要的是，數據技術領域缺少了 *Unix* 哲學[13]：

> *Unix* 哲學就是：撰寫只做一件事並且把這件事做好的程式。撰寫程式來協同工作⋯⋯

> —Doug McIlroy

我認為我們非常幸運，因為有一些很特別的人，例如 McIlroy、Ritchie、Thompson 跟其他人等，在營運世界中散播文化、哲學和建構軟體的方式。這就是為什麼我們設法藉由簡單和小型服務的鬆散整合，來建構強大的擴展和複雜系統。

因為某種原因，我們在談到大數據系統時已經放棄了這種哲學，可能是因為早期的假設（第 122 頁「分析數據架構的特點」）散播了這種文化。也許是因為在某個時候我們決定將數據（身體）與其程式（靈魂）分開，導致不同哲學的建立。

---

12 Kief Morris, *Infrastructure as Code*, (Sebastopol, CA: O'Reilly, 2021).
13 *https://oreil.ly/pGtte*

如果數據網格平台想要在組織範圍內和組織範圍外實際水平擴展分享數據，就必須要全心全意的接受 Unix 哲學，同時使其適應數據管理和數據分享的獨特需求。它必須將平台設計為一組可互動的服務，這些服務可以由具有不同實作方式的各家供應商實施，但也可以跟平台的其餘服務有良好互動與配合。

以可觀察性為例，平台提供的其中一項功能是監控網格上所有數據產品的行為，偵測任何中斷、錯誤和不良存取，並且通知相關團隊恢復其數據產品。為了使可觀察性發揮作用，有多個平台服務需要相互合作：數據產品發出和記錄有關的營運資訊；抓取發出的日誌紀錄和指標，並且提供整體網格檢視的服務；在這些日誌紀錄中搜索、分析和偵測異常和錯誤的服務；以及在出現問題時通知開發人員的服務。為了在 Unix 哲學下建構它，我們需要能夠挑選這些服務並將它們連接在一起。這些服務的簡單整合關鍵是互動性，[14] 日誌和指標會藉由一種通用語言和 API 來呈現和分享。如果沒有這樣的標準，我們就會退化到單一，但整合良好的整體解決方案，它將對數據的存取限制在單一的託管環境中。我們無法跨環境分享和觀察數據。

支持嵌入式創新文化

迄今為止，持續創新可以說是任何企業的核心競爭力之一。Eric Ries 引進精實創業 [15] 來說明如何藉由建構－測量－學習這短而快速的周期，進行科學化創新。此後，這個概念已藉由精實企業 [16]（一種規模化的創新方法）而套用在更大的企業。

關鍵是要培養一種創新文化：一種快速建構、測試和精煉想法的文化。我們需要一個環境，將人們從不必要的工作、意外的複雜性和摩擦中解放出來，並允許他們嘗試。數據網格平台移除不必要的人工流程，隱藏複雜性，並且簡化數據產品開發人員和使用者的工作流程，讓他們自由的運用數據以創新。評估數據網格平台在這方面有效性的簡單方法，就是衡量團隊構思數據驅動實驗，並且使用所需數據執行實驗所需的時間。時間越短，數據網格平台就越成熟。

另一個關鍵點是：誰有權來做實驗？數據網格平台支持領域團隊進行創新和執行數據驅動的實驗。數據驅動的創新不再是中央數據團隊所獨有的，在開發他們的服務、產品或流程時，他們必須嵌入到每個領域團隊中。

---

14 OpenLineage 是嘗試要標準化的追蹤日誌紀錄。
15 Eric Ries, "The Lean Startup" *https://oreil.ly/VMQXS*, September 8, 2008.
16 Jez Humble, Joanne Molesky, and Barry O'Reilly, *Lean Enterprise*, (Sebastopol, CA: O'Reilly, 2015).

轉換到自我服務數據網格平台

到目前為止，我已經討論了現有數據平台和數據網格之間的主要區別，並且涵蓋數據網格平台的主要目標。在此，我想讓你知道一些轉換到數據網格平台時可以採取的措施。

先去設計 API 和協定

當開始你的平台之旅時，無論你是購買、建構還是兩者都有，都應先從選擇和設計向使用者公開的平台介面開始。介面可能是程式 API，可能是命令列或圖形介面，無論是哪種方式，首先要先決定介面，然後藉由各種技術在這些介面上實作。

許多雲端產品都有效的採用這種方法。舉例來說，雲端儲存提供公開的 REST API[17] 來發布、取得或刪除物件。你可以將此套用在你的平台所有功能上。

除了 API 之外，還要確定通信協定和標準支持互動性。從網際網路，即大規模分散式架構的一個例子中汲取靈感，決定採用瘦腰（*narrow waist*）[18] 協定。舉例來說，決定管理數據產品如何表達其語義協定，它們以何種格式編碼隨時間變動的數據，支持哪種查詢語言，保證哪種 SLO 等。

為採用通才做準備

我之前討論過，數據網格必須為多數的通才人員所設計（第 52 頁「專為多數通才而設計」）。如今，許多組織都在努力尋找像是數據工程師的數據專家，而大量的通才開發人員渴望使用數據工作。大數據技術的碎片化、區隔性和高度專業化的世界，創造了一個同樣孤立的超專業化數據技術人員區段。

在評估平台技術時，選擇那些適合許多開發人員已知的自然程式風格技術。舉例來說，如果你正在選擇管道編排工具，請選擇那些適合 Python 函數的簡單程式工具，通才開發人員對此非常熟悉；不要選擇那些試圖建立另一種領域特定語言（DSL）、帶有深奧表示內容的 YAML 或 XML 工具。

實際上，就其複雜性而言，有一系列數據產品；就其專業化水平而言，有一系列數據產品開發人員。平台必須滿足這個範圍，才能大規模的讓數據產品交付。在任何一種情況下，套用歷久不衰的工程實務，來建構彈性和可維護的數據產品的需求仍然是必要的。

---

17 參閱 Amazon S3 API Reference（*https://oreil.ly/Wf2PU*）作為範例。

18 Saamer Akhshabi and Constantine Dovrolis, "The Evolution of Layered Protocol Stacks Leads to an Hourglass-Shaped Architecture" (*https://oreil.ly/C3Cuk*), SIGCOMM conference paper (2011).

做出清單並簡化

分析數據階段和營運階段的分離，給我們留下了兩個脫節的技術堆疊，一個是處理分析數據，另一個是用於建構和執行應用程式和服務。隨著數據產品整合並嵌入到營運世界中，有機會融合這兩個平台，並且移除重複的部分。

在過去的幾年內，這個產業經歷針對數據解決方案技術的過度投資。在許多案例中，他們的操作對手非常適合完成這項工作。舉例來說，我看到 DataOps 所銷售最新持續整合和持續交付（CI/CD）工具。更仔細地評估這些工具後，它們幾乎沒有提供任何現有 CI/CD 引擎無法提供的差異化能力。

在開始時，請盤點你的組織已採用的平台服務，並且尋找簡化的機會。

我確實希望數據網格平台能夠成為簡化技術格局，以及讓營運和分析平台之間更緊密協作的催化劑。

建立更高等級的 API 來管理數據產品

數據網格平台必須導入一組新的 API，用新的抽象方式來管理數據產品（「管理自主和可互動的數據產品」，第 51 頁）。雖然許多數據平台，例如從雲端提供商上獲得的服務也含括較基本的實用 API，如儲存、目錄、計算等，但數據網格平台必須導入更高層次的 API，視數據產品為物件處理。

舉例來說，將 API 視為建立數據產品、發現數據產品、連接數據產品、從數據產品讀取、保護數據產品等有關數據產品的邏輯藍圖，請參見第九章。

在建立數據網格平台時，用抽象方式，從運作數據產品的高級 API 開始。

建立經驗，而不是機制

我遇到過許多平台建構或購買的狀況，其中平台的連接是基於它所包含的機制，而不是它提供的經驗。這種定義平台的方法通常會導致平台開發大而無用，並且採用過於雄心壯志且價格高昂的技術。

以數據目錄為例。幾乎每個我遇過的平台機制列表中都有數據目錄，這會讓人購買具有最長功能清單的數據目錄產品，然後過度調適團隊的工作流程，以對應目錄的內部工作。而這個過程通常會花上幾個月的時間。

相反的，平台可以從發現數據產品的單一體驗開始。然後，建構或購買實現這種體驗最簡單的工具和機制；再繼續、重複並重構下一次體驗。

從最簡單的基礎開始，在收穫中成長

鑑於本章討論數據網格平台的目標和獨特特性的篇幅較長，你可能會想，「我今天就可以開始採用數據網格，還是應該先等一段時間來建構平台？」答案是，立即開始採用數據網格策略，就算你沒有數據網格平台也一樣。

你可以從最簡單的基礎開始。最小的基礎框架[19]很可能是由你已經採用的數據技術組成，尤其是如果你已經在雲端上運行分析。典型的儲存技術、數據處理框架、聯合查詢引擎，都可以當作基礎的底層實用程式。

隨著數據產品數量的增長，會開發出新的標準，並且會發現解決數據產品中類似問題的常用方法。然後，你將藉由蒐集跨數據產品和領域團隊的通用功能，繼續將該平台發展為一個收穫框架[20]。

記住，數據網格平台本身就是一個產品。它是一種內部產品，儘管它是由來自多個供應商的許多不同工具和服務建構而成的；產品使用者是內部團隊，它需要技術產品所有權、長期規劃和長期維護。雖然它會繼續發展並且經歷進化成長，但它從今天開始的生命，將會是一個最小可行性產品（*MVP*）。[21]

回顧

數據網格的**自我服務平台**原則發揮拯救功能，可以降低其他兩個原則增加給現有領域工程團隊的認知負擔：擁有你的分析數據並將其作為產品分享。

它與現有數據平台分享共通的功能：提供對多形式儲存、數據處理引擎、查詢引擎、串流等的存取。然而，它與現有平台的使用者不同：**自主領域團隊主要是由通才技術人員所組成**，管理將數據、元數據、程式和政策封裝為一個單元的更高層級的數據產品構造。

---

19 *https://oreil.ly/hutwF*
20 *https://martinfowler.com/bliki/HarvestedFramework.html*
21 Ries, "The Lean Startup."

它的目的是藉由將低層級複雜性隱藏在更簡單的抽象背後，並且消除它們在實現將數據產品作為價值單位交換的產出過程中的摩擦，進而賦予領域團隊超能力。最終，它解放團隊，讓他們可以利用數據創新。為了在單一部署環境或組織單位或公司之外水平擴展數據分享，它傾向於可互動的分散式解決方案。

我將在第十章中繼續深入探討平台，並且討論數據網格平台可以提供的特定服務。

第五章

聯合計算治理原則

要在地球上實現和平，人類必須先進化成學會看透整體的物種。

—Immanuel Kant

重新審視**數據治理**（*data governance*）是讓數據網格運作所缺少的最後一部分。到目前為止，數據網格期望獨立團隊擁有並且提供他們的分析數據，它希望這些數據是一種伴隨豐富消費者體驗行為的產品，以發現、信任並且用在多種用途上。它相當大的程度依賴於一套新的自我服務數據基礎設施功能，好讓這一切變得可行。治理能確保獨立數據產品的網格整體而言安全且可信任；最重要的，是藉由其互連的節點，來傳遞價值的機制。

我必須承認，**治理**是讓我（也許是許多人）感到不安的詞語之一。它喚起了人們對集權、嚴格、權威的決策系統和控制程序的記憶。在數據治理的情況下，它喚起了對中央團隊和流程的記憶，這些記憶成為服務數據、使用數據並且最終從數據中獲得價值的瓶頸。

數據治理團隊和流程擁有崇高的目標：確保在風險可控的組織中提供**安全、高品質、一致、合乎規範、尊重隱私和可用的數據**。這些目標立意良善也絕對必要，然而，傳統上我們實現這些目標的方法一直存在著摩擦。在過去，治理嚴重依賴人工干預、複雜的中心化數據驗證和認證流程，以及在幾乎不支持變更的情況下，**建立全域規範的數據建模**，但這些往往在事實發生後一段時間才加入。這種治理方法根本不適用於去中心化的數據網格。

相比之下，數據網格治理包含對數據環境的不斷變化。它將數據建模和品質的責任委託給各個領域，並且高度自動化計算指令來確保數據的安全、合規、品質和可用性。數據生命週期的早期就以自動化方式管理風險，並且貫徹始終，將計算策略嵌入到每個領域和數據產品中。數據網格稱這種治理模型為**聯合計算治理**。

聯合且計算治理，是由領域數據產品擁有者和數據平台產品擁有者聯合領導的決策模型，具有自治和領導本地決策權力，同時建立並且遵守一組全域規則：會套用在所有數據產品及介面。全域規則由法律和資安等全域專業知識提供資訊和支持，以確保是個可信任、安全且可互動的生態系統。它解決其中一個當今數據治理中最常見的公認錯誤[1]：作為一個 IT，要創新平行業務的組織模型，而不是嵌入到業務中。

從治理一詞來看，它的定義從本來的「掌舵和引導（一艘船）」慢慢轉化為「以權威統治」。我選擇將治理一詞保留在數據網格詞彙表中，但我打算讓它保留原始含義，而不是後來的定義。

除了數據治理的現有目標之外，數據網格還必須解決新問題。將數據所有權分配到各個領域，引起了對數據互動性和數據通訊標準化的擔憂，例如，橫跨所有領域的數據表示和查詢的標準化。互動性是網格的基本特徵，可以滿足大多數數據使用案例，其中洞見和智慧來自於網格上獨立數據產品的相關性，也就是我們在規模化的產品上建立聯集、尋找交集或對數據執行其他圖表或設定操作。

回到 Daff 的例子，為了替新興音樂家提供一套新的服務，Daff 首先需要發掘這些**新興音樂家**。他們需要能夠關聯提及新興音樂家的**社群媒體**平台數據，查看**訂閱者收聽的音樂家**趨勢和**音樂家資料**。如果沒有某種程度的數據產品互動性，這項任務將不可能達成。

我們不僅需要全域標準化來連接聯獨立的數據產品，還需要以一致的體驗，輕鬆且安全的做到這一點，而不會洩露機密資訊。數據治理問題擴展到使這種無縫和一致的體驗成為可能。

1　Nicola Askham, "The 9 Biggest Mistakes Companies Make When Implementing Data Governance," (2012).

在本章中，我將介紹以數據網格為前提實作數據治理的方法。本章重點是數據治理團隊和職能的高階層建模，而不是治理必須確保的個人問題，如隱私、安全、GDPR 或其他政策。簡而言之，在本章中，我的目標是消除如數據網格這樣分散式數據所有權模型所帶來的失去控制和不確定性的不安感，這出現在我許多身為終身數據管理員，和管理階層的同事上。

為了引導根據聯合計算模型而為你的組織制定數據治理，在本章中，我介紹 3 個互補且相關的元件：將系統思維套用於數據產品和團隊的複雜系統、聯合營運模型以及底層平台的控制和標準的計算執行。圖 5-1 顯示了數據網格治理這 3 個元件之間的互動。

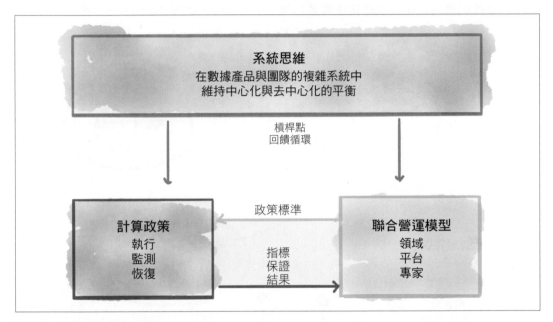

圖 5-1　數據網格聯合計算治理的元件

讓我們來逐一討論。

將系統思維套用於數據網格治理

> 將系統置於恆定的限制中，能導致脆弱性演化。
>
> —C. S. Holling

數據網格建構了一個由互相連接的複雜網路：領域導向的數據產品和數據所有者、操作應用程式和底層平台之間的互動。它遵循分散式系統架構，一組獨立的數據產品，具有獨立的生命週期，由獨立的團隊建構和部署。為了讓這些獨立系統充當生態系統的合作和協作成員，數據網格需要一個包含**系統思維**的治理模型。正如 Peter Senge[2] 所描述的，系統思考是「看到整體」的紀律，轉移我們的焦點「從部分轉移到部分的組織，認識到部分的互動並不是靜態且恆定的，而是動態過程」。同樣的，數據網格治理必須更將網格視為各個部分的總和，並將其視為數據產品、數據產品提供者、數據產品消費者以及平台團隊和服務等互連系統的集合。

套用於數據網格的系統思維必須注意並且利用以下特徵，如圖 5-2 所示。

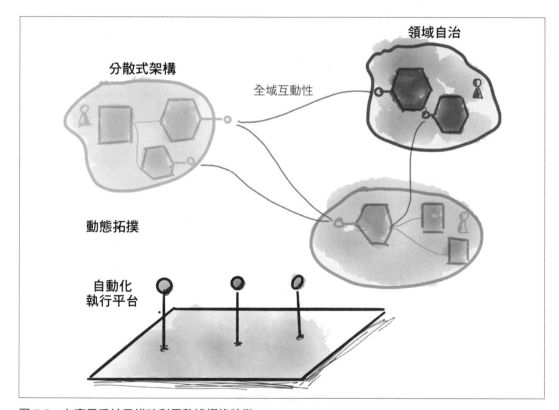

圖 5-2　在套用系統思維時利用數據網格特徵

2　Peter Senge, *The Fifth Discipline: The Art & Practice of The Learning Organization*, (New York: Currency, 2006).

在領域自治和全域互動性之間保持動態平衡

數據網格治理的主要目標之一，是藉由套用系統思維，在全域互動的領域和自治去中心化，和剛好足夠的網格層級和諧之間取得平衡。雖然治理模型尊重每個領域的本地控制和自主權，包括完全負責數據品質，並且負責與生態系統的其他部分分享數據，但它必須在全域層級的安全性、符合法規性、互動性標準，以及適用於所有數據產品的其他網格層級策略之間平衡。管理數據網格生態系統的藝術，是在於維持局部（領域）最佳化和全域（網格）最佳化之間的平衡。

舉例來說，治理模型需要在，讓每個領域能夠定義自己數據產品的模型和綱要之間取得平衡（本地最佳化的案例）；同時確保數據產品模型足夠標準化，才能夠跟其他領域的數據產品連接和拼接（全域最佳化的案例）。治理模型需要在，讓每個領域數據產品擁有者對其數據產品的安全負責（去中心化的狀況），和確保所有數據產品一致且可靠安全（中心化的狀況）之間取得平衡。

為了持續影響微妙的平衡，我們可以套用系統思維，研究諸如 Donella Meadows[3] 等系統思想家的成果。正如 Donella 在她的經典著作 *Thinking in Systems* 中所描述的，使用系統思維的元素，可以讓一個系統達到動態平衡狀態：當資訊不斷流動時，期望的觀察狀態保持不變，就像一缸水流入和流出的量相等時。保持動態平衡需要使用槓桿點（*leverage point*）和回饋循環，來不斷地調整系統中的行為。槓桿點指的是系統中一個微小變化但導致整個行為巨大轉變之處，回饋循環是平衡或加強系統狀態變化的系統結構。數據網格治理可以使用槓桿點和回饋循環，來平衡領域的自治性與網格的全域和諧跟功能，讓我們來看幾個範例。

導入回饋循環

系統中的回饋循環非常有助於調整系統的行為和狀態。

舉例來說，我在現有治理團隊中常聽到的一個問題是「如何防止數據產品重複和冗餘的工作？」本意就要控制每個領域團隊可能產生的混亂，做出獨立決策並建立重複數據產品。這當然是源自於他們多年來所受到的傷害，眼看團隊將數據複製到許多孤立和廢棄的資料庫中，而且每個數據都只供一次性使用。傳統上，這個問題可藉由注入治理控制結構來解決，這些結構在數據可以使用之前，得到沒有重複的認證和證明數。儘管立意良善，但這會產生一個瓶頸，在像數據網格這樣的複雜系統中根本無法水平擴展。

---

3 *https://oreil.ly/wbsbw*

相反的，我們可以導入兩個回饋循環來獲得相同的結果，而不會產生瓶頸。正如你將在第四部分中看到的，網格上的每個數據產品在平台的幫助下，都配備自我註冊、可觀察性和可發現性能力。因此，所有數據產品從網格使用者建立的那一刻起，在它們生命週期中都是已知的，直到它們退役。現在想像一下每個數據產品提供的可觀察性和發現資訊：它們的語義、語法、正在使用它們的使用者、使用者的滿意度、品質指標、即時性、完整性和留存率等。網格可以使用這些資訊來辨識出重複的數據產品並且提供額外洞見，例如辨識出提供類似資訊的數據產品組，並且根據它們的滿意度、使用者數量、完整性等來比較這些數據產品。這些資訊和向使用者提供的洞見，建立起兩個新的回饋循環。

平台「搜尋和發現」功能可以降低評分不高的重複數據產品可見性；結果就是，它們在網格上逐漸退化，然後越來越少使用。平台可以告知數據產品擁有者他們數據產品的狀態，並且刺激他們去刪除未使用和重複的數據產品。這種機制稱為**負面回饋或平衡回饋循環**。這個回饋循環的目的是自我糾正，在這種情況下就是減少重複、低品質和不太可用的數據產品數量。

第二個回饋循環使用相同的資訊，來推廣讓使用者滿意的高品質和高可用性數據產品。網格發現功能為這些數據產品提供更高的搜尋排名，進而提高使用者看見它們的可能性，增加選中和使用的機會。這是一個**正面回饋循環**，強化有用數據產品的成功，可稱為「到達成功的成功」。

圖 5-3 顯示資訊流和回饋循環，使系統保持在平衡狀態，保留有用和有幫助的數據產品，降級和刪除重複及冗餘的數據產品。這些回饋循環的最終結果是「不太重複的數據產品」，算是一種自動化的垃圾蒐集。

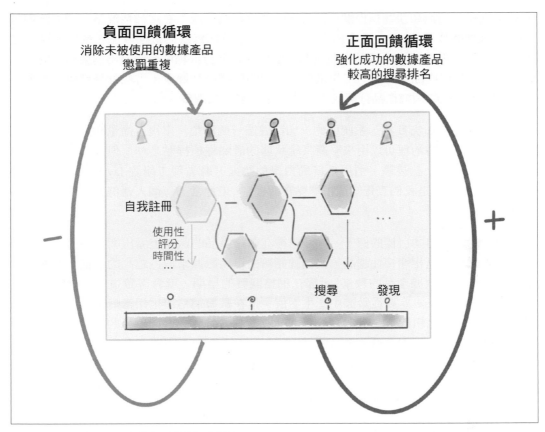

圖 5-3　維持動態平衡狀態的回饋循環範例

現在，讓我們來看看槓桿點，以確保維持系統平衡。

導入槓桿點

Donella 在她的文章中，介紹系統可以用作槓桿點的 12 個面向，例如控制參數和指標、控制回饋循環的強度、改變系統的目標等等。這些是嘗試建立高性能、複雜數據網格系統槓桿點的一個很好的起點。

讓我們沿續前面的例子。稍早，我介紹成功數據產品的自我強化回饋循環。基於使用者的滿意度和成長，數據產品在搜尋中會獲得較高的可見度和排名。因此，數據產品越成功，使用它的機會也就越多，因此它會變得更加成功。如果不檢查這個回饋循環，隨著時間過去，我們可能會看到不期望的副作用：成功的數據產品變得肥大、緩慢且脆弱，許多其他下游數據產品像敬神一樣的依賴它，最終減緩整個網格的程序。這就是**參數**和

測量可以視為短期和快速槓桿點，並且快速改變行為之處。在這種情況下，網格治理可以設置修改數據產品的前置時間上限，以檢測出難以修改的數據產品，或者檢測更脆弱產品的修改失敗率上升趨勢，並且結合使用者和下游依賴度，辨識出需要修改的肥大數據產品。數據產品擁有者的工作是保持他們的數據產品健康，這些就是健康的指標。這會藉由將肥大的數據產品分解成更簡單的產品來自我調整。

另一種槓桿點是**系統目標**，系統中的一切都遵循一個清楚、重複、衡量和堅持的目標。這可能是數據網格治理可以用來平衡系統狀態的最關鍵槓桿點之一。但是將系統目標作為槓桿點也代表一些挑戰。引用系統動力學創始人、麻省理工學院 Jay W. Forrester[4] 的話，「人們，也就是我們直覺知道槓桿點在哪裡」，但通常「每個人都努力把它推向錯誤的方向！」

讓我舉一個錯誤方向目標的例子。許多組織在數據產品的數量上看出網格價值。數據產品之間的網格和互相連接性越高，我們就能藉由可用數據來取得越高的價值。然而，如果系統目標是「數據產品的數量」，那在網格開發的早期，就會導致這個槓桿點只專注於產生數據，而不一定要從數據中產生價值。這在數據網格演化探索階段早期尤是如此（第 276 頁「進化執行」），此時組織仍在建立實務並且建立數據產品的基礎或藍圖。數據產品的早期過度生產會導致更高的探索成本，而在實際上阻礙了探索最有效的數據產品；也就是在錯誤時間，朝錯誤方向推進的目標。相反的，一旦建立平台能力並且組織在數據網格擴展和增長過程中已確定的良好狀態，目標便可以轉向至增加數據產品的數量。治理可以使用「新數據產品的比例」作為槓桿點，來關注數據的成長和多樣性。

以動態拓撲為預設狀態

數據網格是一個動態系統，具有不斷變化的拓撲結構，網格的形狀會不斷變化；新數據產品建立，舊數據產品退役，現有的數據產品繼續改變邏輯、數據和結構，治理模型必須跟整個網格的持續變化一起運作，而不會中斷網格消費者的體驗。以這種假設為系統的預設狀態來設計的治理，套用一些複雜性理論，尋找可以作為複雜自適應網格基礎的簡單規則。

舉例來說，在第四部分中，我介紹將雙時態套用於數據產品的所有面向規則。數據產品的所有元素，諸如數據、元數據、綱要或語義等，都可以是時間的函數，而且它們會隨著時間而變化。作為時間流逝函數的數據產品變化，是包含系統動態特性的基本簡單規則。修改會變成預設的參數，而不是例外。

4　*https://oreil.ly/PM0CT*

利用自動化和分散式架構

分散式架構是建構數位生態系統的基礎，在這種情況下是數據網格。數據網格等生態系統的治理需要依賴分散式架構，該架構能夠對每個數據產品獨立管理生命週期，同時允許它們之間鬆散的互相連接和整合。該架構背後的意圖，是限制核心元件並且減少隨著生態系統發展而產生脆弱瓶頸的機會。治理的執行必須適合分散式架構，以點對點模式運行，而不是依賴單點控制。

數據網格生態系統的核心元件是數據產品執行環境，是管理數據產品生命週期，從建構到部署再到執行的底層平台。大多數治理系統元素，例如前面提到的槓桿點和回饋循環（第 71 頁「在領域自治和全域互動性之間保持動態平衡」），依賴於由平台建構並且嵌入到連接數據產品的分散式架構中的自動化機制。第 82 頁「將計算套用於治理模型」中會介紹自動化的機會。

將聯合套用於治理模型

按照設計，數據網格在組織上是一個聯合體。它有一個組織結構，具有較小的部門，也就是領域，而每個領域都有相當多的內部自治權；領域控制並且擁有它們的數據產品，也控制數據產品建模和服務方式。領域會決定數據產品所保證的 SLO，並且最終對數據產品消費者的滿意度負責。

儘管領域具有自主權，但作為網格成員的先決條件，有一套所有領域都必須遵守的標準和全域政策：一個正常運作的生態系統。

數據網格提出一種從聯合決策中受益的治理營運模型。它建議治理團隊將自己組織為領域和平台利益相關者的聯合群組。為了要讓群組管理營運，它定義以下營運元素（如圖 5-4 所示）：

聯合團隊（第 76 頁）
　　由領域產品擁有者以及如法律和安全等主題專家所組成

指導價值（第 78 頁）
　　管理範圍並且引導正面結果

政策（第 80 頁）
　　管理網格的安全性、一致性、法律和互動性原則與標準

激勵措施（第 81 頁）

平衡本地和全域最佳化的槓桿點

平台自動化（第 82 頁「將計算套用於治理模型」）

網格治理如同程式的協定、標準、策略，自動化測試，監控和恢復

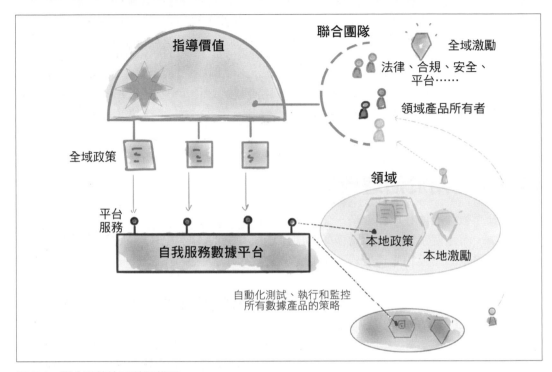

圖 5-4　聯合計算治理營運模型

營運模型是你在組織內執行改善的草稿和起點。讓我們更仔細地看看每個營運模型元素。

聯合團隊

數據網格治理是一項集體責任，但具有明確的領域責任；這跟許多現有治理職能不同，並沒有外包給第三方。由來自領域的代表組成的跨職能團隊、平台專家，以及來自安全、合規、法律等方面的主題專家所共同治理。

以下列出一部分組成跨領域聯合團隊的一些基礎及基本角色。團隊共同承擔以下責任：

- 決定所有數據產品必須實施哪些政策
- 平台必須如何在計算上支持這些策略
- 數據產品如何採用政策

領域代表

數據產品擁有者是領域數據產品的長期所有者。他們本質上以網格成員的方式，關注數據產品的壽命和成功。他們對數據的安全性、品質和完整性負責。鑑於**本地執行決策**的指導原則，數據產品擁有者最終有責任確保全域治理決策執行於每個數據產品的層級。領域的早期購買和貢獻來定義全域政策，採用它們至關重要。

他們的角色不同於傳統上稱為數據管理員的角色，因為主要責任存在於與業務相關的技術領域內。他們是跨職能團隊的成員，負責業務領域的成功，而其中一個成功標準是以產品方式管理和分享分析數據，以及將 ML ／分析嵌入在業務流程和應用程式中。

作為治理團隊成員的角色，有助於定義治理網格上數據產品的策略。

數據平台代表

幾乎所有的治理決策都依賴於平台自動化。這需要平台團隊和治理功能之間的密切合作。自動化可能採用啟用、監控或恢復的形式。舉例來說，平台可以在數據寫入／讀取期間，自動對個人身分資訊（personally identifiable information, PII）進行去識別化，或是實作標準化 API 以存取每個數據產品的可發現性資訊。鑑於平台在策略自動化中的重要性，它代表必須是治理團隊的一部分，擔任如**數據平台產品擁有者**及**平台架構師**等角色。平台產品負責人（第 315 頁「平台產品負責人」）設計體驗並且考慮平台功能優先順序（內容），**平台架構師**設計計算策略配置和執行的實作（方法）。

主題專家

領域負責確保數據產品合規且安全。他們不是在內部擁有主題專業知識，就是能為治理團隊提供了解預期、安全、合規和法律問題的專家。

法律團隊通常是最新數據隱私法規的來源。這些規定需要轉化為平台能力，並且套用於所有數據產品。全域治理打造一個在其他主題專家之間持續和密切合作的架構，藉由採用所有數據產品，以告知和影響平台功能的優先順序與設計。

促進者和管理者

讓一群來自不同學科和在各種範圍內有影響力的人，具有某種程度的相互競爭優先順序，這不是一件容易的事情。它需要分配管理和行政角色，來促進和支持聯合及計算模型下的治理過程。

指導價值

任何治理系統的基礎都是*價值系統*的清晰程度，它指導決策的制定方式以及影響範圍。這些導引影響著如何決定全域治理的功能是否應該為某個特定問題煩惱，或是在決策過程中是否存在衝突，又要如何解決。

以下是數據網格價值系統精神的示範性指導和代表清單。

將決策和責任靠近源頭的本地化

數據網格將決策的所有權和執行責任，授予擁有最相關知識和影響範圍的人。舉例來說，數據網格將確保數據品質的責任交給領域，跟之前的模型相反，數據品質既不是中心化治理團隊的關注點，也不是下游數據團隊的關注點；領域會決定、定義並且保證數據產品的品質。這同樣適用於領域數據建模，將數據產品的建模留給領域，因為它們最適合呈現接近其業務現實的數據。

辨識出需要全域標準的橫切關注點

雖然預設情況下，數據網格治理假設應該在最本地的層級做出決策，但數據產品的橫切面通常需要全球標準。橫切關注點包括確保機密性符合法規、存取控制和安全性。這些橫切關注點如何定義、配置和套用？實作方法如下：在常見情況下，理想上單一數據產品會影響這些問題，但讓平台去自動化。如果單一數據產品之間有足夠的共用性，或者某個問題會因為法規而影響到所有數據產品，則治理功能會在全域範圍內定義方式，平台將其自動化，然後讓數據產品執行。

舉例來說，根據 GDPR 規定，執行「遺忘權」是適用於所有數據產品的橫切關注點。如何以及何時觸發此類管理功能，以及所有數據產品該如何確保執行此功能，是全域關注的問題，因為它同樣適用於所有數據產品。

使促進互動性的決策全域化

支持數據產品之間的互動性，以及數據產品和平台元件之間的互動性，是橫切關注點的子集合。

想像 Daff 正在嘗試找出某個時間點的**天氣狀況**和**聽眾行為**之間是否存在相關性。利用兩者之間的模式可以增強它的推薦引擎，也許在雨天推薦憂鬱的音樂，這需要在時間維度上查詢和找出兩個數據產品的關聯，如**近即時播放事件**和**每小時天氣報告檔案**。

要執行查詢，數據產品必須在一些事情上標準化：

* 在數據中包含時間維度：包括真實事件或狀態的時間戳記（事件時間），例如天氣的日期，以及數據產品意識到此事件的時間戳記（處理時間）。我將在第四部分「設計數據量子架構」中討論更多此主題的相關細節。
* 日期和時間表示的標準化，例如使用 ISO 8601[5] 日期和時間格式。
* 時間維度在查詢中的標準化呈現，例如，SQL:2011[6] 為時間資料庫標準化 SQL。定義用於編碼和查詢時間數據的一致方式，讓不同數據產品的使用者，執行對有時效性的查詢和數據處理。

辨識出需要全域標準的一致體驗

領域自治和全域和諧之間的不平衡，可能導致數據使用者的體驗碎片化和脫節。假設你是一名數據科學家，正在執行一個需要所有領域的**聽眾**數據實驗，包括**訂閱者、Podcast、播放事件、串流及演唱會**等。為了執行這個實驗，數據科學家首先使用平台的搜尋和發現功能，來找到能了解**聽眾**的所有數據產品。然後，數據科學家深入研究每個數據產品的閱讀文件、綱要和其他元數據，以求進一步了解。當然，每個數據產品都會提供自己的文件、綱要、SLO 等，但是，想像一下，如果每個數據產品呈現給數據科學家的文件、模式和元數據，都使用不同格式或技術。該實驗將會零碎，而且不符合執行網格範圍。為了提供在整個網格中了解數據產品的一致體驗，數據產品如何決定編碼和分享語義及語法綱要，就成為全域關注的問題。該決定將由平台自動執行，提供一組工具來建立、驗證和分享數據產品綱要。每個數據產品都利用平台工具來遵守這個全域標準。

5　*https://oreil.ly/KWdDg*
6　*https://oreil.ly/2ixZe*

雖然這是一種理想狀態，但考慮到網格的動態特性（第 74 頁「以動態拓撲為預設狀態」），並沒有辦法保證所有數據產品，在某個時間點，都使用相同的綱要語言或相同版本的語言。這就是系統思維（第 69 頁「將系統思維套用於數據網格治理」）推動系統隨著時間演變而實現全域一致性的地方。

在本地執行決策

全域治理職能做出的決策影響範圍超出單一領域的內部。雖然這些決策是在全域範圍內做出的，但它們在盡可能靠近每個領域的數據產品的本地執行。

舉例來說，考慮有關如何授予、撤銷和驗證對數據產品的存取權全域決策。雖然關於如何配置和應用存取控制的決定是在全域範圍內做出的，但存取控制策略的配置是針對每個數據產品編碼，並且在存取數據產品時評估和執行。在實作服務網格[7]和零信任架構[8]的營運系統中也採用類似方法，為每個單一服務端點定義存取控制策略，並且在存取端點時即時實施。

政策

治理系統的輸出可以濃縮為一組指引、規則或**政策**的定義，包括何謂良好，以及要如何確保得到維護。以數據為例，它可以濃縮出安全數據的定義，以及維護安全性的方法；**數據可存取性**、**數據品質**、**數據建模**，以及其他網格上分享數據的許多跨功能特徵都是如此。

地方政策

數據網格治理盡可能的讓關於這些策略的**決策制定和執行權力**，交給受這些決策影響的人。舉例來說，治理的許多傳統面向執行，例如確保數據品質、數據建模和數據完整性等，一開始就轉移到生成數據的人身上，盡可能的靠近數據來源。這些決策在本地制定為**本地政策**，並且在本地執行。

舉例來說，關於**播放事件**的及時性決定，最好交由**播放器**團隊及維護。他們最清楚事件發生多久後的分享才有意義，該領域對**播放器**的行為及能力有最充分的了解，結合對其數據使用者的理解，**播放器**領域能定義關於數據產品保證及時性的本地策略。

7　*https://oreil.ly/v47zp*
8　*https://oreil.ly/nTQQl*

全域政策

全域政策始終適用於所有數據產品。它們涵蓋數據產品之間的接縫、互相連接性和差距，影響整個網格的範圍，而不只是數據產品的內部實作。稍早，我們對指導價值的看法（第 78 頁「指導價值」）顯現如何辨識全域政策。

另一個落入數據產品之間差距的決定，是數據所有權的決定：哪個團隊應該擁有全新數據產品？這也可以視為一項全域政策。如果數據產品密切代表從營運系統產生的分析數據（來源對齊），營運團隊必須擁有它。建構和託管播放器設備的**播放器**團隊擁有**播放器事件**數據產品，在適合目的的數據產品狀況下，使用案例是數據的主要消費者團隊，可以維護和擁有數據產品；舉例來說，**新興音樂家**業務部門自然擁有許多關於**音樂家分類**的數據產品使用案例。然而，聚合數據產品的所有權並不明確，舉例來說，作為所有聽眾接觸點的**聚合縱向聽眾行為**並理所當然適合現有領域。在這種情況下，聯合治理團隊可以建立一組啟發式方法來幫忙做出這樣的決策：不是激勵現有來源領域（如**聽眾**），就是授權身為主要消費者的行銷團隊擁有它，或是必須形成新的領域。

理想情況下，我們希望盡量減少全域政策以減少摩擦。實作和更新影響網格的全域策略很困難。限制它們的數量和範圍，並且藉由自動化平台功能不斷實作，是使它們生效的唯一選擇。

激勵措施

將數據網格帶入生活不僅需要技術和架構轉變，還取決於組織轉型。數據治理營運模型的變化，是這種轉變的一個面向；在與變革的痛苦掙扎時，動機是非常重要的角色。

作為激勵因素，激勵措施是影響治理職能行為的槓桿點（第 73 頁「導入槓桿點」），特別是在平衡本地和全域優先順序之間的領域代表優先順序。精心設計的激勵措施，讓領域代表不僅為全域政策定義做出貢獻，而且能在其影響範圍（領域）內執行，激勵措施在這方面發揮重要作用，其結構創造兩個槓桿點：**全域激勵**，鼓勵建立一個高度且互相連接的數據產品網格，而非孤島；以及鼓勵各個領域速度和自主性的本地激勵。

治理營運模式必須建立、監控且不斷調整其成員的本地和全域激勵措施。記住，獲得正確的槓桿點需要實驗和持續調整，而且通常不具直覺；以下範例具實驗性與外在性。在第十六章〈組織與文化〉中，我將討論內在動機。

導入本地激勵措施

在本地領域內，數據產品擁有者根據數據產品使用者的滿意度和成長來衡量他們的成功。這鼓勵他們優先考慮為消費者建立新的數據產品，或在現有產品中增加內容。舉例來說，**播放器**團隊受到鼓舞要提供各種**播放事件**的聚合，來吸引更多數據使用者；也是在鼓舞之下，他們不僅要向即時數據使用者提供**播放事件**，而且還要為其他數據使用者提供在一段時間內聚合聽眾的互動**播放會談**。

本地激勵由產品思維所驅動，目的是創造成功的數據產品。導入這些本地激勵措施，可以強化和增加領域自治性。

導入全域激勵措施

現在讓我們假設聯合治理團隊已決定要標準化測量領域數據產品的方法，以及分享數據品質指標。治理正在導入一組新的品質指標，每個數據產品都必須要藉由一組一致的 API 來回報這些指標。這是一項必須適用於所有數據產品，以實現網格層級的可觀察性全域策略。然而，從符合該政策並且實作數據品質回報 API 的領域產品擁有者角度來看，某種程度上是跟它的領域優先順序競爭，建構更豐富且有特色的數據產品。

為了解決這個衝突並且鼓勵領域參與全域政策，必須增加數據產品擁有者的激勵。除了本地的激勵措施外，他們還需要藉由全域政策的採用程度來獲得獎勵和激勵，在這種情況下，衡量數據產品是否成功的標準，必須包括根據最新全域政策回報的品質指標。

將計算套用於治理模型

在網格的最佳狀態下，治理功能是不可見的，不受數據提供者和消費者的影響。平台將它自動化和抽象化，嵌入到每個數據產品中，並在適當的時候套用。讓我們看看實現這個目標的一些方法：我稱之為計算治理。

數據網格平台以程式方式管理每個數據產品的生命週期，它執行數據產品生命週期的每個階段，例如建構、測試、部署、執行、存取及讀取等。它最適合讓數據產品開發人員和數據治理團隊成員，在數據產品生命週期中的正確時間點，定義策略並且以計算方式執行它們。該平台能夠毫無摩擦的將這些策略的執行嵌入到每個數據產品的所有生命週期中。自我服務平台必須抽象執行各種策略的複雜性，並且容易地完成工作。此外，平台有必要自動且持續的驗證策略在整個網格中是否有用，如果沒有，則要發出通知。

在營運層面，服務網格平台在最近顯示出類似的計算治理。舉例來說，服務網格的開放源始碼實作 Istio[9]，將流量路由策略的配置嵌入到每個服務的所有端點中，並且在發出請求時就在本地執行它們。領域的服務開發人員，只需要依據他們希望服務失敗重試請求的次數，或是何時讓未完成的請求超時，來定義路由策略即可。除了路由策略的這種宣告性配置之外，服務開發人員不需要做任何其他事情，平台可在正確的時間自動執行路由策略。計算路由策略的簡單性和有效性，能激勵所有服務開發人員在不產生額外成本的情況下，建構更具彈性的服務。

讓我們來看平台可以藉由計算方式支持治理策略的不同方法：標準即程式、策略即程式、自動化測試和自動化監控。

標準即程式

許多策略都是屬於標準類別：行為、介面，以及預期將會在所有數據產品中以一致方式實作的數據結構。以下是平台可以規範和支持的一些標準範例：

數據產品發現和可發現性介面

　　公開可發現性資訊、文件、綱要和 SLO 的 API

數據產品數據介面

　　公開數據的 API

數據和查詢建模語言

　　數據的語義和語法的建模，以及對營運數據的查詢語言

血緣建模

　　橫跨連接數據產品的數據串流和營運的追蹤建模

多義詞識別建模

　　辨識系統建模，可在全域範圍內識別和解決不同數據產品中的常見業務概念

以 SLO API 為例。平台可以注入一個邊車（*sidecar*，第 157 頁「數據產品邊車」），跟實作橫切功能的每個數據產品，一起部署的執行條件，來為所有數據產品一致實作 SLO API。

9　*https://istio.io*

策略即程式

所有數據產品都必須實作合規性、存取控制、存取審查和隱私等全域策略，平台是將這些策略嵌入所有數據產品的關鍵推動者。數據產品可以將策略配置定義為程式，並且在其生命週期內測試和執行；平台提供了將政策即程式的管理實作的底層引擎。

以合規為例；所有數據產品都必須要保護個人識別資訊（PII），同時也支持 ML 或分析工作的負載，這些工作負載本質上需要在全部人之中存取這類資訊。舉例來說，**聽眾**數據產品必須保護對 PII 數據類型，如姓名、年齡、地址等的存取，同時能夠用總體分析來偵測跨年齡或地理位置的**聽眾**群體。要實現這樣的政策，數據產品可以實作如差異隱私[10]的技術，提供對保持總體統計特徵的匿名數據存取，同時避免存取個人 PII。平台藉由簡單宣告哪些屬性為 PII，以及誰可以對它們做出總體統計分析，為聽眾數據產品提供編寫策略定義的方法。平台的工作是在數據存取期間，將如隨機可聚合隱私保護序數回應（Randomized Aggregatable Privacy-Preserving Ordinal Response, RAPPOR）[11]等差異隱私技術套用在基礎數據。

以下是平台可以幫助計算配置和作為程式執行的一些策略範例：

數據隱私和保護

防止數據被偷、遺失或意外刪除的策略。確保只有經過批准的對象才能存取敏感數據。

數據本地化

關於數據儲存及處理的地理位置要求。

數據存取控制和審查

控制誰可以存取數據的哪些元素，並且追蹤所有存取。

數據同意

追蹤和控制數據所有者允許保留和分享的資訊。

數據主權

保留數據的所有權及控制權。

---

10 *https://oreil.ly/qkSqU*
11 *https://oreil.ly/fDlom*

數據留存

根據定義的保留期限和策略，管理數據的可用性和儲存。

自動化測試

平台以計算方式支持數據治理的另一種方式是執行自動化測試。自動化測試確保數據產品符合數據品質和完整性方面的保證。平台設定並且執行 CI/CD 管道，數據產品開發人員利用這些管道，將測試添加到數據產品程式中。自動化測試能為開發人員提供快速回饋循環，盡可能提早且便宜的偵測並解決錯誤。

自動化監控

維護策略需要一個持續監控系統，在執行時觀察網格及數據產品的狀態。網格監控系統可以偵測數據產品是否符合全域政策或是有所偏移，執行時監控驗證數據產品是朝著預期目標移動，還是已遠離預期目標，他們配置一個門檻值，並且配備警示和通知系統。

舉例來說，治理團隊可以為監控系統配置一個 SLO 合規功能。這些功能會自動掃描網格，並且用產品的 SLO 指標 API 取得數據。沒辦法回應所需版本的 SLO API 是偵測到缺乏合規性的首要訊號，會導致一系列後續行動，通知團隊降低對該數據產品的可信度。

轉移到聯合計算治理

到目前為止，我已經介紹了一個用於營運和實作聯合計算治理的框架。本節總結將組織轉變為這種模型的關鍵轉變，尤其是在執行中心化治理模式的情況下。

將責任委託給領域

如果你的組織已採用數據治理，可能會受到像 Seiner[12] 等原創思想家工作的影響，呈中心化。數據網格的治理需要一個由領域產品擁有者、主題專家和中央利用者所組成的聯合團隊（第 77 頁）。從數據的中央監管轉變為數據產品所有權的聯合模型，需要建立一個由領域領導的新責任結構，實現方法為將一些現有的數據管理員轉移到以業務技術導向為主的團隊中，並且擔任數據產品擁有者的新角色。

---

12 Robert S. Seiner (2014). *Non-Invasive Data Governance*. Basking Ridge, NJ: Technics Publications.

在每個數據產品中嵌入策略執行

現今的數據治理團隊不僅僅負責定義政策和導入監管要求，並且大量參與執行和保證，監督和控制交付高品質和可信數據的價值串流。

相比之下，數據網格的全域治理負責定義與設計政策和標準，這些策略的執行則留給平台，將策略應用的責任賦予領域，並且嵌入到每個數據產品中。

全域數據治理功能不再需要藉由手動確認和評判數據的步驟，而是注入到數據建立或存取價值串流中。

舉例來說，治理功能負責定義構成**數據品質的內容**，以及每個數據產品如何以標準方式通訊。它不再對所有數據產品的品質負責，而是由平台團隊負責建構驗證數據品質和傳達品質指標的能力，每個領域（數據產品擁有者）負責遵守品質標準，並且提供高品質的數據產品。

同樣的，全域治理功能不負責保護數據。然而，它負責定義**數據安全**所需要的內容，例如每個數據產品必須支援的數據敏感度層級。平台內建描述和強制執行敏感度層級的功能，而且**每個領域數據產品擁有者**都有責任讓他們的數據產品，根據治理定義安全地利用該平台。

自動化授權和監控干預

現今的數據技術領域充滿極其複雜的數據治理工具。開發這些工具是為了促進數據治理團隊的工作流程，並且在數據生成且蒐集到湖泊或登陸區之後，套用治理策略。這類工具讓數據治理功能在提供數據後干預數據分享價值串流，並且嘗試回溯性的驗證和修復問題。

數據網格治理將這些控制權轉移到數據的來源領域。與干預方法相比，它更傾向於藉由無縫自動化，及早**將事情做對**。這將工具的性質從監管轉變為授權，從在後期修復問題，轉變為儘早偵測和恢復問題。

這自然會導致以不同方法來管理錯誤和風險。平台和責任結構的作用能夠在盡可能接近源頭的地方偵測錯誤，全域治理則將重點轉向定義平台的恢復機制，以便在錯誤出現時實施。

為差距建模

現今的數據治理團隊花費大量時間來建立企業數據中心化的真正規範模型。雖然該模型由較小模型組成，但不管是放在數據倉庫還是數據湖泊中，它們在定義中心化模型中都有關鍵角色。相較之下，數據網格將數據建模留給領域，也就是最接近數據的人。然而，為了獲得跨領域數據之間的互動性和連接，每個領域中的數據實體需要在所有領域中以一致方式建模。這樣的實體稱為多義詞，標準化多義詞的跨領域**建模、識別和映**射方式是一項全域治理功能。

衡量網路效應

現今數據治理肩負著集中支援企業等級數據的龐大責任，這種責任導致藉由通過認證過程的數據量，來衡量治理功能的成功與否。我在太多地方聽過，數千兆位元組或數千個資料表的數量，就代表讓人自豪和成功，雖然可以理解這些指標的出現原因，但數量與價值之間並沒有直接且可靠的關聯。

數據網格為治理團隊導入一種以數據使用來代表成功的新方法。網格互動性越強，越信任數據，網格上節點（消費者和提供者）之間的**互相連接**數量也就越大。治理成功的衡量標準是網格的網路效應和彼此間的連接數量。

擁抱變化，拒絕一成不變

現今的治理實務，例如定義企業等級規範數據模型或是存取控制策略，源自於減少對下游數據使用者的修改和分裂的需要。雖然減少變化和增加固定性的做法，在較小範圍內可能可行，但隨著企業數據的範圍擴展到更多的領域和使用案例，它很快就變成一項不可能完成的任務。

數據網格治理實務必須包含以下不停的變化，諸如新數據的不斷到來、數據模型的變化、數據使用案例和使用者的快速變化、新數據產品的建立和舊數據產品的淘汰。

回顧

關於數據網格是否可行的一些常見質疑，總是圍繞著治理問題，而現在以分散式方式進行。我們要如何確保單一數據產品符合一組共同政策，使其安全、合規、可互動且值得信賴？尤其是每個領域都擁有和控制自己的數據產品，並且不再有一個中央團隊掌握數據時，我們要如何提供任何保證呢？中心化治理團隊會發生什麼事？

這些問題的答案在於數據網格治理模型，也就是聯合計算治理。數據網格如同數據湖泊和數據倉庫一樣，滿足於一組類似的治理目標，但它的營運模式和實現目標的方式有所不同。

數據網格治理模型由三個互補支柱組成。第一，它需要系統思維，將網格視為互相連接的數據產品和平台系統的生態系統，以及獨立但相互連接的團隊。然後嘗試找到槓桿點和回饋循環，來控制整個網格的行為以實現目標，藉由大規模分享數據產品來創造價值。

第二是套用聯合營運模式。從社會和組織的角度來看，建立一個由各個領域和平台代表組成的聯合團隊。建立跟領域的數據產品成功，以及更廣泛生態系統成功一致的激勵措施，讓領域對它影響和控制範圍內的多數策略擁有自主權和責任，同時在全域範圍內定義跨職能和小組策略。

最後，從實務和實作角度來看，數據網格治理在很大程度上依賴於以自動化和計算的方式，將治理策略嵌入到每個數據產品中。當然，這表示它也相當依賴底層數據平台的元素，才能真正輕鬆的將事情做對。

圖 5-5 顯示將這三個支柱結合在一起的模型範例。

數據網格治理在去中心化價值系統與自動化和計算的交叉點上，尋求滿足改進現有的數據治理方法。

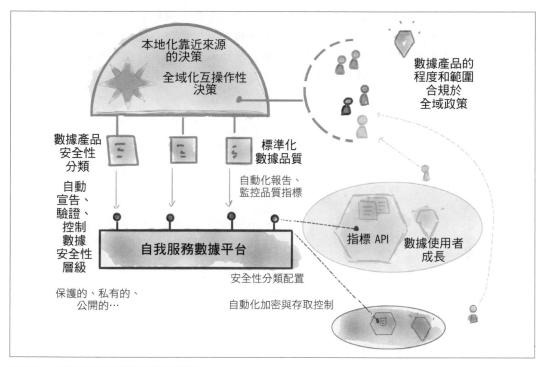

圖 5-5　數據網格治理營運模型範例

數據網格治理是我們在數據產品團隊的生態系統中，定義和套用對的事情以及將事情做對的方法。從古希臘的亞里士多德到德國唯心主義時代，再到現代政治體系，幾個世紀以來，各個偉大思想家一直在思索何謂對的事情，以及要如何將事情做對[13]。在共同利益[14]和實現團體最大利益與幸福方法的功利主義[15]，和努力找出能優先考量個人幸福和自由的個人主義[16]之間，生而為人的我們，總是在爭論正確的定義和規範。

雖然數據網格不是一個哲學領域，但它也面臨類似困境：如何在保持不同領域的自治、自由和個人主義的同時，做出正確抉擇；同時藉由所有數據產品的一致性和標準化來實現更大利益。試圖在不斷找到**動態平衡**，讓領域可以**快速**發展的決策本地化，跟讓每個人都走得更**遠**的全域化和決策中心化之間，定義一種數據治理方法。

---

13 *https://oreil.ly/eOqi6*

14 *https://oreil.ly/TlAyl*

15 *https://oreil.ly/nMQpg*

16 *https://oreil.ly/7KJjw*

我確實認為諸如計算治理和雙系統激勵結構之類的催化劑，可以導致領域行為，且最終導致網格生態系統的更大利益。然而，除非大多數領域變得更為聰明，如在每個產品和系統中嵌入以 ML 為底的系統，要不然網格無法達到最佳狀態。持續需要跨多個領域的可信賴且有用的數據，來訓練基於 ML 的解決方案，將是採用數據網格治理和將事情做對的最終動力。

為什麼選擇數據網格？

藉由懷疑，我們開始質疑；藉由質疑，我們找到真理。

—Pierre Abélard

組織轉型很困難、耗費成本且需要時間；數據網格轉換也不例外。Daff 這家公司的故事（序章：想像數據網格）以及第一部分中所描述的數據網格原理，說明數據網格對數據文化、架構和技術的重大影響，以及如何影響組織的價值觀、分享以及大規模使用分析數據。

所以，為什麼任何組織都應該如此轉變，而且為什麼要現在轉變呢？我將在本書第二部分回答這些問題。

在第六章〈轉折點〉中，我將探討宏觀驅動因素，也就是目前將我們推向臨界點的現實：過去的方法已不可能再進步。在第七章〈轉折點之後〉中，我介紹數據網格的核心成果以及如何實現。在第二部分的最後一章，也就是第八章〈轉折點之前〉，我會簡要回顧分析數據管理架構的歷史，以及為什麼曾經幫助過我們的方法，將不再適用於未來。

為什麼還要動物相信了

轉折點

> 戰略轉折點是一家公司改變創立基礎的時機。這種變化可能代表它有機會上升
> 到前所未有的新高度。但也可能是結束前的預兆。[1]

—Andrew S. Grove

數據網格出現在轉折點之後,它將我們的方法、態度和技術轉向數據。在數學上,轉折點是曲線停止向一個方向彎曲,而轉向另一個方向彎曲的奇妙時刻,它會讓舊的畫面消失,出現新畫面。

這不會是數據管理發展的第一個或最後一個轉折點;然而,它是現在最重要的一個。有一些動機和經驗法則會為我們指出新的方向,我個人發現自己在 2018 年時處於這個轉折點,當時許多公司都在尋求一種新的數據架構,以應對業務的規模、複雜性和數據需求。讀完這一章後,我希望你也能找出這個關鍵點,讓你感受到改變的衝動,脫離對數據的一些基本假設,進而有一些新的想像。

圖 6-1 簡單表示此處討論的轉折點,x 軸代表將我們推向這個轉折點的宏觀驅動因素趨勢。驅動因素包括不斷增加的業務複雜性和不確定性、數據預期和使用案例的多樣性,以及從各處而來、激增的可用數據。y 軸則讓我們看到這些驅動因素的影響力,包括業務敏捷性、從數據中獲取價值的能力以及對變化的彈性。在中間的是轉折點,我們可以在此處做出選擇:繼續現有方法,至多達到影響的平穩期;或者採用數據網格方法,並且期望達到新的高度。

---

1 Andrew S. Grove, *Only the Paranoid Survive*, (New York: Currency, 1999).

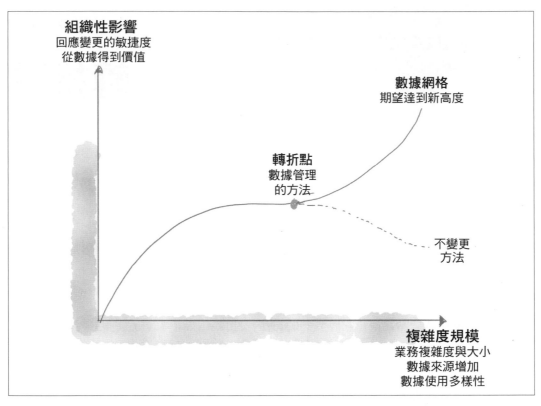

組織性影響
回應變更的敏捷度
從數據得到價值

數據網格
期望達到新高度

轉折點
數據管理
的方法

不變更
方法

複雜度規模
業務複雜度與大小
數據來源增加
數據使用多樣性

圖 6-1　分析數據管理方法的轉折點

在本章中，我將分享現今作為數據網格主要驅動力的數據樣貌現實。

數據的遠大前程

作為技術顧問的其中一個好處是可以在許多行業和公司之間遊走，了解他們最深切的希望和挑戰。在這段旅程中，有一件事很明顯：建立以數據為導向的業務仍然是管理階層的首要戰略目標之一。數據是建立智慧服務和產品的第一線和中心，並且支持即時業務決策。

以下有幾個非常鼓舞人心的例子：

我們在 *Intuit* 的使命[2]是藉由解決我們的消費者、小型企業和自營客戶所面臨的最緊迫財務挑戰,作為一家人工智慧驅動的專家平台公司,推動世界繁榮。

—金融 SaaS 公司

我們的使命是藉由數據和人工智慧,在組織的每個接觸點改善所有成員的體驗。

—醫療保健提供者和付款公司

為民所治,為民所享:我們將人類監督納入人工智慧。以人為核心,人工智慧可以增強勞動力,擴展能力,並且造福整個社會。

—Telco[3]

無論是行業還是公司,很明顯的是我們都想有智慧的[4]:

- 基於數據和個人化提供最佳客戶體驗。
- 藉由數據驅動的最佳化降低營運成本和時間。
- 使員工能夠藉由趨勢分析和商業智慧做出更好的決策。

所有這些情境都需要大量多樣化、最新且真實的數據,反過來又可以推動基礎分析和機器學習模型。

十幾年前,許多公司的數據期望主要局限於商業智慧(BI)。他們希望能夠產生報告和儀表板來管理營運風險、回應合規性,並且最終根據事實以較慢的節奏做出業務決策。除了 BI,經典的統計學習也會用於像是保險、醫療保健和金融等行業的業務營運中,這些由高度專業化團隊提供的早期使用案例,是過去許多數據管理方法最有影響力的驅動因素。

如今,數據期望已經從 BI 發展到組織的各個面向,舉例來說,在產品設計中使用機器學習,如自動化助手;服務設計和客戶體驗方面的個人化醫療保健;並且簡化營運動作,如最佳化即時物流。不僅如此,大眾還期望民主化(democratize)數據,讓大多數員工能夠將數據付諸行動。

---

2   *https://oreil.ly/QEoLj*

3   *https://oreil.ly/UOkCj*

4   Christoph Windheuser, "What Is Intelligent Empowerment?" *https://oreil.ly/jQ9OO* Thoughtworks, March 23, 2018.

滿足這些期望需要一種新的數據管理方法：一種可以無縫滿足數據用途多樣性的方法。數據使用的多樣性需要數據存取模式的多樣性，範圍從用於報告的簡單結構化數據檢視，到用於機器學習訓練的持續重塑半結構化數據，或是從對事件的即時性和顆粒度存取到批次處理聚合。我們需要藉由一種方法和架構來滿足這些期望，且其本身支持各種使用案例，而無需在整個組織中將數據從一個技術堆疊拷貝到另一個技術堆疊。

更重要的是，機器學習的廣泛使用，需要對應用程式開發和數據採取新的態度。方法從確定性和基於規則的應用程式開發，如給予特定的輸入數據，就可以決定輸出；轉變成為非確定性和機率數據驅動的應用程式，給予特定的輸入數據，輸出一個可能隨著時間而改變的可能性範圍。這種應用程式的開發方法，需要隨著時間過去而不斷完善機器學習模型，並且持續、無摩擦的存取最新數據。

對數據廣泛且多樣化的期望，需要我們退後一步，想想是否有更簡單的數據管理方法，可以普遍解決現今及之後的需求多樣性。

數據的巨大鴻溝

組織現今面臨的許多技術複雜性源自於劃分數據，如營運和分析數據[5]的方法：我們如何管理隔離團隊、如何支持它們擴展技術堆疊、以及如何整合。

現今，蒐集到營運數據後會轉換為分析數據，以此訓練機器學習模型，以智慧服務的形式進入營運系統（圖 6-2）。

 隨著時間的推移，分析數據階段本身已經分化為兩個世代的架構和技術堆疊。一開始是數據倉庫，之後是數據湖泊[6]，其中數據湖泊支持數據科學存取模式，並且以原始形式保存數據，而數據倉庫支持分析和 BI 報告存取模式，其中數據會符合集中式統一本體。近年來，這兩種技術堆疊開始融合，數據倉庫試圖加入數據科學工作流程，數據湖泊則試圖在名為數據湖屋（lakehouse）[7]的架構中，為數據分析師和 BI 提供服務。

---

5 第一章有介紹這兩種類型的數據。

6 *https://oreil.ly/qew01*

7 *https://oreil.ly/PltYF*

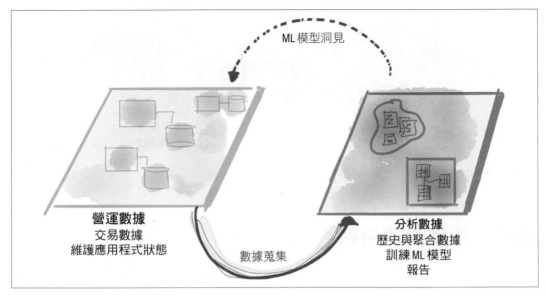

ML模型洞見

營運數據
交易數據
維護應用程式狀態

數據蒐集

分析數據
歷史與聚合數據
訓練ML模型
報告

圖 6-2　數據的兩個階段

數據技術、架構和組織設計的目前狀態，反映了分析和營運數據階段的分歧：存在的兩個層級，整合但分離。每個階段在不同的組織垂直下運行。BI、數據分析和數據科學團隊在首席數據和分析官（CDAO）的領導下，管理分析數據階段；而業務部門及其協作技術團隊管理營運數據。從技術的角度來看，兩個分散的技術堆疊已經發展成每個服務一個階段。兩個堆疊之間的重疊是有限的。

這種分歧導致了兩階段數據拓撲，以及兩者之間脆弱的整合架構。營運數據階段藉由一組常稱為 ETL 作業的腳本或自動化流程，即抓取、轉換和讀取，為分析數據階段提供數據。通常，營運資料庫跟 ETL 管道之間沒有明確定義分享數據的合約，這會導致脆弱的 ETL 作業，上游不經意的修改會導致下游管道故障。隨著時間過去，ETL 管道會越來越複雜，試圖對營運數據提供各種轉換，將數據從營運數據階段流向分析階段，並且返回到營運階段（圖 6-3）。

兩階段數據管理的挑戰，包括管道的脆弱整合架構，以及用於存取數據的集中式數據倉庫或數據湖泊，可想而知是未來解決方案的主要驅動力之一。

圖 6-3　兩個數據階段基於管道的整合

規模：新種類的相遇

自 2000 年中期以來，數據行業發展出技術解決方案，來處理大規模數據的量體、速度和種類。早期的大規模平行數據處理[8]，解決網站應用程式和接觸點產生的大量數據。建立串流處理主幹[9]，以處理從移動裝置產生的高速數據。從那時起，也建立起通用和專用儲存系統，以管理各種數據格式[10]，包括文字、圖像、語音、圖形、檔案及時間序列等。

現今我們遇到一種全新規模，數據來源和位置。數據驅動的解決方案通常需要存取在業務領域、組織或技術邊界之外的數據。數據可能來自執行業務的各個系統，來自與客戶的每個接觸點，以及來自於其他組織。接下來的數據管理方法，需要意識到數據來源的擴散以及無所不在性質。

當我們連接來自各種來源的數據時，會出現最有趣和意想不到的洞見。舉例來說，未來的智慧醫療需要患者診斷和藥物紀錄、個人習慣和實驗室結果的縱向單人紀錄，並且結合其他患者的縱向紀錄。這些來源超出了單一組織的控制範圍。另一個例子是未來的智慧銀行，需要客戶與銀行金融交易之外的數據，也需要了解客戶的住房需求、住房市場、他們的購物習慣和夢想，並且在他們需要時提供所需服務。

8　Google 在 2000 年代初期率先推出 MapReduce*https://oreil.ly/ObWvl*。

9　雖然史丹佛大學的 David Luckham（*https://oreil.ly/WDCvC*）是事件處理的先驅者之一，但用於大量和高速事件和串流處理的開放原始碼技術，直到 2010 年初才出現在 Apache Kafka（*https://oreil.ly/1sSUc*）之類的技術中。

10　在各種數據類型的儲存方面，最具影響力的事情可能是物件儲存，以及 2000 年代中期，AWS S3（*https://oreil.ly/L57Ob*）首次在雲端基礎上實施。

這種前所未見的來源多樣性規模，需要數據管理的轉變：從一個大的、中心化的來源蒐集數據，轉變為**連接數據**，無論數據出現在哪。

超越秩序

我在 2020-2021 年的疫情期間寫這本書。如果對組織需要駕馭**複雜性**、**不確定性**和**波動性**有任何疑問，疫情已經清楚的說明了這一點。即使在天下太平，沒有疫情的情況下，組織也必須做好準備，迎接任何**波動和變化**。

不斷變化的業務環境帶來的複雜性，反映在數據中。快速為產品提供新功能、推出全新、變革的產品、新的接觸點、合作夥伴關係、收購等，都會導致數據不斷的重塑中。

今日的組織比以往任何時候都更需要掌握數據脈動，以及快速行動和**敏捷**回應變化的能力。

這對數據管理來說有什麼意義？它需要在業務發生時存取高品質且值得信賴的業務事實。數據平台必須**縮小**事件發生與分析之間（時間和空間）的**距離**。分析解決方案必須**引導即時決策**。對變化的快速回應已經不再是不成熟的業務最佳化[11]，而是一個基礎功能。

預設情況下，未來的數據管理必須建立在擁抱變化的基礎上。期望將系統置於永不改變綱要的剛性數據建模和查詢語言，只會導致分析系統脆弱且無法使用。

未來的數據管理必須包含現今組織的複雜性，並且讓團隊藉由**點對點數據協作**實現**自治**。

現今，複雜性已超出業務表面，延伸到物理平台。在許多組織中，數據平台跨越多個雲端提供商和本地機房。在預設情況下，未來的數據管理必須支持橫跨多個託管平台，來管理和存取數據。

11　Donald Knuth 曾發表聲明，「（程式）不成熟的最佳化是萬惡之源。」

接近收益高原

除了前面列出的變化之外，還有其他明顯的訊號：數據和人工智慧投資及其回報之間的不和諧。要了解這一點，我建議你瀏覽 NewVantage Partners 年度報告，[12] 這是一項針對採用數據和人工智慧為主題的高級企業 C 級管理人員年度調查。你會發現，在建立支持數據和分析平台方面，不斷增加的努力和投資這個主題一再出現。雖然大多數公司主張它們的投資獲得成功，但同時也發現轉型的結果一般般而已。

舉例來說，在 2021 年的報告中，24.4% 的公司表示*已經建立數據文化*，24.0% 的公司表示他們是*成為數據驅動*的公司，而只有 41.2% 的公司表示他們正在*使用數據和分析*以競爭。對於投資的速度和數量來說，結果太少了；99% 的受訪公司正在投資大數據和人工智慧，而有 62% 的公司投資金額超過 5000 萬美元。

我發現組織在轉型為數據驅動時面臨各方挑戰，包括從數十年的舊系統移植、舊有文化對使用數據的抵制，以及相互競爭的業務優先順序等。

未來的數據管理方法必須仔細研究這種現象，為什麼過去的解決方案，無法產生跟今日投入的人力財力相媲美的結果。一些根本原因包括缺乏建置與執行數據和人工智慧解決方案所需的技能、組織、技術和治理瓶頸，以及在發掘、信任、存取和使用數據方面的摩擦。

回顧

數據網格包含現今組織的數據現實及其軌跡，它的建立是因為意識到現今數據解決方案的限制。

圖 6-4 總結了轉折點朝向數據網格移動的現實。

---

12 *https://oreil.ly/Qhclv*. NewVantage Partners LLC, *Big Data and AI Executive Survey 2021: Executive Summary of Findings*, (2021).

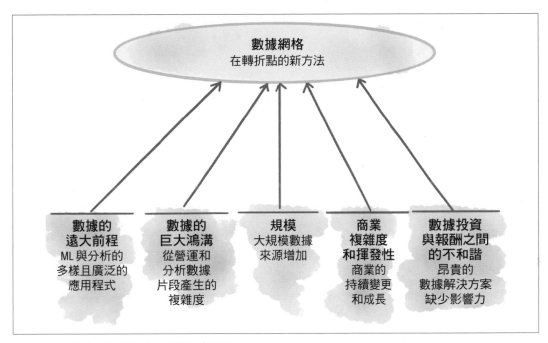

圖 6-4　用於建立數據網格的宏觀驅動因子

數據網格假設一個全新預設起始狀態：在一個或多個雲端平台上，組織邊界內外的數據來源激增。它假設分析數據的使用案例範圍廣泛，且適用於高度複雜和多變的組織環境，而不是排斥這種環境。

接下來，我們將對數據網格的期望，視為一個在轉折點之後的解決方案，也就是我們期望看到的組織影響，以及數據網格實現這些影響的方法。

第七章

轉折點之後

> 理解變化的唯一方法就是投入其中，跟隨它移動，並加入一起跳舞。
>
> —Alan Watts

站在轉折點是一項神奇的體驗。在那裡，我們可以審視過去發生的事情，從中學習教訓，並且選擇一條新的道路。在這個點上，我們可以選擇轉向新的方向，著眼於不同的目的地。本章介紹在組織的轉折點上，選擇數據網格時的目標和預期結果。

數據網格以我在上一章中介紹的環境條件為預設狀態。在預設情況下，數據網格假設數據無所不在。數據可以來自於任何來源；可以來自組織內外部的任何系統，並且可以跨越組織信任的邊界，任何底層平台都可以在雲端託管服務或其他地方上提供服務，數據網格假設數據使用案例的多樣性以及獨特的數據存取模式，數據使用案例範圍從歷史數據分析和產出報告，到訓練機器學習模型和數據密集型應用程式。最後，數據網格假設**業務環境的複雜性**，諸如持續成長、變化和多樣性等，都是一種自然的存在狀態。

數據網格從過去的解決方案中學習並且解決它們的缺點，減少成為協調瓶頸的**中心化的點**。它找到一種分解數據架構的新方法，不會因為同步而減緩組織的速度。它消除數據來源和使用位置之間的差距，並且消除發生在兩個數據階段之間的**意外複雜性**（也可稱為管道）。數據網格脫離了數據神話，例如單一事實來源，或是一個遭嚴格控制的規範數據模型。

最後，數據網格的目標是讓組織能夠從大規模數據中獲取價值，使用數據不僅可以改善和最佳化業務，還可以重塑業務。數據網格結果可以總結為（圖 7-1）：

- 優雅的應付變化：如企業基本複雜性、波動性和不確定性
- 面對成長時仍保持敏捷性

- 提高數據價值與投資比例

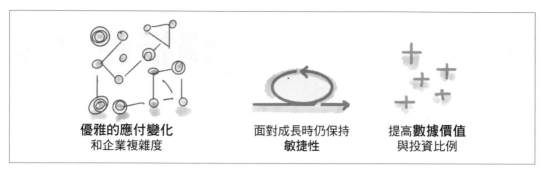

圖 7-1　組織的數據網格結果

在本章中，我將一一描述所有結果，以及數據網格原則如何實現它們。

優雅的應付複雜業務中的變化

企業是複雜的系統，由許多領域組成，每個領域都有自己的責任結構和目標；且都以不同速度變化。整個業務的行為，是領域和功能，以及它們的互動和依賴之間的複雜關係網路結果。企業經營所在的市場和法規波動性和快速變化，加劇了它們的複雜性。

企業要如何管理這種複雜性對數據的影響？組織要如何在從數據中持續獲取價值的同時，經歷不斷的變化？企業要如何避免因管理數據環境變化而增加的成本？面對持續的變化，它們如何在不中斷的情況下提供真實可靠的數據？這些都可總結為在複雜的組織中擁抱變化。

讓我們看看數據網格在業務複雜性增加的情況下，實現擁抱變化的幾種方式。

對齊業務、技術和現在的分析數據

管理複雜性的其中一種方法，是將其分解為獨立管理的部分。企業藉由建立領域來做到這一點。舉例來說，Daff 根據相對獨立的結果和功能來分解業務領域，如管理 Podcast、管理音樂家、播放器應用程式、播放清單、支付、行銷等。

這讓每個領域能夠快速的移動，而不用緊密的同步依賴業務其他部分。

正如企業藉由業務領域劃分工作一樣，技術可以而且也應該跟這些業務部門保持一致。現代數位企業將技術人員依各業務部門安插職位，讓每個業務部門得到專屬的數位產品

和服務支援、啟用與塑造,並且由長期奉獻於技術的團隊建置和維護。最近向微服務發展的趨勢,主要就是關於執行這類的分解。業務部門在合作技術團隊的支持下,控制和管理營運應用程式和數據。

數據網格第一原則同樣如此分解分析數據,形成**數據的領域所有權**。[1]各業務單元承擔分析數據的所有權和管理責任,因為最接近數據的人最能理解有哪些分析數據,以及應該如何完整詮釋。

領域所有權會導致分散式數據架構,其中數據內容,包括數據集合、程式、元數據和數據策略等,都由對應的領域維護。

圖 7-2 顯示了套用在 Daff 的業務、技術和數據對齊的概念。每個領域都有一個業務功能和目標,由一組技術解決方案支持和塑造,包含應用程式和服務;並且由數據和分析提供支援。領域因明確定義的數據和服務合約而擁有依賴關係。

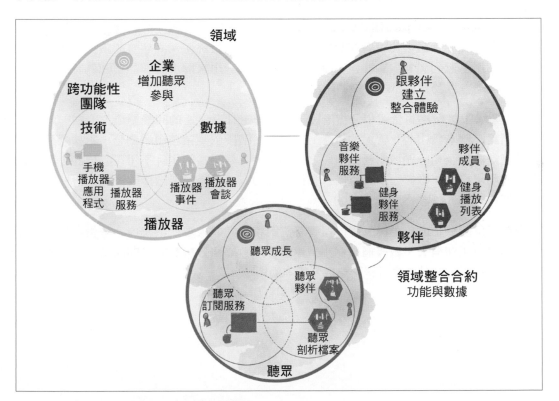

圖 7-2 對齊業務、技術和數據來管理複雜性

---

1 第二章對此有詳細說明。這裡提供的資訊,足以理解為什麼需要這個原則以管理數據的複雜性。

縮小分析數據和營運數據之間的差距

為了在當下做出正確的決策,分析數據必須反映出業務的真實性。在做出決定的那一刻,它必須盡可能的接近業務事實和現實。使用兩個獨立的數據階段:分析和營運,很難實現這一點,這兩個數據階段彼此距離很遠,而且是藉由不穩定的數據管道和中介數據團隊所連接。必須取消數據管道,並且提供盡可能接近來源的分析數據和功能的新方法。

如何在分析數據中第一時間反映業務變化,例如為產品增加新功能、導入新服務或修改業務流程?

數據網格建議藉由將數據作為產品分享並且以領域為導向,來在兩個階段之間縮短差距和回饋循環。數據網格在一個新的結構下連接兩個階段:一個是點對點連接的數據產品和應用程式的網路,一個是交換分析數據的網格。

數據即產品的數據網格原則為每個領域導入新的責任,來將分析數據作為產品分享,其目標是藉由簡化數據使用者在發現、理解、信任和最終使用高品質的數據上體驗,來讓數據使用者感到滿意。數據作為產品的原則是設計用來解決數據品質和為時已久的孤立數據問題,以及覺得厭煩的數據使用者。[2]

圖 7-3 顯示數據網格將營運和分析階段,跟更緊密且更快速的回饋循環整合在一起的方法,消除跨兩階段中心化管道的概念。在這裡,階段依照業務領域劃分,數據產品、分析數據階段以及相應領域的營運階段之間的整合,是相當簡單且不用花心思的,就只是數據的簡單移動。數據產品將以嵌入和抽象化的方式,將營運數據轉換為分析形式所需的智慧和程式。

藉由在數位體驗中嵌入分析,將機器智慧決策和行動嵌入現代系統內,分析和營運層面之間的界限正在消失。數據網格會持續尊重營運數據和分析數據之間的基本技術差異,同時縮小差距,並且將兩者緊密整合,如本節所示。

2　第三章已詳細闡述這個概念,這裡的介紹則足以理解數據產品在回應組織複雜性時的作用。

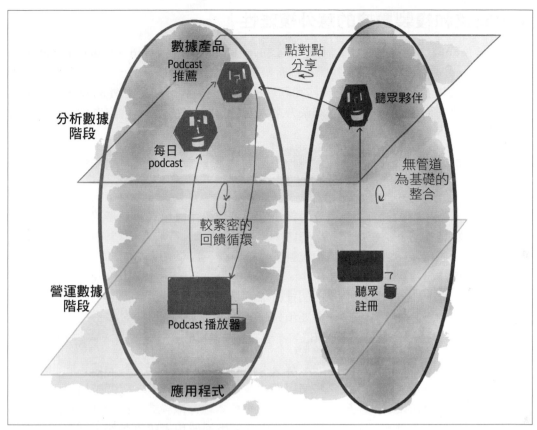

圖 7-3　縮小營運數據和分析數據之間的差距

將數據變更本地化到業務領域

數據網格允許數據模型不斷變化，而不會對下游數據使用者產生致命影響或是減慢數據存取速度；它藉由移除分享的全域規範數據模型來達到這點，進而移除同步變更的需求。數據網格將變更本地化到領域，並且賦予它們自主權，基於它們對業務的最深入了解來對數據建模，而不需對單一分享規範模型集中協調。

數據網格利用定義良好且有保證的數據合約來分享領域數據。直到將數據使用者優雅地遷移到新版本之前，領域數據合約都支持舊版本系統，這會使領域不斷變更數據模型。

減少管道和複製數據的意外複雜性

正如 Fred Brooks 在他廣受歡迎的論文〈No Silver Bullet-Essence and Accident in Software Engineering〉[3] 中所說的：建置軟體系統有兩種類型的複雜性，第一，具有問題空間所必需且固有的本質複雜性。這是業務和領域的複雜性；第二則是意外的複雜性，是我們，即工程師、架構師或設計師在解決方案中創造的複雜性。意外的複雜性可以而且應該減少。

分析解決方案的世界充滿消除意外複雜性的機會。讓我們談談數據網格所能減少的一些意外複雜性。

現今，我們不斷複製數據，因為需要將數據用於另一種存取模式，或是另一種計算模型中。我們將數據從營運系統複製到準備區，然後複製到數據湖泊，再為數據科學家提供特徵儲存。我們再次將數據從湖泊中複製到湖岸市場，以供數據分析師存取，然後複製到下游儀表板或是終端的報告資料庫中。我們建構複雜且脆弱的管道來複製。複製之旅持續進行中，從一個技術堆疊到另一個技術堆疊，從一個雲端供應商到另一個雲端供應商。現在，要進行分析工作時，你需要預先確定是哪個雲端提供商，將你的所有數據複製到湖泊或倉庫中，才能從中獲得價值。

數據網格藉由建立一個新的架構單元來解決這個問題，這個單元封裝領域導向的數據語義，同時還提供適合不同使用案例和使用者的多種數據存取模式。這個架構單元可稱為**數據產品量子**（簡稱**數據量子**）。數據量子對每種本地存取模式，如 SQL、檔案、事件等都有一組明確的合約和保證。如果它選擇向外部數據使用者提供數據，則可以藉由網際網路在任何地方存取。存取時，會在每個介面上提供存取控制和策略實施。數據量子封裝了轉換和維護數據的程式，數據管道分解並且成為數據量子邏輯的內部實作，數據量子不用中介管道即可分享數據。移除複雜、脆弱和迷宮般的管道，可以減少上游數據變更時發生故障的機會。

面對成長時仍保持敏捷性

現今，企業的成功取決於多方面的成長：新的收購、新的服務管道、新產品、地理位置的擴展等；所有這些成長，都需要管理新的數據來源和建構新的數據驅動使用案例。而隨著數據的成長，許多組織在從數據中交付價值、加入新數據或為使用案例提供服務的速度上變慢，或甚至是停滯不前。

3　*https://oreil.ly/HV9yG*

數據網格在面對成長中保持敏捷性的方法，可以總結為減少組織範圍內的瓶頸、協調和同步的技術。敏捷性依賴於業務領域，以極小化自主實現結果的能力。

消除中心化和單一瓶頸

管理單一數據湖泊或倉庫的中心化數據團隊限制了敏捷性，特別是當來源數量或是服務使用案例數量增加時。數據網格仔細尋找中心化的瓶頸，特別是從架構和人類通訊的角度來看，它們是多方同步的焦點。在架構上，這些瓶頸包括數據湖泊和數據倉庫。

數據網格提出一種替代方案，也就是在提供和使用數據時，在數據協作中的點對點方法。這個架構使消費者能夠直接發現和使用來自來源數據產品的數據。舉例來說，ML訓練功能或報表可以直接存取獨立的數據產品，而不需要數據湖泊或倉庫等中心化架構元件的干預，也不需要中介數據（管道）團隊。

圖 7-4 顯示概念上的轉變。每個數據產品都提供允許點對點使用數據的版本控制介面。來自多個數據產品的數據，可以組合並且聚合成新的高階數據產品。

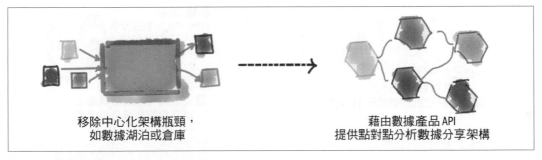

移除中心化架構瓶頸，
如數據湖泊或倉庫

藉由數據產品 API
提供點對點分析數據分享架構

圖 7-4　數據網格消除了中心化架構瓶頸

減少數據管道的協調

這幾十年來，超過營運規模的技術都有一個共同點：它們將協調和同步最小化。跟阻擋 I/O 相比，非同步 I/O 擴展了網路應用程式的吞吐量。響應式（Reactive）[4] 應用程式讓訊息的平行處理速度更快，MapReduce 函式程式將大量數據處理分布在許多伺服器上，精心設計的事件驅動微服務 [5] 擴展了業務工作流程。

4　*https://oreil.ly/fFk2P*

5　*https://oreil.ly/qpnuH*

儘管在消除核心技術中的協調和同步上面付出了不懈的努力，但我們多數都忽視了組織和架構的協調。結果就是，無論我們的電腦系統多快，取得的成果都落後於團隊和人與人之間的協調活動。

數據網格能減少了架構和人工協調。

現有架構建立在元件，也就是管道任務，例如抓取、處理、服務等的技術分解之上。每次有新的數據來源或使用案例時，這種架構分解的風格會導致這些功能之間的大量協調，數據網格從數據管理的技術分割，轉向領域導向的分割，領域導向的數據產品獨立於其他數據產品開發和發展。這種領域導向的分解，減少了為實現結果而協調的需要。在大多數情況下，領域導向的數據產品團隊。可以為他們的新使用案例來處理新的數據來源。在新的使用案例需要存取領域外的新數據產品情況下，消費者可以藉由利用新數據產品、仿製、模擬[6] 或合成數據[7] 介面的標準合約得到進展，直到可以使用數據產品為止。這就是合約的美妙之處，因為它們在開發過程中，簡化了消費者和提供者之間的協調。圖 7-5 顯示減少管道協調的轉變。

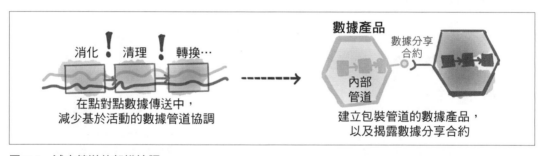

圖 7-5　減少管道的架構協調

減少數據治理的協調

另一個主要的協調瓶頸是數據治理的核心功能。現今，數據治理協調，對於允許存取數據、同意數據品質以及驗證數據變更跟組織政策一致等這些事情來說是必要的。數據治理的集中和大量手動流程，抑制了數據分享的敏捷性。

數據網格藉由兩個功能，減少治理協調的摩擦：

- 在每個數據產品中以程式方式自動化和嵌入的策略

- 將治理的中心責任委派給各個領域數據產品擁有者

6　https://oreil.ly/XV0zh

7　跟真實數據具有相似統計和結構特性的數據，而不會暴露真實數據中的隱私資訊。

這些變更會由數據網格的聯合和計算數據治理模型實現。[8]

在營運上，治理團隊由各個領域數據產品擁有者組成，也就是負責領域數據分享的長期產品擁有者。在架構上，治理功能以計算和自動化的方式，將策略執行嵌入到每個數據產品中。這有效改進現今的治理功能，這是發現數據、同意數據並且確保遵循必要策略的主要同步點之一。

可以想像，如果不檢查領域的自治性，可能會產生不良後果：領域的隔離、一個領域的數據產品跟其他領域的數據產品不相容且無法連接，以及使用多個領域數據時的碎片化體驗。數據網格治理非常依賴於治理問題的自動化，以一致、連接和值得信賴的體驗方式，使用領域數據產品。

圖 7-6 顯示了將策略以程式形式嵌入的數據產品的自動交付，替代手動和中央治理功能。

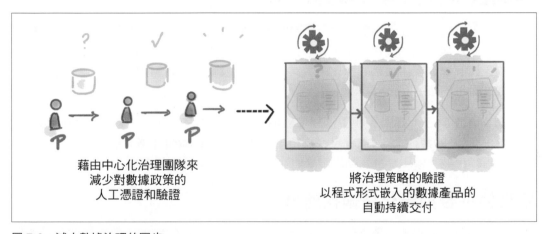

圖 7-6　減少數據治理的同步

啟用自治

團隊自治與團隊績效之間的相關性，一直是團隊管理研究[9]的主題。實證研究顯示，團隊為了完成任務而做出決策的自由，可以帶來更好的團隊績效。另一方面來說，過多的自主權會導致不一致、重複工作和團隊孤立。

8　第五章曾深入討論這點。現在，只要知道這個原則對組織敏捷性有什麼影響力就夠了。

9　*https://oreil.ly/jorX7*

數據網格試圖在團隊自治與團隊間互動性與合作之間取得平衡。它賦予領域團隊自主權，好讓它們控制本地決策，舉例來說，為數據產品選擇最佳數據模型等，同時它使用計算治理策略，好讓所有數據產品中有一致體驗，舉例來說，標準化所有領域的數據建模所使用的語言。數據網格賦予領域團隊建構和維護數據產品的自主權，同時用一致且具有成本效益的方式，為團隊提供一個不特定領域的數據平台。

自我服務數據平台的原則，本質上使領域團隊能夠自主管理數據產品的生命週期，並且利用通才開發人員的技術來做到這點。[10] 自我服務數據基礎設施，讓數據產品開發人員建置、部署、監控和維護他們的數據產品，也讓數據消費者發現、學習、存取和使用數據產品。自我服務式基礎設施，讓數據產品的網格能以整體概念來連接、取得關聯和使用，同時保持領域團隊的獨立性。

提高數據價值與投資的比例

從產業報告，例如我在前面章節中分享過的 NewVantage Partners，以及我的個人經驗可知，跟數據管理方面的投資相比，我們從數據中獲得的價值非常細微。如果比較從數據團隊和數據解決方案中獲得的價值，與其他技術性投資，例如應用程式開發基礎設施，在數據方面是明顯不利。

數據網格著眼於分析數據管理中提高價值與工作量的比例：建立一個新的數據平台原型，藉由開放數據介面來抽象化現今技術複雜性，讓跨組織信任邊界或物理位置分享數據成為可行，並且藉由套用產品思維來消除數據使用者體驗中的摩擦。

用數據平台抽象化技術複雜性

現今數據管理技術的格局毫無疑問的過於複雜。技術複雜性的增加，由增加更多對**數據工程師**和**數據專家**的需求就可以知道；我們似乎永遠無法找到足夠的人。另一個試驗是數據管道專案的低價值投入比，付出很多努力卻只有非常少的回報，像是獲得對高品質數據集合的無摩擦存取。

數據網格批判性的審視現有技術格局，並且將技術解決方案重新構想為以**數據－產品－開發人員（或使用者）－中心**的平台，它試圖移除對數據專家的需求，並且讓通才專家能夠開發數據產品。

---

10 第四章曾深入討論擴展數據網格基礎設施的功能和形式，現在只要知道它對組織敏捷性的影響就夠了。

此外，數據網格為所有數據產品分享的不同功能，包括發現、請求存取、查詢、服務數據及保護數據等，定義一組開放和標準的介面，來實現更具協作性的技術生態系統。這是為了降低跨供應商的整合成本。[11]

在各處嵌入產品思維

數據網格讓我們用數據使用者所獲得的價值角度，專注於導入的轉變。它將我們的思維，從將數據視為資產轉變為將數據視為產品；它將我們衡量成功的方式，從數據量體轉變為數據使用者的幸福感。

數據並不是數據網格生態系統中唯一視為產品的元件，自我服務數據平台本身也是一個產品；在這種情況下，它服務於數據產品開發人員和數據產品使用者。數據網格將平台成功的衡量標準，從能力的數量，轉移到這些能力對於改善數據產品開發體驗，和減少交付、發現及使用數據產品的時間的影響。

產品思維可以減少工作量和成本，並且隱藏在數據產品使用者和開發人員的日常體驗中。

超越界限

對業務功能的改進幾乎總是需要跨越各個單位的洞見，它需要來自許多不同業務領域的數據。同樣的，組織在為其客戶、員工和合作夥伴提供服務時，產生的數據驅動價值，需要超過它產生和控制的數據。

想想 Daff。為了藉由自動播放音樂為聽眾提供更好的體驗，它不僅需要來自聽眾的播放清單數據，還需要他們的交友網絡，以及所屬社群和環境影響和行為。它需要來自 Daff 各處及其他許多地方的數據：包括新聞、天氣、社交平台等。

對數據的多領域和多組織存取，是數據網格中的內建假設，數據網格的數據量子概念可以提供對數據的存取，無論數據實際上位於何處。數據量子提供一組介面，基本上允許任何具有適當存取控制的人發現和使用數據產品，無論數據的地理位置為何。識別綱要、存取控制和其他策略實施，會預設使用通過網際網路啟用的開放協定。

數據網格架構藉由連接組織邊界之外的數據，來提供更多價值。

---

11 第十一章列出了跨數據產品分享的開放介面。

回顧

閱讀本章後，你可能會認為數據網格是靈丹妙藥，實際上恰恰相反，數據網格是解決方案的重要組成部分，它讓我們能夠真正實現數據存取的民主化。然而，要成功從數據中獲取價值，除了分享數據之外，還有很多事情要做。我們需要持續提供可重複的、產品品質的分析和基於機器學習的解決方案。但是為了達到這些目標，我們先需要大規模的數據分享，這就是數據網格的關注點。

本章中列出的數據網格目標，讓我們重新構想數據，特別是要如何設計管理數據的解決方案、如何治理數據以及如何建構團隊。在本章中，我將數據網格目標與其促成因素聯繫起來，這涉及到很多內容，因此我總結在下表 7-1 中。

表 7-1　轉折點後數據網格總結

數據網格目標	實施內容	實施方法
在複雜、多變和不確定的業務環境中，優雅的管理數據變更	對齊業務、技術和數據	建立跨職能的業務、技術和數據團隊，每個團隊都負責數據的長期所有權 *領域數據所有權原則*
	縮小營運和分析數據階段之間的差距	移除組織範圍的管道和兩階段數據架構 藉由隱藏管道，進一步整合應用程式和數據產品 *數據即產品原則*
	將數據修改本地化到業務領域	將數據產品在其特定領域的維護和所有權本地化 在領域導向的數據產品之間建立清楚的合約，以減少變更的影響 *數據即產品原則*
	減少管道和數據複製的意外複雜性	分解管道，將必要轉換邏輯移動到對應的數據產品中，並且將其抽象化為內部實現 *數據即產品原則* *數據產品量子架構元件*

數據網格目標	實施內容	實施方法
面對成長保持敏捷性	消除中心化架構瓶頸	移除中心化數據倉庫和數據湖泊 藉由數據介面實現數據產品的點對點數據分享 領域所有權原則 數據即產品原則
	減少數據管道的協調	從管道架構的最上層功能分解到領域導向的架構分解 在領域導向的數據產品之間導入明確的數據合約 領域所有權原則 數據即產品原則
	減少數據治理的協調	將治理責任委託給自治領域及數據產品擁有者 自動化治理策略為程式，由每個數據產品量子嵌入和驗證 聯合計算治理原則
	啟用團隊自治	賦予領域團隊自主快速獨立行動的自主權 平衡團隊自治與計算標準，來建立互動性和全域一致的網格體驗 以自我服務方式提供不特定領域的基礎設施功能，來賦予領域團隊自主權 聯合計算治理原則 自我服務數據平台原則
藉由數據增加價值而非成本	用數據平台抽象化複雜性	建立以數據開發人員為中心，和以數據使用者為中心的基礎架構，來消除數據開發和使用過程中的摩擦與隱藏成本 為數據產品定義開放和標準介面，來降低供應商整合的複雜性 數據即產品原則 自我服務數據平台原則
	在各處嵌入產品思維	基於數據使用者和開發人員的幸福度來關注和衡量成功 將數據和數據平台視為產品 自我服務數據平台原則 數據即產品原則
	超越組織的界限	藉由跨數據產品的標準和基於網際網路的數據分享合約，分享跨平台和組織的物理和邏輯邊界的數據 數據即產品原則 自我服務數據平台原則

在下一章中，我將概述轉折點之前發生的事情：為什麼一直以來幫助我們的數據管理方法，將不再適用於未來。

第八章

轉折點之前

今天的問題來自昨天的「解決方案」。

—Peter M. Senge, *The Fifth Discipline*

組織複雜性、數據來源的擴散、數據預期的成長：這些都會對現有分析數據管理方法造成壓力。現有的方法在機器擴展上取得明顯成果：使用全球規模的分散式數據儲存，來管理大量且不同種類的數據類型，藉由串流可靠的傳輸高速數據，以及同時且快速的處理數據密集型工作負載。然而，我們的方法在組織複雜性和規模，也就是人員規模上，存有限制。

在本章中，我將簡介數據架構目前格局、它們的基本特徵，以及在未來受限的原因。

分析數據架構的演變

我們管理分析數據的方式是一段漸進式的變化，新消費模型驅動的變化，從支持業務決策的傳統分析，到藉由機器學習增強的智慧產品。雖然我們看到分析數據技術的數量快速增長，但頂層架構幾乎沒有變化。讓我們瀏覽頂層分析數據架構，然後回顧它們未改變的特徵。

支持以下每種架構範式的底層技術已經經歷許多迭代和改進。這裡的重點是架構模式，而不是技術和實作。

第一代：數據倉庫架構

現今的數據倉庫架構受到早期概念的影響，例如 1960 年代制定的事實和維度。這個架構嘗試將數據從營運系統轉移到商業智慧（BI）系統，傳統上為組織的營運規劃提供管理服務。雖然數據倉庫解決方案已經發展一段時間，但其架構模型的許多原始特徵和假設都保持不變。數據為：

- 抓取自許多營運資料庫和來源

- 轉換為通用綱要：以多維且隨時間變化的表格表示

- 讀取到倉庫資料表中

- 藉由類似 SQL 的查詢存取

- 主要為數據分析師提供報告和分析視覺化使用案例

數據倉庫方法已改進為數據市集，它們的共同辨識點是，數據市集服務組織中的單一部門，而數據倉庫服務是跨多個部門整合的更大組織。無論它們的範圍如何，從架構建模的角度來看，都具有相似特徵。

建立能夠實現組織規模數據倉庫的單一技術難度和成本，導致企業數據倉庫[1] 解決方案通常都專門、昂貴且需要專業人才操作。隨著時間過去，它們會包含數以千計的 ETL 任務、表格和報告，只有專業團隊才能理解和維護。基於他們的年齡和出身，他們通常不適合 CI/CD 等現代工程實務，並且隨著時間的推移會產生技術債並且增加維護成本。試圖擺脫這種技術債的組織，發現自己處於從一個數據倉庫解決方案，遷移到另一個數據倉庫解決方案的永久循環中。圖 8-1 說明這種數據倉庫架構的輕量級架構。

---

1 *https://oreil.ly/nqSol*

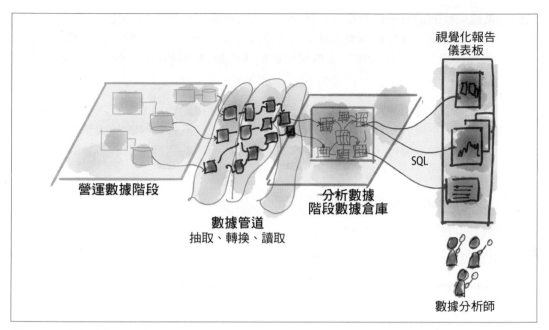

視覺化報告
儀表板

SQL

營運數據階段

數據管道
抽取、轉換、讀取

分析數據
階段數據倉庫

數據分析師

圖 8-1　分析數據架構：倉庫

第二代：數據湖泊架構

數據湖泊架構從 2010 年 [2] 推出，用來應付數據倉庫架構在滿足數據新用途上的挑戰，即幫助數據科學家在機器學習模型訓練過程中存取數據。數據科學家需要原始形式的數據，也就是盡可能接近業務現實。由於數據科學家無法預測數據建模需要的準確程度，因此他們偏好存取原始數據。此外，機器學習訓練也需要大規模的平行化數據讀取。

類似於數據倉庫的數據湖泊架構，假設數據抓取自營運系統中，並且通常以物件儲存（任何類型的數據儲存）的格式，讀取到中央儲存庫中。然而，跟數據倉庫不同的是，數據湖泊預設數據很少或沒有經過轉換與建模；它試圖保留接近原始形式的數據。一旦數據在湖泊中可使用，該架構就會藉由精心製作的轉換管道擴展，來對更高價值的數據建模，並且將其儲存在湖岸市集或湖邊的特徵儲存中。這種方法也有一些改進方法，在湖中分配「區域」，以不同程度的清理和轉換儲存數據，以進一步組織湖泊。

2　*https://oreil.ly/Hlq5t*

這種對數據架構的演變，目的在改善數據倉庫所需的廣大前期建模的沒效率和摩擦。前期轉換是一個障礙，會導致模型訓練的迭代速度變慢。此外，它改變了營運系統數據的本質，並以一種方式改變數據，使得使用轉換後的數據訓練模型，無法執行實際生產查詢。

在我們的範例中，**音樂推薦系統**在訓練倉庫中轉換和建模的數據時，無法在營運的前提下執行，例如，推薦服務要使用的登入聽眾會談資訊。用於訓練模型的大量轉換數據，不是會遺漏一些聽眾屬性，就是會以不同編碼方式表示。在這種情況下，數據湖泊能帶來救贖。

數據湖泊架構的顯著特徵包括：

- 數據抓取自許多營運資料庫和來源中。

- 數據盡可能的代表原始內容和結構。

- 數據經過最小轉換以搭配常見的儲存格式，例如 Parquet、Avro 等。

- 數據（盡可能的接近來源綱要）能讀取到可擴展的物件儲存中。

- 數據藉由物件儲存介面存取：以檔案或數據框（一種二維類陣列結構）的方式讀取。

- 數據科學家主要存取湖泊儲存，以進行分析和機器學習模型訓練。

- 湖泊下游會建立作為適當用途的數據市集，即湖岸市集。

- 湖岸市集可使用在應用程式和分析使用案例。

- 湖泊下游，特徵儲存會建立起以目的為主的柱狀數據，幫助機器學習訓練建模和儲存。

圖 8-2 說明數據湖泊的頂層架構。

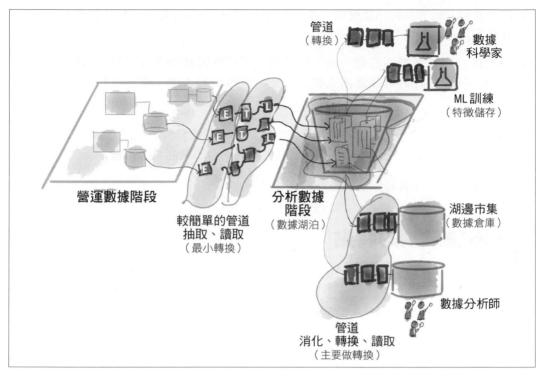

圖 8-2　分析數據架構：數據湖泊

數據湖泊架構深受複雜性和退化影響。它是由極為專業的數據工程師所組成的中央團隊，建立起複雜且笨重的批次處理或串流任務的管道，但它會隨著時間過去而退化，它未受管理的數據集合，通常都無法信任並且無法存取，幾乎沒有價值。數據血緣和依賴關係模糊不清，難以追蹤。

第三代：多模式雲架構

在數據網格之前，第三代和最新一代的數據架構，跟前幾代或多或少有些相似，但有一些現代的變化，因為這些數據架構：

- 藉由像 Kappa[3] 這類架構，支持串流傳輸來實現最即時的數據可用性。

- 使用像 Apache Beam[4] 的框架，嘗試統一數據轉換的批次處理和串流處理。

3　*https://oreil.ly/zpfeK*

4　*https://oreil.ly/bJksG*

- 完全接受基於雲端的託管服務，並且使用具有隔離計算和儲存的現代雲端原生實作，可以利用雲端服務的彈性來最佳化成本。

- 將數據倉庫和數據湖泊融合為一種技術，不是將數據倉庫擴展為包含嵌入式機器學習訓練，就是將數據倉庫完整性、交易性和查詢系統，建構至數據湖泊解決方案中。[5]

第三代數據平台解決了前幾代的一些差距，例如即時數據分析，同時降低管理大數據基礎設施的成本。然而，它們也受到許多限制前幾代平台的潛在特徵影響。

讓我們看看現有分析數據架構的限制特徵。

分析數據架構的特點

快速瀏覽一下分析數據架構的歷史，很明顯它歷經了改進式的進化；同時，技術和支持它的產品也經歷了寒武紀大爆發。FirstMark[6] 年度大數據和人工智慧領域的「聯盟現狀」令人眼花繚亂（圖 8-3），表示這個領域開發出來的創新解決方案數量非常多。

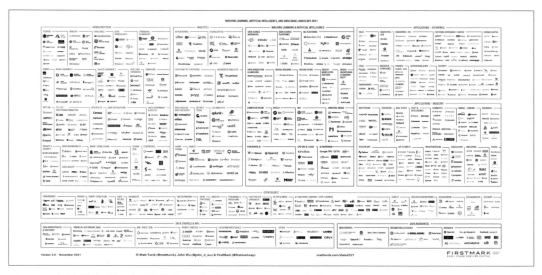

圖 8-3　大數據和人工智慧技術的寒武紀大爆發，不好閱讀，看一眼就讓人覺得頭暈目眩（由 FirstMark 提供[7]）

5　撰寫本文時，Google BigQuery ML 或 Snowflake Snowpark 是嵌入一些 ML 功能的傳統數據倉庫解決方案範例，Databricks Lakehouse 則是具有類似倉庫交易和支持查詢的傳統湖泊儲存解決方案範例。

6　紐約市的一家早期風險投資公司。

7　https://oreil.ly/pCK1o

所以問題是，沒有改變的是什麼？各個世代的分析數據架構又都具有哪些基本特徵？儘管有不可否認的創新，但在過去幾十年裡，一些基本假設仍然不受挑戰，必須仔細評估：

- 數據必須中心化才能發揮作用：由一個中心化的組織管理，目的是在企業範圍內分類。

- 數據管理架構、技術和組織是單一的。

- 讓技術推動架構和組織範式。

 本章討論的架構特徵，僅限於邏輯架構的集中化；物理架構的問題，例如數據的物理儲存位置則超出我們的討論範圍，而且獨立於邏輯架構問題。邏輯架構著重於數據開發者和消費者的體驗層，例如數據是否由單一團隊管理（數據所有權），數據是否具有單一綱要（數據建模），以及對一個數據模型的修改是否對下游使用者（依賴者）具有緊密的耦合和影響。

讓我們更仔細的逐一看看這些基本假設，以及每個假設所施加的限制。

單體（Monolithic）

數據網格挑戰的核心假設，是數據架構、組織和技術的單體性質，如下列所述。

單體架構

架構風格可以被分為兩種主要類型：單體（所有程式為單一部署單元）和分散式（藉由遠端存取協定連接的多個部署單元）。

—*Fundamentals of Software Architecture*[8]

數據平台架構大概看起來會如圖 8-4 所示；它是一個單體，其目標為：

- 從企業內外的各個角落吸收數據，從執行業務領域中的營運和交易系統，到增強企業知識的外部數據提供者。

- 舉例來說，在 Daff 的案例中，數據平台負責吸收大量數據：媒體播放器的效能、聽眾與播放器的互動方式、播放歌曲、他們關注的音樂家、已加入平台的標籤和音樂家，與音樂家的金融交易，以及客戶人口統計資訊等外部市場研究數據。

8　Mark Richards and Neal Ford, *Fundamentals of Software Architecture*, (Sebastopol, CA: O'Reilly, 2020).

- 清理、豐富和轉換來源數據為可滿足不同消費者需求的可信任數據。在 Daff 的案例中，其中一種轉換，將**聽眾點擊串流**轉變為**有意義的聽眾歷程**，試圖將聽眾的歷程和行為重建為一個聚合的縱向檢視。

- 為具有不同需求的各種消費者**提供數據集**。包括從數據探索和機器學習訓練到商業智慧報告。以 Daff 的案例來說，平台必須藉由分散式日誌紀錄介面，最即時的處理**媒體播放器錯誤**，同時提供特定**音樂家紀錄**的批次聚合檢視，以計算每月的財務支付。

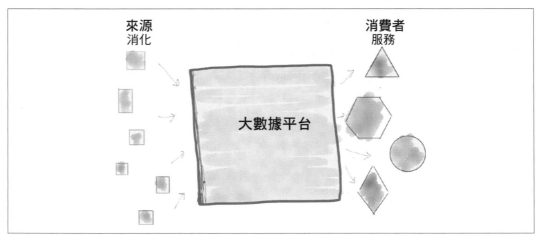

圖 8-4　單體數據平台大概看起來的檢視

雖然單體架構可能是建構解決方案的良好且簡單的起點（例如，管理一個程式庫、一個團隊），但隨著解決方案的擴展，它會有所不足。來源和使用案例的組織複雜性和擴散，在架構和組織結構上造成了緊張和摩擦：

無所不在的數據和來源擴散

隨著越來越多的數據變得無所不在，從邏輯上來講，在一個中心化的平台和團隊的控制下，在一個地方消費和協調數據的能力正在減弱。以**客戶資訊**領域為例，有越來越多的資源，在組織邊界內外部提供有關現有和潛在客戶的資訊。我們需要在中央客戶主數據管理下吸取和協調數據，以獲取價值，這個假設會陷入瓶頸並且減緩我們利用不同數據來源的能力。隨著來源數量的增加，組織對於新來源提供數據的反應速度會減慢。

組織的創新議程和使用案例擴散

組織對快速實驗的需求導入大量使用平台數據的使用案例。這代表要用越來越多的轉換來建立數據（聚合、投影和切片），才可以滿足創新的測試和學習週期[9]。要滿足數據消費者需求的長久反應時間，過去一直是組織摩擦的一個問題，而且在現代數據平台架構中仍是如此。需要數據並且了解使用案例的人員和系統，跟產生數據並且最了解數據的實際來源、團隊和系統之間的脫節，阻礙了公司的數據驅動創新。它延長存取正確數據所需的時間，成為假設驅動開發的障礙，並且降低數據品質和對數據的信任。

組織複雜性

當我們將數據環境的波動性和持續變化添加到組合中時，這種單體架構就變成同步和優先順序劃分的地獄。要將組織不斷變化的數據擺在優先順序，又要和中心化數據平台大量活動保持一致，注定會失敗。

單體技術

從技術的角度來看，單體架構與它的技術相得益彰；支持數據湖泊或數據倉庫架構的技術預設都是採用單體架構，舉例來說，Snowflake[10]、Google BigQuery[11] 和 Synapse[12] 等數據倉庫技術都具有單體邏輯架構。雖然在實體層和實作層面，資源隔離和分解有明顯進展：舉例來說，Snowflake 將計算資源擴展與儲存資源分開，BigQuery 使用最新一代分散式檔案系統。但這些技術的使用者體驗仍然是單體的。

像是物件儲存和管道編排工具等數據湖泊技術，可以用分散式的方式部署。然而，在預設情況下，它們會導致單體湖泊架構被建立。舉例來說，數據處理管道有向無環圖（directed acyclic graph, DAG）的定義和編排，缺乏像是介面或合約之類的結構來抽象化管道作業的依賴關係和複雜性，進而導致具有緊密耦合的迷宮管道成為一大坨泥巴球似的單體架構[13]，讓將變更或失敗隔離到流程中的單一步驟中更為困難。一些雲端提供商對湖泊儲存帳戶的數量有所限制，它們假設只有少數單體湖泊設定。

---

9 *https://oreil.ly/pKPjB*
10 *https://oreil.ly/g1isJ*
11 *https://oreil.ly/LPNUQ*
12 *https://oreil.ly/xaf4z*
13 *https://oreil.ly/5KVDc*

單體組織

從組織的角度來看，康威定律（Conway's law）切中要害，並且在負責整個組織的數據單體組織結構（商業智慧團隊、數據分析團隊或數據平台團隊）上發揮到極致。

> 任何（定義廣泛）的設計系統組織，都將產生結構是組織通訊結構拷貝的設計。

—Melvin Conway, 1968

當我們盡可能放大以觀察建構和營運數據平台的人們的生活時，我們會發現一群遭隔離的超專業數據工程師跟組織營運部門（數據來源或是使用地點）。數據工程師不僅在組織上為孤立，而且在數據工具方面的技術專長而組織為團隊時，他們通常也同時缺乏業務和領域知識（圖 8-5）。

圖 8-5　孤立的超專業數據團隊

我個人並不羨慕數據工程師在單體數據組織中的生活。他們需要使用來自營運團隊的數據，這些營運團隊沒有根據所議定的合約，來分享有意義、真實和正確的數據。鑑於數據團隊的組織孤島，儘管盡最大努力，但這些數據工程師對生成數據來源領域的知識仍然非常稀少，並且也缺乏團隊中的領域專業知識。他們需要為各種需求，營運也好分析也好提供數據，而不用深入了解數據的使用方式。

舉例來說，Daff 的來源端有一個跨職能的**媒體播放器**團隊，提供使用者如何與媒體播放器功能互動的訊號，例如**播放歌曲事件、購買事件和播放音樂品質**；另一端則是跨職能的消費團隊，比如**歌曲推薦**團隊、**銷售團隊**回報銷售 KPI、**音樂家支付**團隊基於播放事件計算和支付音樂家等等。可悲的是，數據團隊位於中間，他們只能埋頭苦幹，為所有來源和消費者提供分析數據。

實際上我們發現，來源團隊不互相連接、沮喪的消費者要爭取數據團隊的工作資源，以及數據團隊的勞力過度壓縮且未得到充分賞識。

複雜的單體

單體架構遇到規模時（這裡指來源、消費者和轉換的多樣性規模），也面臨著類似的命運，會變得複雜並且難以維護。

龐大數據管道的複雜性債務[14]、實作吸取和轉換邏輯的管道腳本、大量的數據集合（資料表或檔案），沒有明確的架構和組織模組化，以及建立在這些之上的數以千計報告，讓團隊忙於「支付債務利息」而非創造價值。

簡單來說，單體架構、技術和組織結構，不適合大型複雜組織的分析數據管理。

中心化數據所有權

單體數據平台託管並且擁有屬於不同領域的數據，如**播放事件**、**銷售 KPI**、**音樂家**、**專輯**、**標籤**、**音樂**、**Podcast**、**音樂事件**等，已是個慣例，而這些數據是從大量不同領域而來的（圖 8-6）。

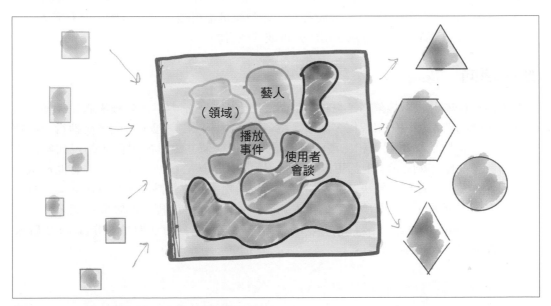

圖 8-6　沒有明確領域邊界的中心化數據所有權

---

14 *https://oreil.ly/amHMJ*

雖然在過去十幾年中，我們已經成功的將領域驅動設計和有界情境[15]套用在營運系統設計，來大規模的管理軟體複雜性，但我們往往也忽略了領域驅動的數據設計範式。DDD的策略設計[16]導入一套原則，來管理大型複雜組織中的軟體建模。它鼓勵從單一規範模型轉向許多有界情境模型。它假設有多個模型，每個模型都由一個組織單位擁有和管理，並且明確闡明這些模型之間的關係。

雖然營運系統已將 DDD 的策略設計技術套用於領域導向的營運數據所有權（對齊服務及數據與現有業務領域），但分析數據系統在領域之外保留了中心化數據所有權。

雖然這種中心化模型適用於具有更簡單領域和較少使用案例的組織，但它不適用於具有豐富和複雜領域的企業。

除了規模的限制之外，數據中心化的其他挑戰是數據品質和對變化的適應能力。原因在於，最熟悉數據的業務領域和團隊不用對數據品質負責任。中央數據團隊距離數據來源遙遠並且與數據領域隔離，中央數據團隊的任務是藉由數據清理和豐富管道，維持數據的品質。一般而言，從管道另一端彈到中央系統的數據，會失去數據的原始形式和意義。

分析數據的中心化一直是我們這一行對孤立和分散的應用程式資料庫，即一般通稱的暗數據（*dark data*）[17]的回應。Gartner 提出，暗數據是指組織在日常業務活動中蒐集、處理和儲存的資訊資產，但通常無法用於分析或其他目的。

技術導向

回顧不同世代的分析數據架構，從倉庫到湖泊再到雲端，都非常依賴技術驅動架構。數據管理系統的典型解決方案架構，僅僅是將各種技術連接在一起，每個技術執行一個技術功能、一個點到點的儲存和處理流程。這一點從任何基礎設施提供商的現代解決方案架構圖（如圖 8-7 所示）中都可以看出。圖中列出的核心技術功能強大且有助於啟用數據平台，然而，提出的解決方案架構會基於技術功能和支持該功能的解決方案，分解後再整合架構元件。舉例來說，我們首先遇到 Cloud Pub/Sub 提供的吸取功能，然後發布數據至 Cloud Storage，再藉由 BigQuery 提供數據。這種方法導致技術上的分區架構，進而分解活動導向的團隊。

---

15 *https://oreil.ly/2RhbM*
16 *https://oreil.ly/OHz8I*
17 *https://oreil.ly/eTY5x*

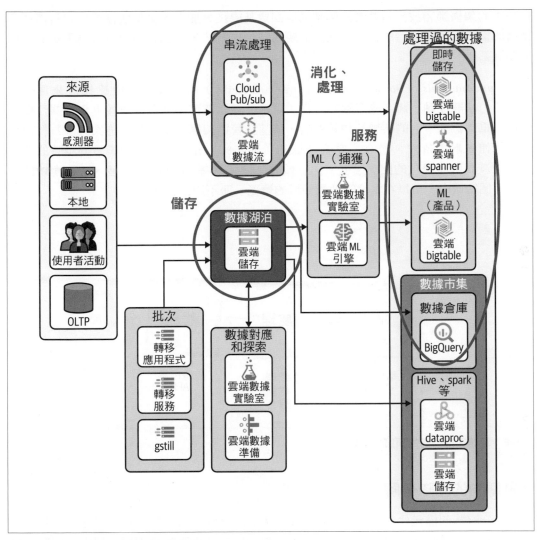

圖 8-7　受技術導向的分解所影響的現代分析架構範例

技術分區架構

現今數據管理解決方案的局限性之一，是我們要如何嘗試管理使用不便的複雜性，我們要如何將不斷成長的單體數據平台和團隊分解為更小的分區。這裡選擇阻力最小的道路，也就是技術分區。

組織中的架構師和技術領導者分解架構以回應其成長。加入大量新資源或應對新消費者激增的需求，需要平台成長。架構師需要找到一種方法，藉由將系統分解為頂層的元件來擴展系統。

正如 *Fundamentals of Software Architecture*[18]（O'Reilly）所定義的，**頂層技術分區**基於技術能力和關注點，將系統分解為元件；這是一種比業務領域關注更接近實作關注點的分解。單體數據平台的架構師和領導者，將基於管道架構的單體解決方案分解為技術功能，例如吸取、清理、聚合、豐富及服務（圖 8-8）。頂層功能分解導致同步時的額外負擔並減緩數據變化的回應速度。另一種方法是領域導向的頂層分區，將技術功能嵌入到每個領域中，可以在本地管理對領域的變更，而不用跟頂層同步。

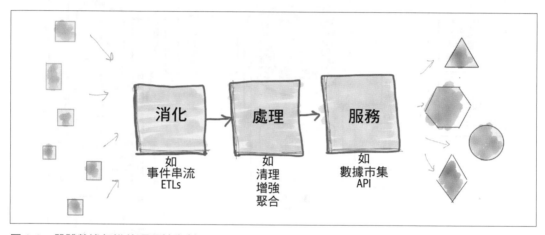

圖 8-8　單體數據架構的頂層技術劃分

活動導向的團隊分解

將系統分解為架構元件的動機之一是要建立獨立的團隊，每個團隊都可以建立和營運一個架構元件。這些團隊反過來可以平行化工作，以達到更高的營運可擴展性和速度。頂層技術分解的結果是將團隊分解為**活動導向的群組**，每個群組專注於管道的某個階段所需的特定活動，舉例來說，專注於從各種來源吸取數據的團隊或負責服務湖岸市場的團隊。每個團隊都試圖最佳化他們的活動，例如找到吸取模式。

---

18 *https://oreil.ly/kMene*

儘管這個模型提供一定程度的規模，但藉由將團隊分配到流程的不同活動，它有一個與生俱來的限制，而無法擴展重要的事情：交付成果，也就是在這種情況下交付新的、品質良好且值得信賴的數據。交付成果需要團隊之間的同步並且對齊活動的變化，這種分解是跟變化或結果互不影響，減緩價值交付，並且導入組織摩擦（圖 8-9）。

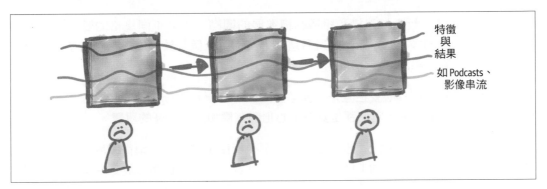

特徵
與
結果

如 Podcasts、
影像串流

圖 8-9　架構和團隊分解與變更（結果）互不影響

相反的，結果導向的團隊分解[19]最佳化點到點的產出，交付速度快，且同步的額外負擔低。

讓我們來看一個例子。Daff 從歌曲和專輯開始服務，擴展到音樂活動、Podcast 和廣播節目。如果要啟用新功能，如想要看到 Podcast 播放率，就需要更改管道的所有元件，團隊必須導入新的吸取服務、新的清理和準備服務，以及用於檢視 Podcast 播放率的新數據聚合。這需要跨不同元件的實作，和跨團隊的發布管理同步。許多數據平台提供通用和基於配置的吸取服務來應對擴展，例如簡單的添加新來源或是修改現有的來源。然而，這並沒有消除從消費者角度導入新數據集合的點到點依賴地獄。要迎合新功能、解鎖新數據集合並且使其可用於新的或現有消費，必須改變的最小單元依然是整個管道：單體。這限制我們在回應新的消費者或數據來源時，實現更高速度和規模的能力。

我們建立的架構和組織結構無法擴展，也無法實現建立數據驅動組織的承諾價值。

近年來，出現一股將中央數據團隊分解為領域導向的數據團隊趨勢，雖然這是一種改進，但並不能解決長期數據所有權和數據品質的問題，數據團隊仍然遠離實際領域，跟領域系統修改及其需求不同步。這是一種反模式。

---

19 *https://oreil.ly/df5Xo*

回顧

> 精神錯亂的定義是一遍又一遍做同樣的事情，但期待會有不同的結果。
>
> —愛因斯坦

本章目標是提供分析數據架構和組織結構進展的觀點，概述不同風格的雙階段數據架構：倉庫、湖泊和多模式，並指出所有這些方法都有一個基於管道的整合模型，而該模型仍舊脆弱且難以維護。

雖然數據架構的發展具必要性且是一種進步，但所有現有的分析數據架構都有一組共同的特徵，阻礙組織擴展，它們都是具有中心化所有權和技術分區的單體。

這些特徵沿襲自過去的假設，也就是為了滿足分析使用案例，必須從領域中抓取數據，並且統一和整合於倉庫或湖泊的中央容器下。當數據使用案例僅限於低頻率的報告時，這樣的方法是可行的；當數據來自於少數幾個系統時，也可以用這個方法。但當數據是來自企業內外數百個微服務和數百萬個設備時，這就不是一個好方法；當明天的數據使用案例超出今天的想像時，也無法使用此法。

本章總結第二部分。在了解數據網格的內容以及需要關心它的原因之後，讓我們在第三部分討論它的技術架構。

如何設計數據網格架構？

所有理論的最高目標，是使不可簡化的基本要素盡可能簡單且盡可能減少，而不用放棄對單一簡單經驗數據的充分闡釋。

—愛因斯坦

到目前為止，我已經將數據網格架構的技術設計置入你的想像世界，這很重要，我們首先需要就數據網格的定義（第一部分），和需要轉向它的原因（第二部分）達成共識。現在是時候為支持數據網格的技術實作架建構模了。

範圍

在撰寫本文時，數據網格正處於發展初期，我們還有很長的路要走，才能達到最理想的設計；因此，這部分的範圍不會否認數據網格設計和實作將持續發展的事實。然而，我們必須要從某處著手，因此，我決定用這一章來專門討論現在的**重要事情**[1]，也就是我認為將繼續存在並且影響未來實作發展的架構面向。

那什麼是重要事情呢？

對邏輯架構有共同理解很重要。在第九章〈邏輯架構〉中，我將定義數據網格架構的主要邏輯元件，例如領域、作為架構量子的數據產品、數據平台的多個階段，以及它們之間的互動方式。

第十章〈多階段數據平台架構〉，定義基礎設施平台必須提供的建立、執行和營運數據網格實作能力，提供一種獨立於技術的設計平台整體方法。

1　這是 Martin Fowler 對架構的概括定義（*https://oreil.ly/IdXKQ*），受到 Ralph Johnson 影響。

本書不包括架構的實體層和現今人們可以用來實作架構元件的特定技術。舉例來說，是否應該使用 Apache Airflow、Prefect 或 Azure Data Factory 來管理數據產品轉換流程，並不在本書範圍內。

本節的目的是消除對數據網格的誤解和誤用空間，同時保持足夠的開放性，以允許創造性思維和創造一套全新技術與工具，進而優雅的將這個範式帶入生活中。

從圖 III-1 可看出本書範圍內和超出範圍的幾個範例。

本書範圍

架構
結構元件
行為
分解軸線
整合樣式
介面

設計
技術對應
標準
介面定義
數據建模

圖 III-1　範圍內較多的是架構，而不是實作設計

成熟度

本書的第三部分內容，有些是基於我實作數據網格架構的經驗，而有些則基於個人觀點；有些概念已經經過實作和測試，而有些概念則仍是理論推測性，需要進一步的實驗和測試。

你在第三部分中會看到針對如何基於現有技術實作數據網格架構，我提出的建議，這是實例化數據網格原理的一種方式，受到在類似水平擴展架構中已證明成功，並且適用於數據問題空間方法的影響。

當主題是實驗性並且需要進一步探索和完善時，我也會清楚表示。

第九章

邏輯架構

形式永遠追隨功能。

—Louis Sullivan

在本章中,我將介紹數據網格的邏輯架構,包括高層結構元件以及它們的關係。

為了獲得架構,我將引導你了解數據網格原則,並且逐一展示這些原則是如何藉由新元件和整合影響整體架構:我們遵循功能和意圖來獲得形式[1]。

以下是我將在本章介紹的架構概念摘要,分別由每個原則所驅動:

領域所有權藉由分析數據分享介面擴展領域

數據的領域所有權導致以領域為中心的分析數據組織。這代表領域的介面必須擴展到分享分析數據。圖 9-1 用符號表示這個擴展。

1　譯者注:這裡指現代主義美學格言「形隨機能」(Form Follows Function)。

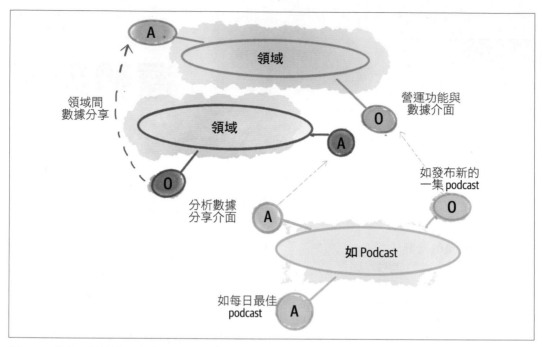

圖 9-1　藉由分析數據分享介面擴展的領域介面

數據即產品導入新的架構量子，也就是數據量子

數據網格將每個數據產品表示為一個架構量子，它包含數據產品封裝實作可用性特性，和安全分享分析數據行為所需的所有必要元件。

數據量子是數據網格架構的基礎單元，包含領域導向的數據，和執行必要數據轉換與分享數據和管理數據的策略程式。圖 9-2 說明數據量子的主要組成部分。

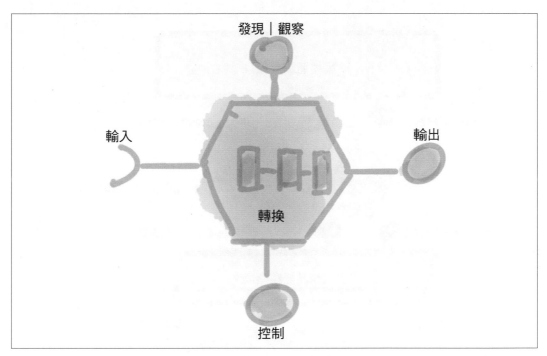

圖 9-2　一個新的架構單元，數據（產品）量子

自我服務數據平台驅動多階段平台架構

　　自我服務平台提供大量服務，讓廣泛的數據網格使用者，諸如數據生產者（數據產品開發人員、數據產品擁有者）、數據消費者（數據分析師和數據科學家），以及數據治理功能的成員，都能完成他們的工作。數據網格基於數據網格使用者體驗所安排的協作服務群組，將該平台設計為三個階段，如圖 9-3 所示。

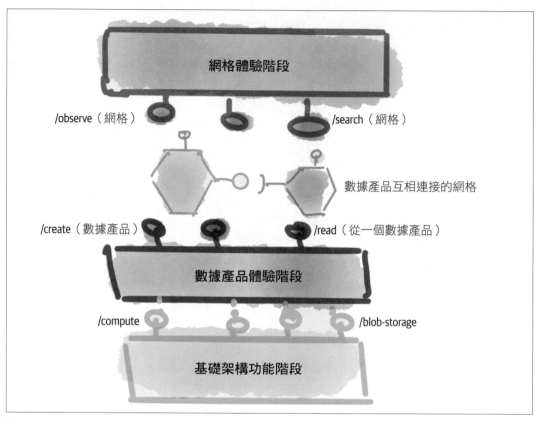

圖 9-3　具有宣告式介面的多階段數據平台

聯合計算治理將計算策略嵌入到每個數據產品中

聯合計算治理的原則讓每個數據產品都能擴展為一個計算容器，可以託管一個邊車程序，將計算策略嵌入到每個數據產品中，並且在正確時間和數據流中執行，例如建立、部署、存取、讀取或寫入。

一個數據產品邊車是分享數據產品執行情境的流程，並且只負責與不特定領域的橫切關注點，例如策略執行。除此之外，邊車程序還可以繼續擴展，以實作數據產品的其他標準化功能，例如發現數據。

邊車的實作在所有數據產品中都很常見。

圖 9-4 介紹數據產品邊車概念，跟它的數據產品分享一個計算容器（情境）。

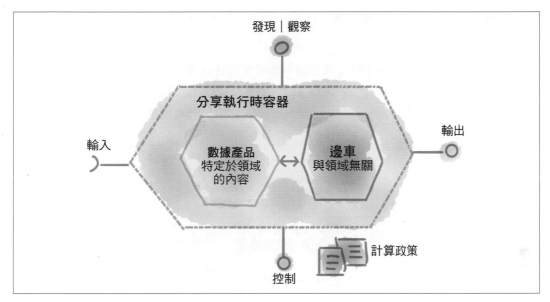

圖 9-4 使用邊車擴展數據產品來嵌入策略的配置和執行

在撰寫本書時,這些架構元件包含多個我與客戶共同工作的私有實作,情況各異。因此,目前還沒有公開的實際標準或參考實作,希望未來幾年這點會有所改變。

現在讓我們更仔細看看這些架構元件中的每個元件。

領域導向的分析數據分享介面

為了促進領域導向的數據所有權分解,我們需要建模出一個依照領域排列的分析數據[2]架構。在這個架構中,領域面對組織其他部分的介面,不僅包括營運能力,還能分享領域生成和擁有的分析數據。

舉例來說,**Podcast 領域**提供營運 API 以建立新的 Podcast 內容,但同時也提供分析數據介面,用於檢索所有 Podcast 內容數據以及其長期使用狀態。

每個領域都控制它的營運數據和分析數據。我的假設是領域已經具有營運介面,也就是應用程式 API。這不是數據網格導入的東西,而是整合自數據網格與營運 API。除了營運 API 之外,領域還控制並管理它們的分析數據分享 API。

2　第一章定義的分析數據和營運數據。

為了擴展，架構必須支持領域團隊在發布和部署營運應用程式及分析數據產品方面的自主權。

圖 9-5 顯示我用來說明每個領域可以公開一個或多個營運及分析介面的圖形符號。

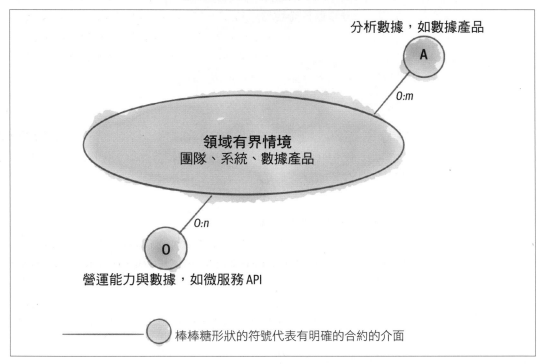

圖 9-5　符號：領域和它的分析及營運介面

讓我們進一步查看這些介面中的每個介面及其依賴關係。

營運介面設計

現今，領域藉由一系列解決方案實作營運能力。舉例來說，一個領域可以擁有面向客戶的 GUI 應用程式、無頭應用程式、舊系統、SaaS 產品、微服務或事件驅動功能即服務。

無論解決方案類型如何，從邏輯上來說，每個領域都藉由一組介面為其使用者，不論組織內外部的系統或人員服務。

舉例來說，在微服務實作領域功能的情況下，領域介面包括微服務公開的 API：GraphQL、REST、gRPC 等。這些領域介面描繪如上圖中的 O 型棒棒糖。

營運介面在語義上實作一個功能，例如，付錢給音樂家或訂閱一個聽眾。從語法上來說，這些函數可以實作為對宣告性資源的操作，這些營運可以藉由 CRUD 操作，例如 HTTP POST/artist-payments 來修改。

營運介面通常是設計用來存取較小容量的數據，並且提供系統已知狀態的當下最即時快照。舉例來說，**聽眾訂閱**服務的營運 API 可以獲取訂閱的聽眾列表，以分頁方式，局限於在北美的聽眾，例如 HTTP GET/listeners-subscriptions?region=NA。

數據網格不會改變企業架構這個預先存在的面向；它只是意識到它的存在。在某些情況下，數據網格使用營運介面來建立數據產品。

分析數據介面設計

導入一組新的介面，擴展領域在分享分析數據的責任，這些介面就是圖 9-5 中的「A」。

分析介面是數據產品為了**發現、理解、觀察和分享**數據而公開的 API。在撰寫本文時，關於封裝所有這些功能的高級 API，還沒有得到廣泛接受的約定。

對於分析數據分享，一旦執行存取策略，API 可以選擇將客戶端重新導向到數據的底層儲存。根據數據產品的實作，數據分享介面可以重新導向到物件（blob）儲存，例如來自 AWS S3 的 Parquet 檔案；或是事件串流，例如 Kafka Topic；或是資料表，例如 BigQuery Table；或其他完全不同的東西。

領域間分析數據依賴關係

當然，每個領域都可以依賴於其他領域的營運和分析數據介面。

在圖 9-6 的範例中，每個領域都提供一些營運和分析介面。舉例來說，**Podcast** 領域提供一些營運 API 來建立或發布 Podcast 內容；它還提供分析數據，例如**獲取 Podcast（聽眾）的人口統計數據和獲取每日熱門 Podcast**。

每個領域之間存在依賴關係。舉例來說，**Podcast** 領域使用來自**聽眾**領域中關於**聽眾人口統計**的資訊，以提供 Podcast 聽眾人口統計的全貌。

建立非同步使用事件或是同步拉取的依賴關係機制，是實作問題；但重點是，數據產品明確定義對來源的依賴關係。

在數據網格架構中，數據依賴關係由數據產品定義和控制上游來源；數據產品完全控制它的源頭，以及消費數據的來源和方法。

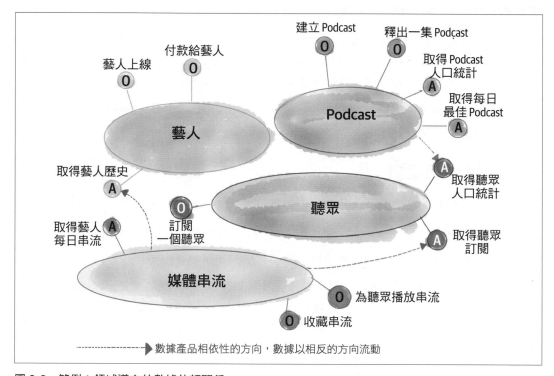

圖 9-6　範例：領域導向的數據依賴關係

 在這個例子中，我用介面標籤而非語法，定義介面語義。舉例來說，在語法上，**支付音樂家**的語義可以實作為宣告性資源（RESTful 資源或 GraphQL 查詢），如 **artist-payments**。

數據產品即架構量子

根據 *Building Evolutionary Architectures*（O'Reilly）的定義，架構量子[3]可以獨立為部署後的最小架構單元，具有高度功能凝聚力，並且包含所有「功能所需的結構元素」。

在數據網格的狀況下，數據產品就是一個架構量子，是可部署和管理的最小獨立架構單元，具有很高的功能凝聚力，如執行特定的分析轉換並且將結果安全地分享為領域導向的分析數據。它具有執行其功能所需的所有結構元件，包括轉換程式、數據、元數據、管理數據的策略，以及它對基礎架構的依賴關係。

 在本章這樣嚴格架構討論中，我可能會縮寫數據產品（即架構量子）並且使用數據產品量子，或更簡單的數據量子，這些名詞都可以互通。

數據量子是數據網格設計數據產品架構的最直接方式。

你可能也會想知道，我為何選擇看似廣義但對許多人來說不甚熟悉的數據量子詞彙。為什麼不是數據服務、數據行動者、數據代理人、數據操作者、數據轉換器等？這些字似乎也都是不錯的選擇。這是因為大多數名稱，如運算子、轉換器等，都非常強調數據量子、其任務和轉換執行的單一面向；同樣的，數據服務則強調另一個面向，即服務中的數據。而量子一詞首先由 *Building Evolutionary Architectures* 提出，後來在 *Software Architecture: The Hard Parts*（O'Reilly）一書中延伸，完美體現數據量子的企圖：自主完成其工作所需的一切，無論工作內容為何。希望以上解釋，能讓你接受我對為數眾多的科技新詞彙使用理由。

架構量子是系統可以水平擴展的軸線。數據網格藉由增加和連接更多數據產品以擴展。架構量子透過靜態耦合，如建構時的函示庫；或動態耦合，如非同步執行時的 API，來跟其他元件整合。數據產品藉由數據分享介面的動態耦合，來跟其他數據產品整合。

第四部分將深入探討數據產品即架構量子的不同面向。

3　*https://oreil.ly/Lrd6t*

數據產品的結構元件

數據產品不僅封裝數據,它需要包含以自主方式展示基礎可用性特徵,如可發現、可理解、可尋址等所需的所有結構元件,同時繼續以合規和安全的方式分享數據。

以較高階層來看,數據產品具有三種類型的結構元件:程式、數據(以及元數據和配置),以及基礎設施依賴關係的規格(圖9-7)。

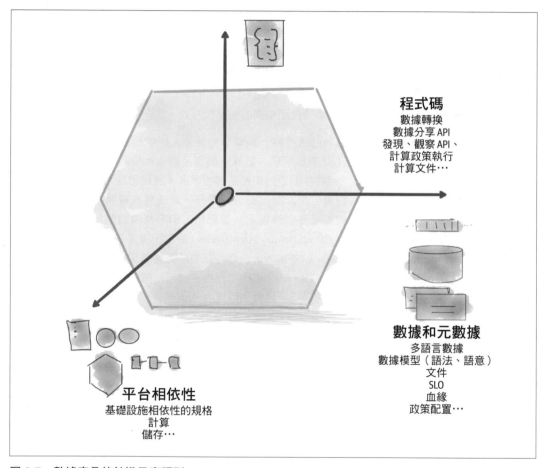

圖 9-7 數據產品的結構元素類型

程式碼

對於獨立控制分析數據生命週期的數據產品：維護產生數據的業務邏輯、控制修訂版本、管理存取以及分享內容，它必須包含程式碼，並且在其計算情境中執行；這是數據網格所稱的數據產品，與其他形式的數據成品之間的最大不同。數據產品是主動的，而檔案或資料表等其他數據成品是被動的。

讓我們看一下數據產品控制程式碼的幾種不同類型。

數據轉換即程式。數據產品不是轉換從上游來源接收到的數據，例如來自與其相鄰營運系統的數據，就是產生數據本身。無論哪種方式，都需要分析計算以產生和分享數據。

舉例來說，**Podcast 人口統計數據**會消費聽眾人口統計數據，以及聽眾**播放的 Podcast**。它的分析轉換程式會聚合這兩者，根據聽眾的 Podcast 收聽行為，例如收聽類別推導和增加有關聽眾人口統計的其他資訊，然後將結果以 **Podcast 人口統計數據**的方式分享。在播放新 Podcast 時持續運行此程式。

在傳統架構中，這些程式會以**數據管道**的形式存在於數據產品之外。管道會以獨立製品方式作為管理，也許會是 DAG 配置。它的輸出數據是獨立管理的，可能是數據倉庫中的一個資料表。

數據網格移除外部管道概念，導入**內部轉換程式**。程式可以實作為管道，也可以選擇不實作，之中的重點差異在於，程式封裝為數據產品的內部實現，它的生命週期受數據產品控制，並且分配給數據產品的執行情境中執行。

轉換程式限定於領域，並且封裝了像是領域的業務邏輯，以及聚合和建模數據之類的任務，這是數據產品開發人員花費大部分時間和精力的程式。圖 9-8 使用的就是我在本書中用來表示數據產品轉換程式的符號。

程式包括實作和驗證它的自動化測試。

注意，我已經從轉換程式中省略傳統的數據管道步驟，例如數據吸取或數據清理。這是為了進一步說明數據網格和傳統管道的區別。

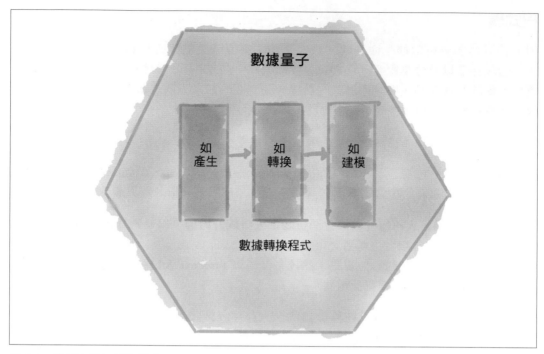

圖 9-8 數據產品的轉換程式

數據清理幾乎一直都是上游來源，如數據產品的責任。它提供完整數據，因此，數據產品程式中不太需要傳統的清理活動；也就是傳統管道的數據清理活動，包括處理不完整、不正確、不準確或是不相關的數據。期望數據有髒污是一種常態，但在數據網格的情況下，上游數據產品根據它們的保證，提供清理過的數據。舉例來說，在**聽眾人口統計**的狀況下，數據產品能保證數據完整性、數據健全性和數據及時性等方面的品質層級。數據分享介面會指定這些保證並且以此溝通。意外收到不乾淨的數據會產生錯誤、例外，並且不是常態。這些保證對於 **Podcast 人口統計數據**來說可能已經足夠了，它會消費這些數據以進一步聚合，因此不需要進一步清理。

在某些情況下，保證層級會無法滿足下游數據產品的需求，在這種情況下，它們的轉換程式可以包括清理。舉例來說，**聽眾訂閱**數據產品在沒有支付資訊的情況下，產生最即時訂閱事件，因為 Daff 從實際支付中非同步的處理訂閱。在這種情況下，你可以想像一個下游**訂閱支付**數據產品，需要將事件與支付資訊合併，以建立訂閱的完整情境。即使在這種情況下，我也不會將**聽眾訂閱**稱為髒的數據，它是一個完全合理的數據產品，即使對於許多其他使用案例來說，它缺少一些資訊。缺少的付款資訊是合約的一部分，如果你發現自己正在建立一個清理任務，我建議你，這代表上游有些東西需要修復。

關於吸取，我考量的是數據產品的輸入函數，而不是它的轉換程式。我將在本章後面進一步討論。

介面即程式。數據產品藉由介面（API）提供對數據、可發現性資訊、可用性文件、可觀察性指標、SLO 等的存取。這些 API 遵循已定義合約：關於數據產品傳達的資訊內容，以及傳達方式的協議。

為了實作這樣的介面，需要提供必要資訊並且為其提供服務的程式。棒棒糖符號封裝了介面及支持的程式，圖 9-9 顯示這些介面的列表：

輸出數據 *API*

有一組協作 API，以得到理解且信任的方式，分享數據產品的輸出數據。

輸出數據 API 可以接收和執行對數據的遠端查詢，例如在保存數據的基礎資料表上執行 SQL 查詢的介面。輸出 API 以多種格式分享數據，舉例來說，API 從 Blob 儲存讀取半結構化檔案或訂閱事件串流。

輸入數據 *API*

數據產品內部使用這些 API 來配置和讀取來自上游來源的數據。它們可以作為對上游輸出數據 API 的訂閱來實作，並且在數據可用時非同步的接收數據；它們可以實作為在上游來源上執行的查詢，並以數據框的方式讀取。輸入數據的抵達可以觸發轉換程式。

發現和可觀察性 *API*

這些 API 提供有關數據產品的附加資訊，來幫助它的發現性和除錯。舉例來說，發現 API 可以提供有關維護數據產品的團隊資訊、幫助搜尋它的標籤、它的語義描述等。

治理標準化所有數據產品中這些介面的定義，平台提供實作它們的機制。

數據網格使用埠（*port*）這個詞作為介面 API 可互換的詞語。這些 API 的實作可以是同步的，例如 REST；在理想狀況下也可以是非同步的，例如使用發布 / 訂閱訊息。

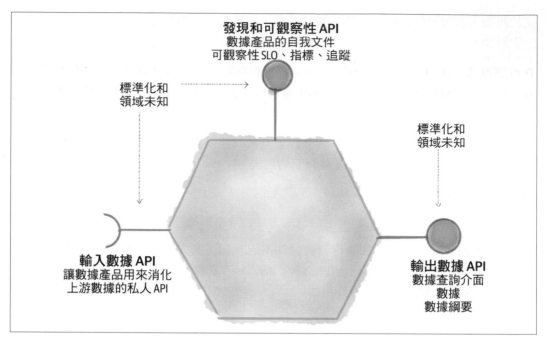

圖 9-9　數據產品 API 即程式

傳統上，中心化和分享的服務實作了這些介面。API 生命週期獨立於領域的數據或管道，舉例來說，為了要存取數據，數據消費者前往中央目錄尋找數據集合，然後直接從中央目錄進入平台儲存系統的內部；相比之下，數據網格有意圖的導入設計介面，讓每個數據產品以程式狀態，來發現和存取數據。這些介面最終可能會直接存取底層儲存，但數據產品可以在執行時控制位置以及方式。介面保持版本控制，並且跟其他數據產品程式以及它們的數據保持同步。

政策即程式。 數據產品實作封裝的最後一類程式，是負責配置和執行各種行為和結構策略的程式，例如加密、存取控制、品質和合規性。

舉例來說，如果數據產品設定隱私分類，受到保護，則數據在寫入時會加密，只有驗證為具有必要權限的讀取器，才可以在讀取時解密數據。涉及解讀和驗證隱私等級、驗證讀取器權限、加密和解密數據等程式，在數據流和數據產品的計算情境中執行。

這個程式由平台提供，但是在數據產品讀取和寫入函數的流程中呼叫及使用。

我會在第 156 頁「嵌入式計算策略」一節中進一步解釋這點。

數據和元數據

存取分析數據是數據產品存在的原因。數據產品管理它的領域數據生命週期。根據數據的性質和數據使用者的需求，以多種模式，包括檔案、表格、欄位式等提供對數據的存取。數據產品的轉換程式使得數據保持新鮮。數據分享 API 分享這些數據。

分析數據反映出已發生的業務事實、觀察到的趨勢，或對未來的預測和推薦。

為了讓數據可用，數據產品維護並且提供一組與數據相關的資訊：通常稱為元數據，舉例來說，這包括數據的文件、語義和語法宣告以及 SLO。元數據的生命週期以及修改頻率取決於它的類型，舉例來說，數據模型（語義或語法）修改較少，並且會在建構時修改；然而，大多數的元數據會隨著數據產品生成新數據而發生變化，包括數據的統計性質以及當下的 SLO 指標值。

我很少在數據網格中使用元數據這個術語，因為我常常發現這個眾人普遍使用且包羅萬象的術語，不但令人困惑，甚至會讓人誤導。它將許多語義上的不同概念混為一談，這些概念值得到各種別有意圖的設計和系統支持，形成一個稱為元數據的集合體桶子；這樣的混合方式會讓架構脆弱且中心化，隨著時間過去而變得複雜。數據網格架構期望元數據和它類別和類型，能成為數據產品介面合約的一部分。

跟傳統數據架構的最大不同之處在於，數據產品本身負責生成元數據，而不是像傳統系統是由外部系統抓取、推斷和預測元數據（這些通常是在產生數據之後）。在傳統世界中，像是中央數據目錄之類的外部系統會嘗試從所有數據集合中抓取、蒐集和提供元數據。

平台依賴

該平台支持建立、部署和執行數據產品。雖然平台集中管理基礎設施資源，但它為每個數據產品提供和分配資源，來支持它自主營運。重要的是，一個數據產品的部署或更新不會影響其他數據產品。舉例來說，將一個數據產品部署到託管基礎設施，不應該破壞共享基礎設施上其他數據產品的營運。

數據產品定義和控制它的預期目標狀態以及對平台的依賴關係。舉例來說，關於數據預期保留多久時間，或是對輸出數據的存取模式類型，可以表示為平台依賴性，並且用於配置和管理正確類型的儲存。

數據產品數據分享互動

大多數的數據產品互動都是出於分享數據,如服務和消費。圖 9-10 放大我在上一節中介紹的領域和分析介面,說明數據產品如何與協作的來源營運系統或是其他數據產品整合。

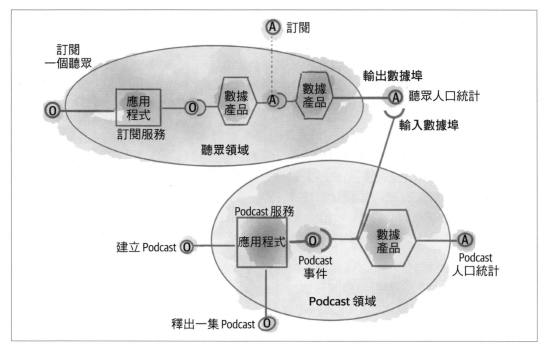

圖 9-10　數據分享互動範例

每個領域都可以有多個數據產品。在此範例中,**聽眾**領域有兩個數據產品:**訂閱和聽眾人口統計數據**。這些數據產品及數據分享介面(也稱**輸出數據埠**)成為領域公開的分析介面。

數據產品可以使用來自協作營運系統或是上游數據產品的數據。在此範例中,**Podcast**使用的**人口統計**數據產品,來自協作營運應用程式 **Podcast 服務**,和上游數據產品**聽眾人口統計數據**的 **Podcast 事件**。它的輸入介面(也稱**輸入數據埠**)實作與來源,和從來源接收數據的整合。

實作數據產品的輸入數據埠和輸出數據埠的底層技術,在不同數據網格實作中可能會有所不同,但皆具有以下共通的性質。

輸入數據埠

這些是數據產品實作以消費來自一個或多個來源的數據內部整合機制。舉例來說，數據產品可能會消費來自協作微服務的最即時領域事件，然後將它們轉換為長期保留的歷史分析數據。

或者，輸入數據埠可以由數據產品在上游數據產品上呼叫，以接收查詢結果，並且將其轉換為聚合數據的時間觸發查詢。

圖 9-10 可見，**Podcast 人口統計**數據是一種聚集數據產品，提供聽眾人口特徵的統計摘要。它使用分類機器學習模型，基於聽眾的人口統計特徵來識別 Podcast 群組，這對於 Podcast 製作者和 Daff 來說都是有用的分析資訊，能更理想地匹配 Podcast 與聽眾。

Podcast 人口統計數據產品使用它的輸入數據埠，不斷從協作的微服務 **Podcast 服務**及**聽眾**領域的數據產品**聽眾人口統計**數據中接收數據。

輸出數據埠

這些是分享數據產品底層數據的外部可尋址 API。每個數據產品可能有一個或多個輸出數據埠，數據網格建議為所有消費者在存取數據之前呼叫的輸出數據埠，提供標準化的 API。這些 API 能在將消費者重新導向至底層數據之前，強制執行如存取控制等的策略。

如圖 9-10 所示，**Podcast 人口統計**數據根據聽眾而對 Podcast 分類和擴充。它藉由輸出數據埠，持續為新分類的 Podcast 人口統計數據提供服務。

數據發現和可觀察性 API

數據產品藉由一組介面，不論是否同步，提供發現、理解、除錯和審查時所需的資訊。舉例來說，發現 API 分享數據產品的辨識子、擁有它的團隊、數據語義、文件、幫助搜尋的標籤等。可觀察性 API 提供存取日誌紀錄、血緣和圍繞數據分享的指標。

第四部分擴展了這些 API 的內容和功能。

多階段數據平台

可以想像，數據平台必須提供一連串的功能和服務，以兌現第四章中討論的數據網格承諾：簡而言之，授權跨職能領域團隊自主管理數據產品，並且讓數據使用者可以發現、學習和使用網格數據產品，這些都應該在安全的情況下完成，並且符合網格策略。

設計此類平台有兩種通用方法：採用單一且緊密整合的平台，通常跟主要供應商購買；或使用一組鬆散整合的服務，這些服務會公開標準和開放介面，通常實作為組建（build）的組合，並且來自不同供應商。

數據網格平台設計屬於後者，它偏好將複雜的平台分解為功能，藉由 API 提供服務，並且具有開放介面，且跟其他協作功能整合。

雖然單一平台的想法很有吸引力，因為跟單一供應商打交道一定比較簡單；但它在擴展方面存在卻有其局限性。舉例來說，單一平台限制服務和數據的託管位置，並且被供應商套牢。儘管如此，隨著時間過去，組織複雜性會導致採用多個平台；但是這些平台沒辦法互相配合得很好，因為每個平台都認為自己是數據或應用程式的唯一控制者，這導致臨時和昂貴的整合，以及昂貴的跨平台數據複製。

一般默認數據網格能面對組織複雜性而導致的多平台、多主機環境事實。為了支持這個模型，數據網格提供一種平台架構方法，使用標準介面組合服務。因此，數據可以分享於不同的服務和託管環境之間。

舉例來說，管理一個數據產品的生命週期，需要像是數據產品的*初始化*、*建立*、*測試*、*部署*及*監控*等能力的集合；數據網格平台強調設計抽象化這些功能的（開放）介面。API 驅動的方法，可以靈活地應付日益增加的複雜性，它讓隨時間過去而增加的新功能，可以擴展數據產品管理的體驗，或是將數據產品管理移動到不同的基礎設施，而不會中斷網格使用者。

我刻意不使用階層（layer）這個術語來表示平台階段（plane）。講到階層，通常會讓人想到嚴格的分層存取，資訊流和控制從這一層移動到下一層。舉例來說，階層應用程式架構的概念，要求存取於最低層隱藏資料庫，並且只允許藉由更高層的映射物件存取數據。

在平台階段的情況下，網格使用者可以根據需要，選擇使用較高或較低抽象階段服務。

平台階段

在數據網格平台功能的邏輯設計中，我使用階段（*plane*）概念。階段是具有互補目標和滿足點到點結果的高功能凝聚力的邏輯能力集合。

每個階段就像一個**表面**，抽象化基礎設施的複雜性，並且為其實作功能提供一組介面（API）。階段的功能是藉由它的介面而存取。

終端使用者，例如數據產品開發人員，可以直接與平台的多個階段互動。雖然階段之間存在鬆散的依賴關係，但沒有強烈的階層概念或階層存取模型。這些階段包含**關注點的分離**，沒有強烈的階層約束。

數據網格平台的邏輯架構只關注階段的介面，可以藉由程式或手動存取。它專注於協定的設計以存取平台功能，進而在網格上開發、部署、管理或使用數據產品時達成特定結果。

在架建構模中，我只呼叫邏輯介面。介面的物理實作，無論是藉由命令列介面（CLI）、API 還是 GUI，以及每個邏輯介面的實際物理呼叫數量，都超出架構設計的範圍。

從圖 9-11 可看出我將用來描述基礎設施平台的特定階段符號，可將重點放在一個階段提供的邏輯介面。一個階段的使用者，如系統或人、數據產品、其他階段或使用者，應該能夠以自我服務方式使用介面，並且發現、理解、存取和呼叫介面。

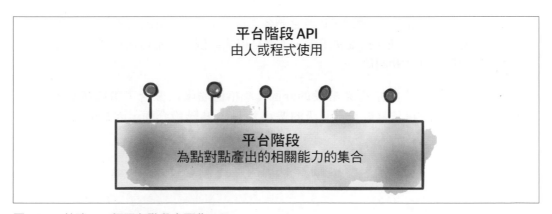

圖 9-11　符號：一個平台階段表面化 API

鑑於數據網格平台的複雜性和廣泛的能力，它的邏輯架構由多個階段組成。到目前為止，我已經為數據網格基礎設施確立三個不同的階段。

數據基礎設施（工具）階段

這個階段負責管理底層基礎設施資源以建立和執行網格，例如儲存、計算、身分系統等。它與建立和執行營運系統的數位應用基礎設施整合和重疊，舉例來說，數據基礎設施可以為數據產品共享相同的 CI/CD 引擎，讓領域團隊的其他成員用於開發應用程式；另一個例子是通用儲存類型的管理，例如分析系統和營運系統的物件儲存。

數據產品體驗階段

這是使用基礎架構階段來建立、維護和使用數據產品的更高層級抽象化。它的介面直接與數據產品一起運作，舉例來說，它支持數據產品開發人員管理數據產品的生命週期，諸如建立或部署數據產品等。它還支持數據產品消費者使用數據產品，例如訂閱數據產品輸出和讀取數據。

網格體驗階段

這個階段抽象化了在多個數據產品上運行的網格層級功能。舉例來說，它支持在網格上搜尋數據產品，或在網格上的多個數據產品之間走訪血緣關係，如輸入和輸出數據產品之間的連接等操作。

範例

圖 9-12 呈現的是平台階段鳥瞰圖，以及它們各自可以提供的邏輯介面範例。雖然階段沒有嚴格的分層，這代表任何授權使用者，不論是程式或個人，都可以存取任何階段的介面，但階段之間存在依賴關係。

網格體驗階段依賴於數據產品階段的介面（網格體驗階段聚合了數據產品階段），而數據產品體驗階段依賴於較低層級的基礎設施工具階段介面，因為前者讓後者抽象化。

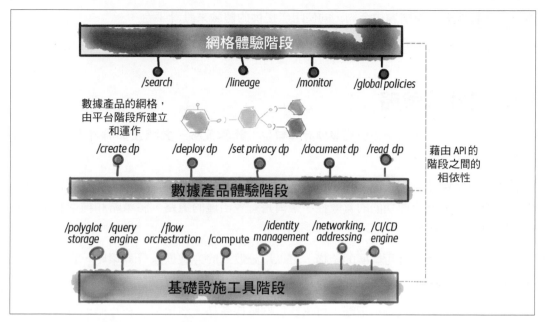

圖 9-12　自我服務數據平台的多個階段

 圖 9-12 中提到的介面只是範例，並不詳盡。為了清楚起見，我使用一種
命令式語言，實際上它們可能會會使用宣告性的資源導向設計。舉例來說，
為了要清楚介面的意圖，我使用 *deploy* dp 來表示「將數據產品部署為
一個單元」的能力，而實際上可以設計一個宣告性 API，例如 `HTTP POST/`
`data-product-deployments`。

在現有平台，例如服務網格中，兩個獨立的協作階段，即**控制階段**和**數據階段**的概
念，由網路路由借用而來。雖然這種關注點分離也可以套用於數據網格平台，可以想像
數據產品構成數據階段及平台構成控制階段，但我刻意遠離這種設計。

我使用體驗的概念，來關注平台在不同層級、單一數據產品層級，以及作為網格的集合
層級提供的**可供性**和體驗。舉例來說，平台提供**服務發現和可尋址**體驗：其他數據產
品能夠以程式方法按名稱查詢其他數據產品，並且尋址以使用它們的數據。這當然可以
想像為實作動態註冊、尋址、路由……等類控制階段實作。我將這些視為遵循經驗的實
作細節。

本質上，數據網格架構藉由合約，向使用者提供的體驗來設計平台。

第十章會深入探討平台功能。

嵌入式計算策略

第五章介紹支持數據網格治理的幾種計算類型：計算策略、數據產品標準化協定以及自動化測試和自動化監控。

我們如何對架構建模，以配置和執行策略、實施標準以及保持數據產品符合品質預期，這些都會直接影響治理功能的有效性。架構是有效治理的道路，將策略和標準套用於網格上的每個數據產品。

數據量子是一種強大且可擴展的結構，可以用分散式的方式嵌入計算策略，它可以定義和執行策略即程式。

在網格中統一的以程式表示策略，可用於每個數據產品，然後可以在正確的時間評估和套用它們。

數據網格架構導入更多邏輯元件，來管理策略作為程式的數據產品：

數據產品邊車

> 邊車是一個實作策略執行和需要跨網格標準化的數據產品其他面向過程，它由平台提供，以一個數據產品為一個單元部署和執行。

數據產品計算容器

> 平台將執行策略封裝為具有數據產品的可部署單元的一種方式。為簡潔起見，我有時稱它為數據容器。

控制埠

> 控制埠提供一組標準介面，來管理和控制數據產品的策略。

圖 9-13 呈現的是這些邏輯元件。理想情況下，平台提供並且標準化與不特定領域的元件，例如邊車、控制埠實作以及輸入和輸出埠。

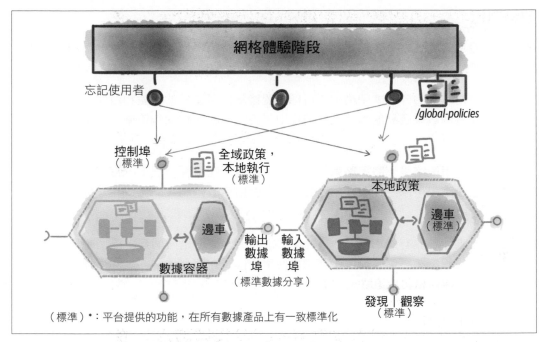

圖 9-13 　嵌入式計算策略的邏輯架構元件

注意，這些邏輯元件中的每一個元件都可以實作為一個或多個物理元件。舉例來說，邊車是不同類型的策略執行代理的可擴展和邏輯元件。

數據產品邊車

邊車是一個邏輯元件，它修飾每個數據產品執行時的情境，並且執行預計將在整個網格中標準化的橫切關注點。

邊車通常實作為一個單獨的程序，來建立跟數據產品的動態鬆散耦合。它通常在部署時注入到數據產品容器中。隨著時間過去，我們可能擁有一個以上的邊車，或者藉由額外的跨職能功能擴展邊車；無論如何，它的設計必須具擴展性，以便隨著時間改變而包含更多策略。

讓我們看一下可以擴展邊車以支持跨數據產品一致性的幾種方法。

政策執行

數據產品邊車的職責之一是執行策略。雖然數據網格治理包含跨多個維度，例如數據建模的數據產品多樣性，但它確實需要將某些策略一致地套用在所有數據產品上。

在像數據網格這樣的分散式架構中，目標是要移除任何意外的爭論和瓶頸。出於這個原因，最好在每個數據產品的本地執行情境中，獨立的配置和執行策略，而不是中心化的通道。

達成這點的常用策略是，將策略執行注入本地環境。在這種情況下，每個數據產品附帶的數據產品邊車，可以在存取輸出埠時評估和套用存取控制策略，或者在數據產品寫入新數據時套用加密。

這種策略已實作在具有邊車模式[4]的營運系統架構。邊車是一個藉由橫切關注點增強應用程式行為的程序，舉例來說，服務網格使用此模式在服務的向內、向外呼叫上實作路由、安全性、彈性和其他策略。

標準化協定和介面

治理的一個重要目標，是建立一個可互動的數據產品生態系統。顯示數據和行為的數據產品介面，如輸入數據埠、發現埠、輸出數據埠和控制埠等，這是跨數據產品互動性的基礎。

邊車放置在數據產品的所有向內、向外通訊流中，可以提供標準化的 API。舉例來說，邊車可以提供標準化的 API，用於公開每個數據產品的 SLO 指標；數據產品的實作使用這些 API 的標準實作，來公開其獨特內容。

數據產品計算容器

如圖 9-13 所示，很多結構元件捆綁在一起，以建立一個可自主使用的數據產品：邊車、策略配置、數據產品轉換程式、數據產品數據、其數據分享介面等。

使聯合治理有效的另一個元素，是將數據產品的所有結構元素包裝為架構量子的容器。

數據產品體驗階段持續的為所有數據產品提供容器實作。

---

4   *https://oreil.ly/IILMb*

控制埠

計算治理在所有數據產品上導入一個新介面：控制埠。控制埠公開一組 API，來 (1) 為每個數據產品配置策略，以及 (2) 執行一小組高特權操作，以滿足治理要求。

配置策略

控制埠是配置必須在數據產品情境中執行策略的介面。這些策略可以由數據產品本身在本地編寫和控制，也可以由網格體驗階段集中編寫和控制。

舉例來說，藉由宣告數據產品的 PII 屬性，最好在**本地編寫**有關數據匿名化的策略。如果數據產品具有 PII，則領域數據產品擁有者會擁有最相關的資訊來了解和配置。相比之下，角色的定義以及角色的存取控制通常集中編寫，並且在每個數據產品本地上強制執行。

本地配置或集中配置這兩種形式的策略創作，可以共存於單一數據產品中。

控制埠的設計必須是可擴展的，因為要能夠支持導入至網格中的新型態策略。

特權操作

治理功能需要一種方法，來對所有數據產品執行一小組高特權操作，舉例來說，執行 GDPR 的遺忘權利操作，即為個人刪除組織蒐集的所有數據的權利。

以 Daff 範例想像，一個聽眾決定刪除 Daff 保存的所有資訊；全域治理功能需要有一種方法，將其標記到網格上的所有數據產品。**控制埠**可以公開一個特定的高特權介面，實作個人的**遺忘權利**。

平台標準化所有數據產品的控制埠。

回顧

本章提供一種邏輯架構，使數據網格原則更加具體且更接近實作。

在撰寫本文時，邏輯架構的各個面向都處於不同的成熟階段：有些已經實作且開始測試，有些則仍具實驗性。表 9-1 介紹它們的成熟度狀態。

這些元件公認合乎邏輯，而它們的物理實作可能採用不同形式。舉例來說，藉由邊車執行策略的想法，可能呈現為物理上以動態耦合數據量子的服務伴隨程序，或者以靜態耦合的共享函式庫方法呈現。我希望這項技術能夠發展到讓邏輯架構及其物理實作盡可能接近的程度。

表 9-1 總結我在本章介紹的邏輯架構元件。

表 9-1　數據網格邏輯架構元件及其成熟度

架構元件	敘述
領域	系統、數據產品和跨職能團隊為業務領域功能和成果提供服務，並且與更廣泛的業務和客戶，分享分析和營運能力。 這是相對成熟的概念。
領域分析數據介面（見第 141 頁「分析數據介面設計」）	標準化發現、存取和分享領域導向的數據產品介面。 本文撰寫時，這些 API 以客製或專屬於特定平台方式實現。 專屬平台需要提供開放介面，讓數據分享更加方便，並能跟其他託管平台互動。
領域營運介面（見第 140 頁「營運介面設計」）	業務領域藉由 API 和應用程式，跟更廣泛的組織分享交易能力和狀態。 此概念已能成熟實作。 它貨真價實地受到如 REST、GraphQL、gRPC 等支持。
數據（產品）量子（見第 143 頁「數據產品即架構量子」）	作為架構量子實作的數據產品，它封裝完成其工作所需的所有結構元件：程式、數據、基礎設施規範和策略。 在架構討論中提及，可以與數據產品互換使用。 本文撰寫時，這仍是一個帶有客製實作的實驗性概念。
數據（產品）容器（見第 158 頁「數據產品計算容器」）	一種將數據產品所有結構元件捆綁在一起的機制，以一個單元與邊車共同部署和運行。 本文撰寫時，這仍是一個帶有客製實作的實驗性概念。
數據產品邊車（見第 157 頁「數據產品邊車」）	數據產品的伴隨程序，執行於數據產品容器的情境，並且實作跨功能和標準化行為，例如全域策略執行。 本文撰寫時，這仍是一個帶有客製實作的實驗性概念。
輸入數據埠（見第 151 頁「輸入數據埠」）	一種數據產品從一個或多個上游來源連續接收數據的機制。 本文撰寫時，它已經有現成事件串流和管道管理技術的客製實作。

架構元件	敘述
輸出數據埠（見第 151 頁「輸出數據埠」）	數據產品的標準化 API 用於持續分享數據。 本文撰寫時，有特定供應商的客製實作。 這個概念的成熟實作需要開放數據分享標準，並且支持多種存取時間數據的模式。
發現和可觀察性 API（見第 151 頁「數據發現和可觀察性 API」）	數據產品的標準 API，用於提供可發現性資訊，以尋找、尋址、學習和探索數據產品；以及可觀察性資訊，例如血緣、指標、日誌紀錄等。 本文撰寫時，已建立起這些 API 的客製實作。 成熟的實作需要可發現性和可觀察性資訊建模和分享的開放標準，其中一些標準[5]正在制定中。
控制埠（見第 159 頁「控制埠」）	數據產品的標準 API，用於配置策略或執行高特權治理操作。 本文撰寫時，這個概念仍屬實驗性。
平台階段（見第 153 頁「平台階段」）	一組具有高功能凝聚力的自我服務平台能力，藉由 API 提供功能。 這是一個普遍性概念，並且已經廣為人知。
數據基礎設施工具階段（見第 154 頁「數據基礎設施（工具）階段」）	平台階段提供底層基礎設施資源管理：計算、儲存、身分辨識等。 本文撰寫時，構成基礎架構階段的服務已經成熟，由許多供應商提供，並且支持自動配置。
數據產品體驗階段（見第 154 頁「數據產品體驗階段」）	提供數據產品上操作的平台計畫。 本文撰寫時，已經實作構成數據產品體驗階段的客製服務，但沒有公開的參考實作。
網格體驗階段（見第 154 頁「網格體驗階段」）	平台階段提供連接數據產品網格的操作。 本文撰寫時，已經實作構成網格體驗階段的一些客製服務，例如發現和搜索服務。但沒有公開的參考實作。

---

5 OpenLineage（*https://oreil.ly/366Nj*）是數據產品可以採用的可觀察性開放標準的一個範例。

第十章

多階段數據平台架構

存在的真相已遭封印,直到經過許多曲折道路。

—Rumi

上一章介紹了多階段數據平台,它是數據網格架構的高層級元件。在這種高層級架構與實際實作之間的差距中,還有許多問題待解答,例如實際上要購買或建立哪些技術?如何評估這些技術?又要如何整合它們?

本章將引導你了解一個框架,在組織和可用技術堆疊的背景下,能套用此框架來回答這些問題。它提供了構成平台的範例,可幫助你啟動創意之旅,向你指出一條曲折的道路,以發現對組織來說再真實不過的事物。

到目前為止,你對數據網格平台的概念已經有一定了解,並且了解描述它的語言。

第四章介紹平台是:

> 一組可互動的不特定領域服務、工具和 *API*,使跨職能領域團隊能夠以較低的認知負荷和自主性,來生產和使用數據產品。

第九章提出多階段平台,以根據操作範圍區分不同類別的平台服務,而不施加嚴格的分層。

平台的三個階段包括:

數據基礎設施(工具)階段

提供和管理物理資源的原子服務 [1],例如儲存、管道編排、計算等。

---

1 譯者注:atomic service,指只做一件事情的最小單位服務。

數據產品體驗階段

更高層級的抽象化服務，直接與數據產品一起操作，使數據產品生產者和消費者能夠建立、存取和保護數據產品，以及在數據產品上執行的其他操作。

Mesh 體驗階段

在互相連接的數據產品網格上運行的服務，例如搜尋數據產品並且觀察它們之間的數據血緣。

所有這些階段平台的消費者，如數據產品開發者、消費者、所有者及治理功能等，都可以直接存取。

圖 10-1 說明平台階段及它們的使用者角色。

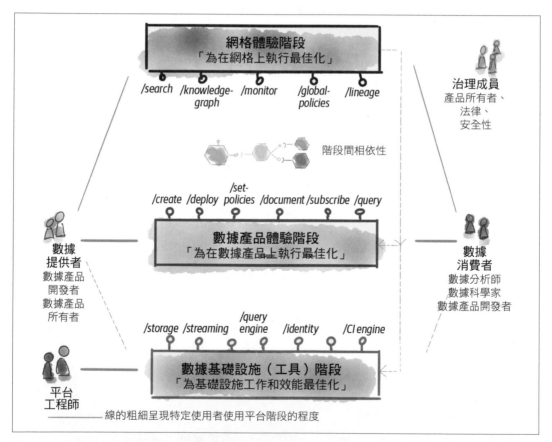

圖 10-1 多階段自我服務平台和平台使用者

網格體驗階段最佳化需要對網格操作、治理和查詢的人員整體體驗。舉例來說,治理團隊的成員和數據產品擁有者,會跟該階段中的服務互動,以評估目前的策略狀態,監控網格的總體執行狀況,並且搜尋現有的數據產品。數據產品消費者和提供者也可以在需要處理數據產品集合的場景中使用它,例如藉由血緣和日誌紀錄搜尋、瀏覽或除錯。

數據產品消費者和提供者,主要會跟數據產品體驗階段互動,以發現、學習、理解、消費、建立和維護數據產品。數據產品體驗階段針對數據產品的交付和消費最佳化,作為消費者和提供者之間交換的價值單位。其次,他們可能會在基礎設施階段使用服務,通常是在數據產品體驗階段尚未提供他們所需服務的情況下。舉例來說,特定的數據產品可能希望藉由圖形化查詢語言公開輸出埠,但數據產品體驗計畫尚不支持將其作為包裝好的輸出埠實作。在這種情況下,數據產品開發人員可以直接使用基礎設施服務來提供圖形化查詢引擎,然後將其連接到他們的輸出埠實作。更理想一點,他們的圖形化查詢輸出埠實作稍後會蒐集起來,並重新建立到平台支持的標準輸出埠中。

數據網格階段在存取服務時不會實施嚴格的分層。數據產品體驗階段在數據產品上提供一組操作,並且管理配置底層基礎設施的複雜性。但它並不會嚴格的阻止平台使用者存取基礎設施階段,它只會讓使用數據產品變得容易,讓領域團隊沒有任何動機直接使用基礎設施服務。

數據產品體驗階段最佳化使用者體驗,數據基礎設施工具階段確保資源的性能和利用率也得到最佳化。工具階段最佳化,以充分利用底層基礎設施提供商所提供的儲存、計算、編排等功能,它使數據產品體驗階段適應底層物理託管環境,圍繞底層資源及使用者組織,其中大多數是建構其他階段的平台工程師。許多數據基礎設施階段服務會跟營運系統共享。

在本章中,我將藉由以使用者體驗為中心的方法,進一步設計數據網格平台功能;我也會介紹數據產品開發人員和消費者的一些關鍵旅程,並且帶讀者發現平台公開哪些介面以簡化旅程。

設計由使用者旅程驅動的平台

平台的最終目的是為跨職能領域團隊提供服務,以便他們可以交付或使用數據產品。因此,開始平台設計的最佳方式是了解平台使用者的主要旅程,並且評估要如何讓他們輕鬆的使用平台成功走完這段路。

數據網格生態系統中有幾個主要的高層級角色:

數據產品開發人員

該人員涵蓋數據產品開發人員的角色,考慮到廣泛的技能組合:從具有一般程式技能的通才開發人員,到精通現有分析數據處理技術的專業數據工程師。

數據產品消費者

這號人物涵蓋多個角色,他們有一個共同點:需要存取和使用數據來完成工作,而這工作可能是:

- 以數據科學家身分,訓練或推論機器學習模型
- 以數據分析師身分,開發報告和儀表板
- 以數據產品開發人員身分,開發使用現有數據的新數據產品
- 以應用程式開發人員身分,在營運領域建立數據驅動的服務和應用程式

範圍相當廣泛,平台介面和服務可能會根據具體角色而有差異。

數據產品擁有者

負責為特定領域交付和傳播成功的數據產品。數據產品的成功取決於它們的採用和價值交付,以及是否符合更廣泛的網格策略,和與其他數據產品的互動性。它們使用平台來保持數據產品的生命。

數據治理成員

由於數據治理建立在聯合結構上,因此沒有特定的數據治理角色。儘管如此,治理團隊的成員有一組集體責任,以確保整個網格的最佳化和安全運行;治理小組中有各種角色,例如安全和法律問題的主題專家,以及具有特定責任的數據產品擁有者。平台促進了他們的集體旅程以及個別角色。

數據平台產品負責人

數據平台階段及服務是使用者扮演前面提到的所有其他角色的產品。數據平台產品擁有者負責將平台服務作為產品交付，並且提供最佳使用者體驗。基於對平台使用者需求和限制的了解，數據平台產品擁有者優先考慮平台提供的服務。

數據平台開發者

平台開發人員會建立和營運數據平台並使用。從事數據產品體驗階段服務的數據平台開發者，是工具階段服務的使用者；因此，他們的技能和旅程對於工具階段服務的設計相當重要。

本章將說明如何使用以下兩個範例角色：**數據產品開發人員**，以及作為**數據產品消費者**的數據科學家，來設計平台。

數據產品開發者之旅

數據產品開發人員的關鍵旅程之一是建立和操作數據產品。這是一項點到點的長期責任，包含「人人有責」的持續交付原則 [2]。建立和營運數據產品對他們來說責無旁貸。

圖 10-2 說明數據產品建立過程的高層級階段。這些階段是迭代的，具有連續的回饋循環；為簡單起見，我將旅程繪製為線性連續的階段。旅程從圍繞數據產品開始的活動開始，例如來源的構思和探索。它繼續進行數據產品的實際建立和交付，然後對它監控，不斷發展，並且可選擇性的棄用。

數據產品開發旅程與其他旅程互動。在使用來自營運系統的數據的來源對齊數據產品情況下，數據產品開發人員與來源應用程式開發人員密切合作，共同設計和實作應用程式分享營運數據作為數據產品輸入的方式。注意，這些人屬於同一個領域團隊，舉例來說，開發**播放事件**數據產品，就需要與生成原始數據的**播放器**應用程式密切合作。

---

2 *https://oreil.ly/Z5lq2)*

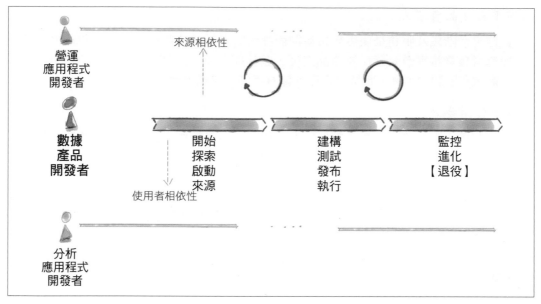

圖 10-2　數據產品開發之旅的高層級範例

同樣的，如果數據產品是由已知分析應用程式所建立的，則在消費者對齊的數據產品情況下，數據產品開發人員和分析應用程式開發人員之間在早期就會開始協作。數據產品開發人員需要了解分析應用程式的目標，以及它在數據欄位方面的需求，和數據產品必須支援的保證。舉 Daff 為例，一個基於 ML 的**播放清單推薦**應用程式，需要來自**音樂剖析檔案**數據產品的數據，這表示**音樂剖析檔案**數據產品的開發人員，需要跟**播放清單推薦**應用程式團隊密切合作，以調整剖析檔案本來的分類方式。

讓 我 們 看 看 數 據 產 品 開 發 的 高 層 級 階 段，以 及 平 台 介 面 如 何 設 計 以 支 持 它 們（圖 10-3）。

介面的符號和語句並不代表最終實作，選擇命令式語言是為了要專注於功能；實際上，API 的宣告性形式會更好，舉例來說，*/deploy* 介面很可能實作為 */deployments*，也就是已部署數據產品的宣告性資源。

這些介面只是範例，用來表示操作語義，而不是介面實際的語法或機制，例如 CMD、UI、API……等。

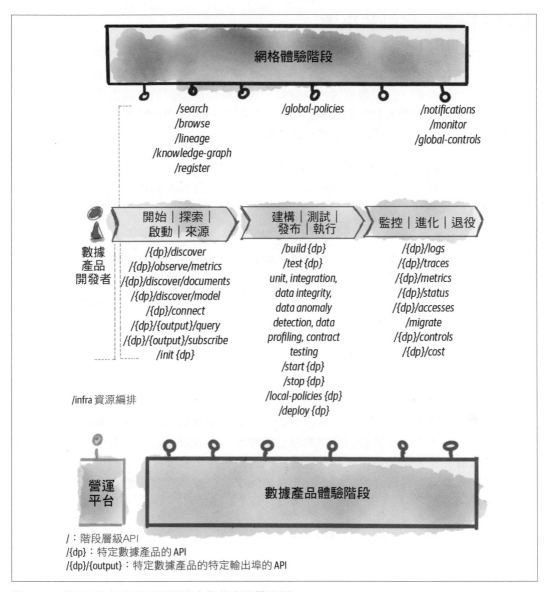

圖 10-3 使用平台的數據產品開發之旅的高層級範例

初始、探索、啟動和來源

數據產品的出現，通常是因為我們發現需要數據的一個或多個潛在分析使用案例。雖然數據產品，尤其是來源對齊的數據產品，有許多不同使用案例，有些超出我們現在的想像，但我們仍然需要一個以現實世界為背景，展示數據產品價值的真實使用案例，以創立或者創建它們。消費者對齊的數據產品，直接服務一個或多個特定的使用案例。消費者對齊的數據產品誕生，總是涉及與消費者的直接合作。

在數據產品的初始階段，開發人員處於*探索*階段，尋找數據產品的潛在來源，可能是上游數據產品、組織的對外系統，或組織內的營運系統。在探索過程中，開發者可以研究上游來源的*發現資訊*，以評估來源的適用性、數據保證、文件、數據剖析檔案、現有使用者等。

一旦確定了潛在來源，開發人員就可以快速*啟動*一個 *hello world* 數據產品。平台會提供必要的基礎設施，使數據產品開發人員能夠連接到來源並且使用數據，形式可能是**合成數據**、混淆數據或是實際數據。此時，開發人員擁有所有必要資源，可以開始實驗來源數據和數據產品的轉換邏輯。

這些步驟構成初始數據產品的探索性步驟。快速發現、存取來源輸出數據、快速建立數據產品以及提供基礎設施，都是初始和啟動階段的必要部分。

舉例來說，**播放清單**團隊預計為不同國家的假日產生新興播放清單。他們需要各地假期以及相關情緒的數據，以及將不同曲目與相關假期互相關聯的所標記音樂剖析檔案。首先，他們在網格上搜尋具有相似資訊的現有數據產品，找到一些音樂剖析檔案來源，連接到這些數據產品後開始使用數據來評估它們的完整性和相關性；他們快速建立起一個簡單的假期播放清單數據產品，以下就是從最簡單的音樂假期剖析檔案實作中，所產生的播放清單。

表 10-1 提供在此階段使用的平台 API 摘要。

表 10-1　平台階段提供的範例介面，來支持數據產品的創立

開發時期	平台階段	平台介面	平台介面描述
創立｜探索	網格體驗	/search	搜尋現有數據產品的網格，找到合適來源。 基於各種參數的搜尋，例如來源營運系統、領域和數據類型。
	網格體驗	/knowledge-graph	瀏覽相關數據產品語義模型的網格，走訪它們的語義關係，以識別所需的數據來源。 範例：播放清單團隊可以瀏覽他們找到的與假期相關的音樂剖析檔案之間的語義關係。
	網格體驗	/lineage	走訪網格上不同數據產品之間的輸入輸出數據血緣，以根據數據的來源和數據經歷的轉換來識別出所需的來源。 範例：播放清單團隊可以查看如何建立現有音樂假期剖析檔案，並且追溯來源與導致分類的轉換。這是為了評估現有假期音樂剖析檔案的適用性。
啟動｜來源	數據產品體驗	/{dp}/discover	一旦確定來源，就可以存取所有數據產品的可發現性資訊，例如文件、數據模型、可用的輸出埠等。
	數據產品體驗	/{dp}/observe	一旦確定來源，就可以即時存取數據產品的保證和指標，例如數據的發布頻率、最後發布日期、數據品質指標等。 範例：一旦播放清單團隊發現不錯的假期音樂剖析檔案，他們需要評估這個數據的更新頻率以及與平台上所有可用音樂相比的完整性。這種評估能讓他們更加信任數據。
	數據產品體驗	/init	為了開始對來源數據實驗，這個 API 會啟動一個準系統數據產品，具有足夠基礎設施連接來源、存取數據、對數據運行轉換，並且以單一存取模式提供輸出以驗證。 數據產品的框架配置了持續交付管道、早期環境、數據處理叢集的配置，以及執行和存取數據產品的基礎設施資源帳戶。代表數據產品生命週期的開始。
	網格體驗	/register	新數據產品的初始化過程，會自動註冊到網格中，賦予唯一的全域標示符號和地址，讓數據產品對網格和治理過程來説是可見的。
	數據產品體驗	/connect	一旦發現來源，數據產品就可以藉由連接到來源以存取它，這個步驟會驗證管理來源的存取控制策略。 這可能需要取得數據產品存取權限。

開發時期	平台階段	平台介面	平台介面描述
啟動｜來源（續）	數據產品體驗	/{dp}/{output}/query /{dp}/{output}/subscribe	從來源數據產品的特定輸出埠讀取數據，可能是在拉取模式的查詢模型中，或是訂閱修改的方式。

建立、測試、部署和執行

數據產品開發人員對建立、測試、部署和操作他們的數據產品，負有點到點的責任，我簡單的稱之為「建立、測試、部署和執行」階段，這是由數據產品開發人員所執行的一系列連續和迭代活動，以交付成功數據產品的所有必要元件。數據產品**可自主發現、可理解、可信賴、可尋址、可互動和可組合、安全、可本地存取且本身就有價值**（見第 33 頁「數據產品的基準可用性屬性」）。

表 10-2 列出交付數據產品的高層級介面。

表 10-2　平台階段提供的支持數據產品開發範例介面

開發時期	平台階段	平台介面	平台介面描述
建立	數據產品體驗	/build	編譯、驗證，並且將數據產品的所有元件組合成可用於在各種部署環境中執行數據產品的可部署工具。 有關此階段使用的數據基礎架構階段介面，請見表 10-3。
測試	數據產品體驗	/test	測試數據產品的各個面向。測試數據轉換的功能、輸出數據的完整性、預期的數據版本控制和升級程序、預期的數據剖析檔案（預期的統計特徵）、測試偏差等。 不同的部署環境中會提供測試功能。
部署	數據產品體驗	/deploy	將數據產品的建構版本部署到環境中，包括開發人員的本地機器、目標託管環境，例如特定的雲端提供商上的開發沙盒，以及預生產或生產環境。
執行	數據產品體驗	/start /stop	在特定環境中執行或停止執行數據產品實體。
建立／測試／部署／執行	數據產品體驗	/local-policies	數據產品的主要組成部分之一，是管理數據和功能的策略，包括加密、存取、保留、位置及隱私等。平台有助於在數據產品開發期間、測試期間的驗證以及數據存取期間的執行，在本地配置和創作這些策略。

開發時期	平台階段	平台介面	平台介面描述
建立／測試／部署／執行	網格體驗	/global-policies	在許多組織中，管理數據產品的策略是由全域（聯合）管理團隊所編寫的。
			因此，平台支持所有數據產品建立全域策略，並且應用這些策略。

讓我們更仔細的看看數據基礎設施階段所涉及的內容。

建立數據產品有很多個部分。數據產品開發人員必須為所有部分配置或撰寫程式，來實作出自主數據產品。平台是降低撰寫程式或配置每個元件所需的成本和工作量的關鍵推動力。

圖 10-4 將數據產品的不同元件的建立和執行，映射到較低層級的平台介面：基礎設施階段 API。在大多數情況下，數據產品開發人員只是跟數據產品體驗階段互動，如建立、部署和測試單一數據量子。數據產品體驗階段將數據產品元件的實作，委託給數據基礎設施階段。

基於數據基礎設施階段提供的技術，開發人員必須了解、撰寫程式和配置數據產品的不同面向和元件。舉例來說，選擇如何撰寫數據產品的轉換面向程式，取決於數據基礎設施階段支援的計算引擎。[3] 然而，數據產品開發人員專注於撰寫轉換程式，使用他們可用的技術，然後將其留給數據產品體驗階段，來管理轉換的建立、部署和執行以及所有其他元件。在這個過程中，數據產品體驗階段將轉換執行的細節，委託給數據基礎設施階段。

---

3 舉例來說，數據基礎架構階段可能會提供 Apache Spark 或 Apache Beam 任務，來搭配如 Prefect 或 Serverless 的功能。

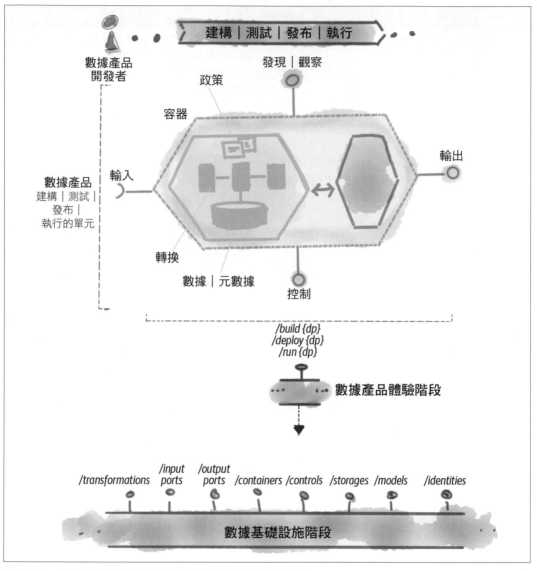

圖 10-4　支援數據產品交付的數據基礎設施階段介面範例

表 10-3 列出在數據產品開發過程中使用的一些數據基礎架構階段功能。

表 10-3 支援數據產品體驗階段 API 的數據基礎設施階段介面範例

平台介面	平台介面描述
/input-ports	根據數據產品的設計，提供不同數據消費機制，例如事件串流輸入、遠端資料庫查詢、檔案讀取等。它在數據可用時觸發執行轉換。 當新數據可用時，輸入埠機制會追蹤消費進度。
/output-ports	根據存取數據產品提供的模式，例如串流、檔案、資料表等，提供不同數據服務機制。
/transformations	提供不同的執行機制，來執行轉換數據所需的所有計算。
/containers	以一個自治單元，管理數據產品的生命週期及其所有需要的基礎設施資源。
/controls	提供廣泛的技術，來支持配置和執行各種不斷發展的策略即程式，例如存取控制、加密、隱私、保留及本地性等。
/storage	輸入埠、輸出埠和轉換都需要存取數據及元數據（SLO、綱要等）的永久和暫時儲存。平台必須提供對不同類型儲存，如 blob、關係、圖形、時間序列等的存取，以及所有操作功能，例如故障轉移、恢復、備分和還原。
/models	數據的描述、分享和連接語義和語法綱要模型的機制。
/identities	在網格上唯一識別和尋址數據產品的機制。

維護、演進和退役

數據產品的維護和演進，涉及對數據產品的持續更改：改進轉換邏輯、演進數據模型、支援存取數據的新模式以及豐富策略。對數據產品的修改導致建立、測試、部署和執行的持續迭代（第 180 頁「建立、測試、部署和執行」），同時保持數據的不中斷處理和分享。

平台必須將數據產品維護方式的開銷減少成要維護的內容。舉例來說，如果新建立的結果是語義和綱要的修改，則數據產品開發人員只需關注數據模型的修改以及基於新模型的數據轉換。不同版本的綱要（語義和語法）如何管理、與數據關聯以及消費者如何存取的複雜性由平台管理。

在某些情況下，數據產品的發展不會對底層基礎設施資源造成影響。舉例來說，修復錯誤的轉換程式，只需要重建和重新部署數據產品，並且修復產生的數據。在其他情況下，演進會影響底層資源，舉例來說，若是切換儲存供應商，而將數據產品遷移到新環境，需要重新分配儲存資源，並且遷移數據產品的底層數據。

監控每個數據產品以及整個網格的運行狀況，是平台在此階段提供的另一個關鍵功能。網格的卓越營運取決於監控每個數據產品的各個面向，諸如監控性能、可靠性、SLO、計算策略的有效性，以及基於資源使用的營運成本。除了監控單一數據產品外，網格體驗階段還必須蒐集洞見，並且監控整個網格的狀態，舉例來說，在偵測到主數據產品時檢測並發出警報：這些數據產品聚合太多不同來源的數據，在許多人使用時會成為瓶頸。

在數據產品的生命週期中，有時必須呼叫網格層級的管理控制。舉例來說，網格層級的全域控制可以觸發遺忘權利，委派給每個數據產品的控制介面，並且藉由底層儲存的數據驅逐功能來達到實作。

數據產品會不復存在嗎？我可以想到兩種情況，遷移到新數據產品，或者必須丟棄曾經產生的所有數據紀錄，並且永遠不會產生新紀錄，如此一來，數據產品就可能會退役。在這兩種情況下，平台都使數據產品開發人員能夠優雅的淘汰數據產品，好讓下游消費者可以隨著時間過去，遷移到新的來源或自行退休。只要還有人在使用過去的數據，數據量子就會繼續存在，儘管它可能不會執行任何進一步的轉換，也不會產生任何新數據。休眠的數據產品將繼續為舊數據提供服務並且執行策略，而完全退役的數據產品則將徹底消失。

表 10-4 是一些支持數據產品開發的維護、演進和退役階段的平台介面。

表 10-4　支持數據產品維護的數據平台介面範例

平台階段	平台介面	平台介面描述
數據產品體驗	/{dp}/status	檢查數據產品的狀態。
數據產品體驗	/{dp}/logs /{dp}/ traces /{dp}/ metrics	根據數據量子的可觀察性設計（第 253 頁「可觀察性設計」），數據產品發出執行時可觀察性資訊，例如日誌紀錄、追蹤和指標的機制。網格層監控服務利用這些機制提供的數據。
數據產品體驗	/{dp}/accesses	對數據產品所有存取的日誌紀錄。
數據產品體驗階段	/{dp}/controls	能夠呼叫高特權管理控制，例如在特定數據量子上的遺忘權利。
數據產品體驗	/{dp}/cost	追蹤數據產品的營運成本，可以根據資源分配和使用情況來計算。
數據產品體驗	/migrate	能夠將數據產品遷移到新環境。更新數據產品修訂版只是建立和部署的一項功能。
網格體驗	/monitor	網格層級的多種監控能力、日誌紀錄、狀態、合規性等。

平台階段	平台介面	平台介面描述
網格體驗	/notifications	回應檢測到的網格異常的通知和警報。
網格體驗	/global-controls	能夠呼叫高等級特權管理控制，例如對網格上的數據產品的集合遺忘權利。

現在讓我們將注意力轉移到數據消費者的旅程上，看看平台介面如何演變以支持這樣的角色。

數據產品消費者之旅

數據消費者的角色代表具有各種技能和職責的廣泛使用者。在本節中，我將重點介紹一個範例數據科學家角色，他使用現有的數據產品來訓練 ML 模型，然後將 ML 模型部署為數據產品，來推理衍生並且生成新數據。舉例來說，Daff 使用 ML 模型，在每週一生成精選播放清單，讓他們的聽眾這樣開始新的一週。產生週一播放清單的 ML 推薦模型，使用來自於現有數據產品的數據以訓練，例如**聽眾資料、聽眾播放事件**、他們最近對喜歡或不喜歡歌曲的反應，以及他們最近聽過的**播放清單**。[4]

一旦 ML 模型訓練好，就會部署為數據產品，也就是**星期一播放清單**。

回想一下第七章，數據網格建立了一個緊密整合的營運和分析階段，互相連接領域導向的（微）服務和數據產品。儘管兩個階段之間存在緊密的整合和回饋循環，但數據網格持續尊重每個階段的職責和特性的差異，例如微服務回應線上請求或事件來執行業務，數據產品就會縮減、轉換、並且分享時間數據，來讓下游分析使用，例如訓練機器學習模型或是產生洞見。儘管試圖澄清這兩個階段實體之間的邊界，ML 模型還是模糊這個邊界。

ML 模型可以屬於任一階段。舉例來說，可以將 ML 模型部署為微服務，來讓終端使用者發出請求時在線上推理，例如，在註冊新聽眾的期間，給定聽眾提供的資訊會呼叫分類器 ML 模型，藉由使用者的剖析資料分類來增加使用者的資訊。或者也可以將 ML 模型部署為數據產品的轉換邏輯，例如，播放清單推薦器 ML 模型部署為數據產品，在每週一推理衍生並且產生新的播放清單。然後可以將該數據傳送到向聽眾顯示播放清單的營運服務中。圖 10-5 就是這樣的例子。

4　這個例子的靈感來自於 Spotify 的 Discover Weekly 功能，我個人每星期一都很期待見到它。

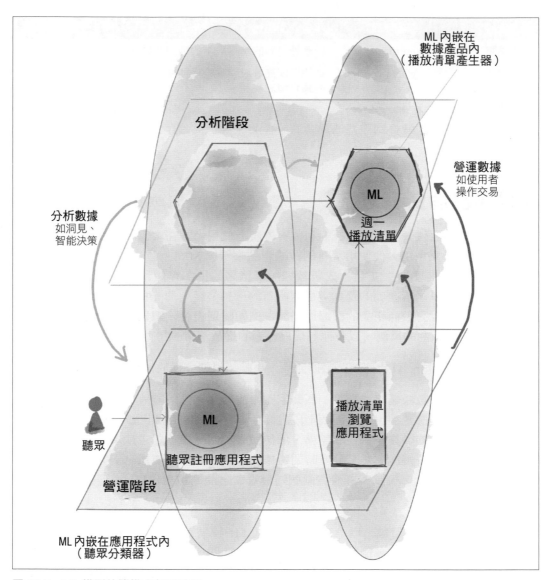

圖 10-5　ML 模型的雙模式部署範例

在本節中，我將探討數據科學家的 ML 模型旅程，該模型部署為數據產品，來展示該旅程與數據網格平台功能的重疊之處。圖 10-6 顯示將 ML 模型作為數據產品持續交付的高層級旅程。這個價值流遵循機器學習的持續交付（*CD4ML*）[5]實踐，以藉由可重複的過程，在快速回饋循環中持續假設、訓練、部署、監控和改進模型。[6]

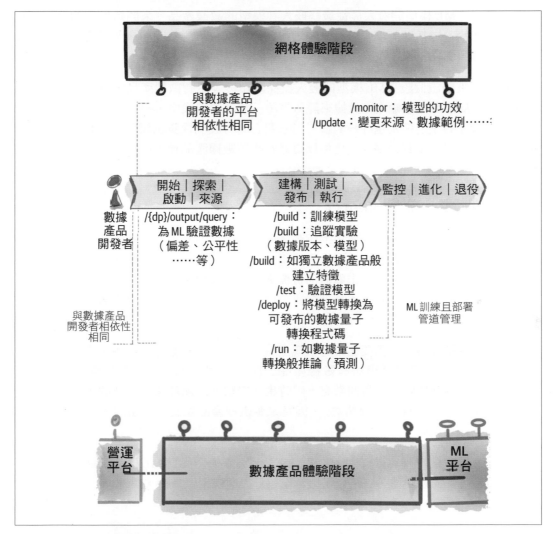

圖 10-6　ML 模型的開發旅程範例

5　*https://oreil.ly/fQh2I*

6　此過程也稱為 MLOps；但是我使用 CD4ML 表示法，因為它覆蓋並與軟體和數據產品的持續交付緊密整合。

從數據平台的角度來看，這個旅程跟我們之前在第 167 頁探討的「數據產品開發者之旅」非常相似。接下來我會指出一些差異。

初始、探索、啟動和來源

在此範例中，ML 模型開發人員從最終嵌入其模型的數據產品，來開始他們的旅程。數據產品的初始，包括基於現有數據來制定智慧行動或決策的假設，舉例來說，是否可以策劃和推薦一個許多聽眾播放、重播或喜愛的播放清單？

要開始探索來驗證假設，ML 模型開發人員探索和搜尋現有數據產品，並且使用可發現性 API，以及藉由採樣輸出埠數據來評估來源。在這個階段中，平台介面與我之前介紹的相同，這裡的主要區別也許是數據科學家關心的可發現性資訊類型。他們必須評估數據是否存在偏差，及其公平性。這可以透過對來源數據產品輸出埠採樣和分析的方式來評估。

建立、測試、部署和執行

在旅程中繼續建構模型，並且使用上游數據產品輸出埠對其進行訓練。在訓練過程中，模型開發者可能會決定需要修改訓練數據集合，將上游數據產品的數據修改為特徵。舉例來說，訓練特徵可能僅包括跟**歌曲剖析檔案**結合的**播放清單**資訊子集合。在這種情況下，產生特徵的數據轉換管道本身就變成一個數據產品，以**星期一播放清單**功能為例，它變成一個數據產品，就像任何其他產品一樣得到開發。

在此階段，模型開發人員需要追蹤導致模型特定修訂版本的數據。來源（訓練和測試）數據的版本控制，可以使用所有數據產品公開的處理時間參數，作為數據的修訂版本——數據每個狀態唯一的時間戳記，同時也代表數據的處理和發布時間，不用再為重用模型或可重複性而保留數據拷貝[7]，因為來源數據產品始終允許檢索過去的數據。第十二章將會詳細說明。

模型訓練和追蹤的過程可以交由 ML 平台處理，這是一個滿足 ML 模型訓練管道獨特需求的技術和工具平台。這些服務會密切合作並且與數據平台整合。

---

[7] 現今，由於缺乏分析數據的原生版本控制，因此需要使用如 DVC（*https://dvc.org*）的工具，對用在訓練 ML 模型的數據進行版本控制。

在部署過程中，需要將模型打包成可以作為**星期一播放清單**數據產品的轉換程式執行格式。[8] 在模型的執行過程中，基礎設施階段轉換引擎可以處理執行 ML 模型的特殊需求，例如要在目標硬體，如 GPU 或 TPU[9] 上執行。

維護、演進和退役

與其他數據產品類似，開發人員持續監控模型的效能，並且確保輸出數據、播放清單等的建立一如預期。

模型監控的特殊需求之一，是觀察模型的有效性並且監控聽眾採取的行動。舉例來說，模型的新修訂版本是否會增加收聽播放清單的持續時間、更多次重複播放和更多的聽眾？監控這些參數可以利用監控指標的營運階段能力。在這種情況下，**播放器**應用程式可以提供這些指標。

回顧

如果你只從本章學到一件事情，我希望是沒有像平台這樣的單一實體；有 API、服務、SDK 和函式庫，每個都滿足平台使用者旅程中的一個步驟。平台使用者的旅程，無論使用者指的是數據產品開發人員還是消費者，都不會跟數據網格平台服務隔離。它們通常使用服務於營運系統的 API 來跨越邊界：例如，使用串流功能消費來自於微服務的數據；或者使用 ML 模型訓練能力來跨越邊界，例如實驗追蹤或是利用 GPU；因此，請將平台視為一組整合良好的服務，以滿足使用者的無縫體驗。

我想讓你學到的第二點是尊重階段的分離，這樣你就可以選擇最佳化人類體驗和機器效率。舉例來說，使用數據產品體驗階段，以跟單一數據量子單元互動的邏輯層面上最佳化使用者體驗。建立一個分開的數據基礎架構階段來最佳化機器，例如，將計算與儲存分離以處理每個部分的獨立擴展，或是所有數據的共同地方性，來減少數據移動。較下層階段的最佳化決策不應該損害開發人員的體驗，反之亦然。

我希望你在建立數據網格平台的第一步中學到的最後一點：首先為數據產品開發者和數據產品消費者等角色，以最小化摩擦和最大化喜悅參與，來發現和設計最佳化旅程。當你完成這件事後，請隨時繼續搜索，為他們旅程的不同階段找到合適的工具。

8　舉例來說，Python 模型序列化為 pickle（*https://oreil.ly/M0IXy*）二進位檔案格式。
9　*https://oreil.ly/38Yuv*

如何設計數據產品架構？

數據產品是數據網格的核心概念。它在架構上設計為**架構量子**，可稱**數據量子**。數據量子封裝並且實作所有必要的行為和結構元件，來處理和分享數據即產品（第三章）。它以自主的方式建構和執行，但也連接到網格上的其他數據量子。數據量子的互相連接，建立了數據網格的對稱和水平擴展架構。

所有數據產品都有一組共同屬性；例如，它們使用來自上游來源的數據、轉換數據、服務數據、治理數據……等。本書的這個部分會討論設計這些屬性的最直接方法。

我使用數據產品的單一能供性（*affordance*）[1] 來組織以下部分：數據產品的屬性之間的關係，以及人們或系統如何與它們產生互動。舉例來說，數據網格使用者如何發現、讀取或管理數據產品的生命週期，並且直接與其互動。

第十一章〈依照能供性設計數據產品〉，總結數據產品的設計方法。第十二章〈設計消費、轉換和服務數據〉，討論數據產品如何為不同使用者集合，如程式或人們提供消費、轉換和服務數據。它討論一組必要的設計約束，讓數據分享的分散式系統能夠運作。

第十三章〈設計發現、理解和組合數據〉，討論數據產品如何讓使用者發現、理解和信任它，介紹數據產品提供數據可組合性的方法，讓數據使用者可以用去中心化的方式建立新種類的聚合數據。第十四章〈設計管理、治理和觀察數據〉，講述數據產品剩下的屬性，也就是數據使用者如何治理、觀察和管理數據產品的生命週期。

1　Don Norman 在他的 *The Design of Everyday Things* 一書中定義了能供性。

第四部分的目標是幫助你辨識出跟數據網格願景相容的設計技術，並且將它們跟不相容的技術區分開來。它的意圖並不是成為實作數據產品手冊，而是討論不同能供性的內容與重要性，以及數據網格方法的特徵。

與第三部分類似，儘管我為每個能供性介紹的設計特徵，將會引導你選擇與數據網格相容的技術，但這裡的討論將不涉及特定技術。舉例來說，*拋棄管道和智慧過濾器*的原則，相當於數據產品的*拋棄管道和智慧端點*[2]，將導引你選擇一種不強加數據處理管道，而在數據產品之間控制數據流動的技術。

首先，讓我們來看將數據產品設計為架構量子的通論。

---

2 *https://oreil.ly/x6Cny*

第十一章

依照能供性設計數據產品

幾個世紀以來，對「獨立存在」概念的誤解，一直讓哲學文學感到困擾。但沒有這樣的存在方式，每個實體，都應該根據它跟宇宙其他部分交織的方式來讓人理解。

—Alfred North Whitehead

數據產品即架構量子的設計（第 143 頁「數據產品即架構量子」），可以說是數據網格架構中最重要的面向。它是數據網格獨有的架構元素。建立在先前的方法和學習之上，但又背離了它們。

在本書的這部分中，當對話的重點是以架構為前提的數據產品設計時，我會使用**數據量子**的縮寫，並且與數據產品互相交換使用。

作為分散式水平擴展架構，數據網格將數據產品設計為網格上的自我包含、自治和同等節點，也就是**數據量子**。每個數據產品都設計為能夠自給自足，並且為使用者和開發人員提供完成工作所需的所有功能，諸如發現、理解、使用、建立、治理及除錯。這就是為什麼我要在本書的其中一部分專門介紹如何設計自給自足的數據產品。

軟體架構基礎將架構的組成部分定義為：

結構

元件及它的介面、互動和整合

特徵

像是可擴展性、可靠性等能力

決策

不可變更的治理設計規則

原則

影響決策的準則

除此之外，我會介紹並且關注於另一個元素：能供性（*affordance*）－數據產品的介面之間的關係，以及人或系統如何跟它互動，舉例來說，數據產品要如何為它的使用者（程式）提供連接、訂閱它的輸出，並且持續從它接收數據。另一個例子是數據使用者（人或程式）如何發現數據產品、理解它並且探索數據。

我將這種設計數據產品架構的方法稱為能供性設計。

讀完本章，將引導你設計出跟數據網格思維相容的數據產品架構。我希望你採用這種方法，並且將它套用在數據產品的設計，能超越我在本書此部分中介紹的面向。這是一種思維方式，也是一種你可以採用的架構方法建模，並且根據你的獨特情況去衡量。

我會向你展示繩索，而你將揚起風帆並在水中航行。

數據產品能供性

認知工程之父 Don Norman[1] 在他的 *The Design of Everyday Things* 一書中，將能供性稱為互動的五個基本原則之一。他描述：

> 能供性一詞是指物理物件與人之間的關係，或這裡所說的任何互動代理，無論是動物還是人類，或甚至是機器和機器人。

> 能供性是物件屬性與代理能力之間的關係，能決定物件的可能使用方式。椅子提供（或「為了」）支撐，因此提供「坐下」這件事。大多數的椅子也可以由一個人搬運（提供「舉起」），但有些椅子只有夠強壯的人或一組人才得以搬運；如果相對幼小或較弱小的人舉不起椅子，那對於這些人來說，椅子就沒有那種能供性，因為它沒有提供「舉起」。

> 能供性的存在決定於物件品質跟正在互動的代理能力，這種關係定義讓許多人感到相當困難，我們習慣於認定屬性跟物件有所關聯，但能供性不是一種性質，而是關係。能供性是否存在，取決於物件和代理的屬性。

---

1   *https://oreil.ly/cotSU*

為什麼這對數據產品介面和功能設計來說很重要？因為每個數據產品屬性，例如提供雙時態數據（第 200 頁），都有一個要跟屬性互動的對象、內容以及施作程度的假設，例如，具有時間意識的代理。這些由能供性定義的假設和約束，對於讓去中心化系統以完整性和可靠性的運作是必要的。本質上是藉由檢查數據產品的屬性和能力，與在數據網格生態系統中的其他代理，包括數據提供者、消費者、擁有者、治理和其他元件，如數據平台服務和其他數據產品之間的關係，來設計數據產品。

在大多數情況下，你可以將所有能供性視為數據產品的屬性，但要記住屬性提供的對象與其代理內容，以及不提供的對象。

圖 11-1 列出數據產品**自治**轉換，和提供有意義、可理解、可信賴且可以連接到生態系統中，其他數據的數據能供性。**自治**這個詞在這裡代表它的生命週期可以獨立管理，而不會中斷其他數據產品。它具有完成工作的所有結構元件，藉由具有外顯合約的 API，實現對其他數據產品或平台服務的依賴；進而建立鬆散耦合。

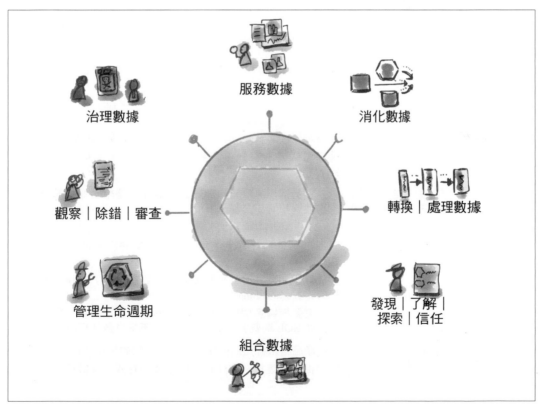

圖 11-1　數據產品能供性

以下情境中的**數據產品使用者**詞語，是指數據產品生態系統中跟數據產品互動的所有代理。這包括數據產品開發者、數據產品擁有者、數據產品消費者、治理團隊等人員，以及多階段數據平台的其他數據產品和服務等系統。

表 11-1 總結所有能供性，並且提供進一步討論的相關章節參考。

表 11-1　數據產品能供性

數據產品能供性	描述
提供數據（第十二章，第 193 頁「服務數據」）	數據產品分享不可變和雙時態數據，可以藉由明確定義且支持多種存取模式的唯讀介面獲得。數據產品為各種數據產品使用者提供數據存取來訓練機器學習模型、產生報告、數據分析和探索，以及建立數據密集應用程式。 它不提供需要更新或刪除數據來維持目前狀態的交易和營運應用程式。
消費數據（第十二章，第 209 頁「消費數據」）	數據產品消費來自上游來源的各種類型數據。數據產品提供使用來自協作營運應用程式、其他數據產品或外部系統的數據。 數據產品僅提供來自藉由平台辨識和配置來源的消費數據，不提供它無法辨識或配置來源的數據。
轉換數據（第十二章，第 217 頁「轉換數據」）	數據產品處理並且轉換輸入數據為新數據，然後再提供服務。數據產品為數據產品開發人員提供多種轉換計算模式，可以是程式碼、機器學習模型或是執行推理的複雜查詢。 轉換可以產生新數據、重塑模型，或是提高輸入數據的品質。
發現｜理解｜探索｜信任（第十三章，第 224 頁「發現、理解、信任和探索」）	數據產品提供 API 和資訊，讓數據產品使用者能夠發現、探索、理解和信任它。
組合數據（第十三章，第 234 頁「組合數據」）	數據產品讓數據產品使用者能夠將數據跟其他數據產品組合、關聯和連接。 數據量子藉由執行計算集合（資料表或圖形）操作，來提供程式化數據的可組合性。 對於需要橫跨多個數據產品分享的單一且緊密耦合數據綱要（例如 SQL 綱要）系統，數據產品不提供數據可組合性。
管理生命週期（第十四章，第 245 頁「管理生命週期」）	數據產品讓數據產品使用者能夠管理它的生命週期。 它提供一組建構時和執行時的配置和程式，讓數據產品開發人員可以建立、配置並且維護它。

數據產品能供性	描述
觀察｜除錯｜審查（第十四章，第 252 頁「觀察、除錯和審查」）	數據產品讓數據產品使用者能夠監控它的行為、除錯並且審查。 它提供程式化 API 來提供必要的資訊，例如數據處理日誌紀錄、血緣、執行時指標和存取日誌紀錄。
治理（第十四章，第 248 頁「治理數據」）	數據產品為治理團隊、數據產品開發人員等數據使用者，和網格體驗階段（管理和策略控制）提供一組 API 和計算策略，來讓自治數據。 它支援存取、讀取或寫入數據時，對它的管理策略進行建構時配置和運行時執行。舉例來說，它藉由控制對數據的存取來維護數據安全，並且藉由加密來保護隱私和機密性。

數據產品架構特徵

所有數據產品的設計都有一組共同的架構特徵。你可以藉此評估數據產品，來確保有達成「從大規模數據中獲取價值」的數據網格目標：

為變更而設計

改變數據及其模型是數據產品必須具備的設計特徵。如果你還記得前面的章節，優雅的回應變化是數據網格的目標，也因此成為所有數據產品都支援的特性。

舉例來說，在數據產品的各個面向使用 API 的設計決策，好輕易管理變更。另一個例子，在數據產品的許多面向、數據的快照、數據模型的快照、SLO 的時間等加入時間的屬性，可以更容易的處理這些參數的變化。預設情況下，所有數據產品物件和數據都使用時間概念進行版本控制。

擴充的設計可以視為是改變特性設計的一個子集合。數據產品能力隨著時間的推移而發展和成熟，舉例來說，數據產品在一開始可能只支援藉由檔案存取的單一模式，後來演變為支援事件和資料表格，說明數據產品的可擴充設計。鬆散耦合的元件，如協作的邊車或代理都提高可擴充性，它們可以使用新功能以擴充，並且在部署或執行時注入數據產品；靜態連接或分享函式庫則不太容易擴充，因為它們需要重新建構數據產品才能使用。

為規模而設計

數據產品的設計必須導致一個能夠水平擴充的網格。隨著更多數據產品的增加、數據來源數量的增加，以及數據使用者的多樣性和數量成長，網格應該水平擴充，同時保持變化的敏捷性和存取數據的速度。

任何中心化的同步點、協調點或存取點，都可能不利於這種取捨，這也是為什麼數據產品是自治的。

舉例來說，在數據產品的執行情境中實施存取控制或是其他策略的設計決策（也就是邊車），是水平擴充架構決策。否則隨著時間過去，在數據使用者和數據產品之間使用中央通道來控制存取，會變成一個瓶頸。

為價值而設計

數據產品的設計必須以最少的摩擦為核心來為消費者提供價值。雖然這看起來顯而易見，也可能是多餘的，但在軟體工程的案例中隨處可見對交付價值幾乎沒有幫助的巧妙設計。

數據產品介面的設計應著重於跟使用者分享易於理解、值得信賴和安全的數據，並且使用最少的步驟、檢查和干預。舉例來說，雖然數據雙時態對於維護和推理分散式系統中的數據完整性和信任是必要的，但許多使用者在日常使用時根本不關心時間。因此，雖然數據產品在內部維護雙時態性，但它可能會提供簡化時間概念的捷徑 API，在預設情況下假設為「現在的」或「最新的」。

受複雜自適應系統的簡單性影響的設計

像數據網格這樣的架構跟複雜的自適應系統共有一些屬性。它由具有動態互相連接的自主自我組織代理網路所組成，從複雜的自適應系統中得到靈感，並且以兩種方式影響架構設計。

來自簡單本地規則的緊急行為

首先，我們可以從以下事實中取得靈感：強大的群體行為源自於一套簡單而小的規則，這些規則在本地治理每個代理。舉例來說，在秋天的天空中，數千隻椋鳥會遵循 3 個簡單規則 [2] 漂亮的同步飛行，包括分離：不要碰到附近的飛鳥；對齊：跟隨附近的領頭

2　Craig Reynolds, "Flocks, Herds and Schools: A Distributed Behavioral Model," *SIGGRAPH '87: Proceedings of the 14th Annual Conference on Computer Graphics and Interactive Techniques*, Association for Computing Machinery, pp. 25-34, CiteSeerX 10.1.1.103.7187. (1987)

飛鳥；以及凝聚力：跟鄰近飛鳥以相似速度移動。這些鳥不需要全域協調者或是整體知識。

與此類似，藉由為每個數據產品定義一小組簡單的特徵和行為規則，強大的群體行為就會從網格中出現。舉例來說，每個數據產品都定義它的輸入埠：何處以及使用來自其直接上游來源輸入數據的方式；並且定義它的輸出埠：數據內容以及分享輸出數據的方法。數據產品就這樣藉由定義輸入埠，來連接到其他上游數據產品的輸出埠。

輸入埠和輸出埠定義一個**數據串流**配置，由每個數據產品在本地設置。從這個本地數據串流規則中出現了一個網格層級的血緣圖：橫跨網格在所有數據產品之間的數據串流圖。

在這種情況下，缺乏數據串流圖或血緣的中心化定義。沒有一個數據產品了解整個網格，沒有一個知道全域配置的管道中心化協調者。這跟現有的數據管道設計不同，現有的設計是中心化協調器，要使用擁有所有管道配置的中心化容器。

新興網格層級屬性的其他範例，產生簡單的本地數據產品層級規則。其中包括從數據產品語義的本地定義，與跟直接節點的關係中產生的全域知識圖；以及基於每個數據產品提供，具有相關辨識符號的本地指標和日誌紀錄的網格層級執行時的效能 [3]。

藉由數據平台的網格體驗階段服務，可以顯露出屬性和行為。

沒有中心化協調器

跟複雜的自適應系統一樣，數據網格不需要中心化控制架構元素。鳥群沒有協調者，但擁有一套生物學標準，讓牠們知道如何偵測速度、距離和領導者。

同樣的，數據網格導入一組標準，每個數據產品都遵循這些標準，以實現互動性和行為的凝聚力。舉例來說，我在第十章介紹「全域策略」作為網格體驗階段提供的服務，這個服務可以方便的為每個數據產品配置存取控制規則。然而，規則的解釋和執行會在正確時間，如存取讀取或寫入時在數據產品中的本地發生，而無需中心化存取控制機制的干預。

在一些組織中，規則編寫本身是去中心化的，並且由本地委託給數據產品。然而，平台在每個數據產品中嵌入一個標準化的邊車，來統一解釋和執行規則。

3　*https://oreil.ly/SO6JU*

回顧

到目前為止，我希望我已經建立一種思維方式和方法，來設計數據網格架構的核心元素，也就是數據產品即架構量子。

首先，你能夠藉由查看數據產品與網格的其他元件，和使用者之間的關係以及數據產品的能供性：提供數據、消費數據、發現數據、治理數據、審查數據等，得到正確的設計。

其次，你能夠設計一個水平擴充的架構，建立可以修改的同等數據產品，而不必擔心破壞其他產品；它們在沒有中心化瓶頸的情況下擴充，並且將設計重點放在交付價值的結果上。

第三，你能夠在可能的情況下部署複雜自適應系統的原則：在每個數據產品中設計簡單和本地的規則和行為，可以共同導致網格層級的知識和智慧的出現。

帶著這種新形成的思維方式，讓我們在接下來的幾章中介紹數據產品能供性的設計。

第十二章

設計消費、轉換和服務數據

數據產品的主要工作，是使用**輸入數據埠**消費來自上游來源的數據，轉換它，然後藉由**輸出數據埠**，提供可永久存取數據的結果。

在本章中，我將介紹所有數據產品實作的這 3 個基本功能的設計特點：**消費數據**（第 209 頁）、**轉換數據**（第 217 頁）和**服務數據**（第 193 頁）。

讓我們從對數據網格來說具有最獨特屬性的方法開始。

服務數據

數據產品為不同的分析消費者提供領域導向的數據，它藉由第九章介紹的**輸出數據埠**（介面）來實現。輸出數據埠擁有明確定義的合約和 API。

當考慮到它跟生態系統中代理的關係以及它們的能力和需求時，這種看似簡單的「服務領域驅動的數據」的能供性具有相當有趣的特性。

讓我們來看看數據產品與其數據使用者之間的關係。

數據使用者的需求

圖 12-1 顯示數據使用者的需求以及數據產品為他們服務的方式。

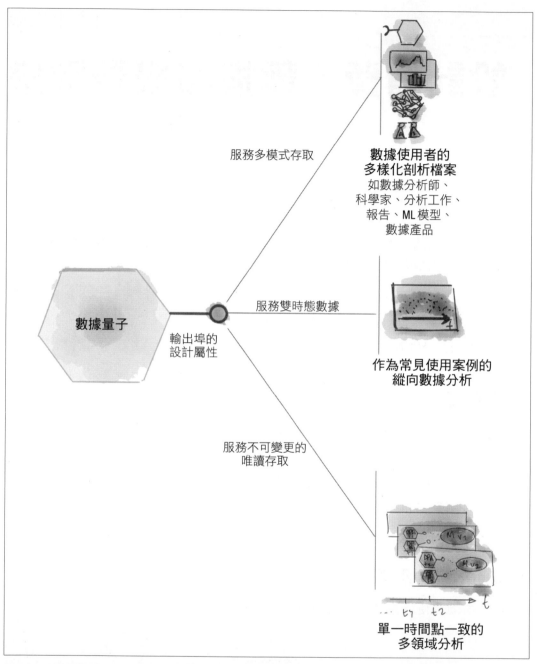

圖 12-1 提供數據屬性，來滿足數據使用者和他們的需求

數據使用者所驅動的需求，對數據產品如何為它的數據服務提出一組設計考量：

分析數據使用者具有多樣化的剖析檔案

存取和讀取數據的客戶等數據使用者，是廣泛的角色和應用程式類型，如數據分析師、數據科學家和數據驅動的應用程式開發者等人；以及系統，像是報告、視覺化、統計模型和機器學習模型等。回想第三章，數據產品以一種對如此多樣化的角色感到原生的方式提供數據。我們將這個數據產品的基礎可用性特徵稱為原生可存取。

這個要求的設計含義是藉由多模式存取來提供數據：以不同格式和存取模式，提供相同的數據語義。

分析數據使用者需要縱向數據

網格維護全域數據狀態的縱向檢視，完全用於分析使用案例，最重要的是沒有使用網格外的數據湖、倉庫或任何外部系統來維護全域狀態。

這種不斷變化的數據全域狀態，由數據產品的連接圖譜儲存和維護，並且沒有其他架構元素。這就是架構去中心化的意義。

無論是回顧性的還是未來性的洞見，在解釋時間的流逝時都是最有力的。只有藉由存取隨時間不斷變化的數據，我們才能產生趨勢、作出預測，並且發現跨多個領域不同事件之間的相關性。數據網格將時間作為呈現和查詢數據時始終存在的參數。

存取表示事件和狀態隨時間變化的數據設計含義是，每個數據量子都提供雙時態數據。

分析數據使用者需要在單一時間點一致檢視多個領域

大多數分析使用案例處理來自於多個數據產品的數據，這類使用案例在一致的時間點關聯多個數據產品。舉例來說，當 Daff 在 2021 年 7 月 1 日訓練機器學習模型來預測下個月的使用者成長幅度時，它會根據過去 3 年的數據而預測，在 2021 年 7 月 1 日時，已經由多個數據產品知道並且處理過這些數據。

為了支援 2021 年 7 月 21 日這個已處理版本的成長模型可重複性，網格會維護同一日跨多個數據產品的數據不可變動狀態。

跨多個數據產品提供時間點一致的數據，並且結合數據版本控制來實現可重複性，為服務數據導入多種設計考量，諸如雙時態性、不變性和唯讀存取。

服務數據設計屬性

以下將更深入了解我們所發現的每個屬性：多模式、不可變、雙時態和唯讀存取。這些特徵對於數據網格的工作來說不可或缺。

多模式數據

數據產品的工作，是為特定領域的分析數據提供特定且唯一的領域語義。但是，要讓數據產品以原生型態為多樣化的消費者提供服務，它必須以不同語法分享相同的領域語義。只要在不影響數據消費者體驗的情況下提供相同語義，則語義可以是欄位導向檔案、關聯式資料庫表格、事件或其他格式，如撰寫報告的人使用關聯式表格，訓練機器學習模型的人使用欄位導向檔案中的數據，而即時應用程式開發人員則使用事件等。

我個人發現，將分析數據的性質視覺化為空間和時間維度很有幫助。我用空間維度來表示數據的不同語法具象化，也就是數據的格式。任何數據產品都可以用多種格式或多模式形式呈現其數據，例如：

- 半結構化檔案，例如欄位導向檔案

- 實體關係，例如關聯式資料表

- 圖表，例如屬性圖

- 事件

當數據使用者使用最高層級數據產品發現 API（第 224 頁「發現、理解、信任和探索」）存取數據產品時，它首先要了解數據產品的語義：產品提供的領域資訊肉容，例如 **Podcast**、**Podcast 聽眾**等，然後存取其中一個數據產品的輸出 API（第 151 頁「輸出數據埠」），以存取數據的特定模式。提供數據取決於底層（物理）技術的方法：訂閱事件日誌紀錄、讀取分散式欄位導向檔案、在關聯式資料表上執行 SQL 查詢。領域導向的語義是最高層級的關注點，而格式和存取模式則是第二層級的關注點，這是現有架構的顛倒模型：儲存和編碼技術首先決定如何組織數據，然後再提供數據。

圖 12-2 舉例說明各種存取模式。播放事件數據產品藉由 3 種存取模式，提供對播放事件數據的存取，包括訂閱「播放事件」主題：抓取聽眾登入時的狀態變化、播放 Podcast、停止播放……等。藉由 SQL 查詢查詢相同的播放事件：查詢具有事件屬性列的資料表。以及欄位導向物件檔案：一個檔案包含所有事件的單一屬性。

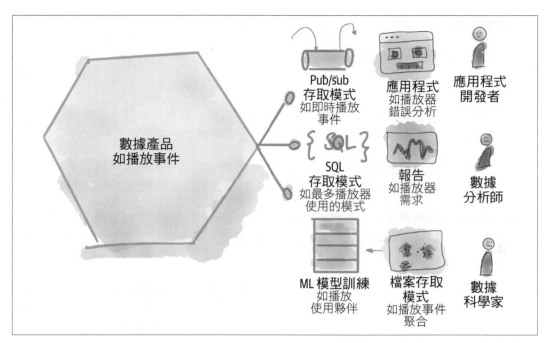

圖 12-2　數據產品的多模式存取範例

這三種存取模式和數據拓撲可以滿足不同的消費者角色：數據密集型應用程式開發人員會監測錯誤事件，以提高播放器品質，數據分析師使用同步 SQL 存取模型來建立每日報告最常見的玩家使用模式，以及使用檔案存取模式訓練 ML 模型，來發現播放模式分類的數據科學家。[1]

所有這一切都是由同一個數據產品（播放事件），藉由其獨立**輸出數據埠**所實現的。

 現今，支持多模式存取的複雜性，是缺乏高階和抽象 API 來在語義上呈現和查詢數據，以及對底層編碼和格式不可知，而造成的症狀。

1　單一數據拓撲可能具有多種存取模式。舉例來說，格式化為事件串流的數據，可以由 SQL 和發布者／訂閱者存取模式使用。

不可變數據

沒有人可以涉過同一條河流兩次。

—Heraclitus

不可變數據一旦建立起來就不會改變。數據產品以這種方式提供數據，也就是一旦處理一條數據並且提供給數據使用者後，該條數據就不會改變；不能刪除或修改它。

修改數據通常會導致複雜性和錯誤，這是任何有經驗的程式設計師都知道的事。這也是為什麼，人們對於函數式程式相當感興趣，它的關鍵原則就是數據永遠無法改變。

這跟分析使用案例特別相關。使用不可變數據，數據使用者可以用可重複的方式，重新執行分析；在特定時間點數據集上重新訓練模型或重新產生報告，會產生相同的可重複結果。

會需要可重複性，通常是因為產生驚人的觀察結果，需要分析師深入探究。如果使用的數據發生變化，他們就可能無法重現這驚人結果，而無法知道這是由於數據變化還是程式錯誤造成的。如果分析中存在錯誤，則在使用不穩定的數據來源時會更難追蹤，分析師無法重複執行相同的程式，來獲得相同的答案。

可變數據的混亂和複雜性在數據網格中會更顯惡化，因為來源數據可以讓多個數據產品使用，而多個數據產品可以成為特定分析的來源，其中多個數據產品中的每一個，都保留一部分的真相，有助於更深入了解業務狀態。數據網格的分散式特性需要不變性，來讓數據使用者相信：(1) 多個數據產品之間對於某個時間點的數據具有一致性，以及 (2) 一旦他們在某個時間點讀取數據，數據不會改變，絕對可以重複讀取和處理。

圖 12-3 顯示一個簡單的範例：**聽眾人口統計**數據產品每天提供聽眾連線位置的地理人口統計資訊。它有兩個下游數據產品，**藝人區域流行度**，該藝人的大多數歌迷所在地；和**區域市場規模**，指不同地區的聽眾數量。這兩個數據產品是**區域行銷**數據產品來源的一部分，用來推薦**區域導向的行銷活動**。它使用區域市場規模來辨識出市場影響最小的低風險國家，進行 A/B 測試或實驗，並且根據藝人的**區域流行度**來推廣藝人。

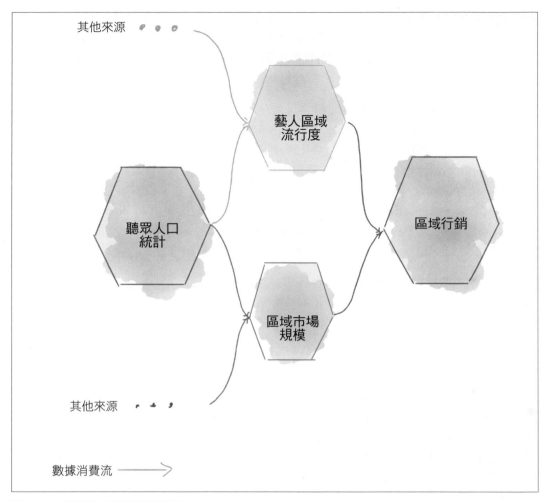

其他來源

藝人區域
流行度

聽眾人口
統計

區域市場
規模

區域行銷

其他來源

數據消費流 ⟶

圖 12-3　關聯不一致數據的範例

每個數據產品在處理和提供數據方面都有自己的節奏。因此，沒有辦法保證所有數據能在相同時間一起更新。這可能會導致致命的鑽石問題。如果**聽眾人口統計**數據在**區域行銷**執行分析時更新數據，它可能會消化不一致的數據，因為**聽眾人口統計**數據可能會在更新之前提供數據，而在之後才提供**區域市場**規模。但雪上加霜的是，區域行銷不一定會知道這種不一致的狀況。

數據網格藉由消除數據使用者未偵測到的更新數據的可能性，來解決這個問題。對數據的修改始終都以具有識別時間變化屬性的新數據片段形式呈現，因此，就算每個數據片段都來自不同的數據產品，數據使用者也永遠不會關聯不一致的數據片段。最通用的方法就是使用雙時態數據，我將在下一節介紹。

舉例來說，**聽眾人口**統計數據以元組的形式分享數據，像是 {listener_id: '123', location: 'San Francisco', connection_time: '2021-08-12T14:23:00, processing_time: '2021-08-13T01:00'}。每個資訊都有兩個時間變化識別字段，「connection_time」是當聽眾連線聽音樂時，而「processing_time」是當**聽眾人口**統計處理這個資訊的時間。一旦這個元組處理過並且提供給數據使用者，它就永遠不會改變。當然，同一聽眾可能會在隔天，從不同位置收聽內容，這將表示為一個新數據實體 {listener_id: '123', location:'New York', connection_time: '2021-08-13T10:00', processing_time: '2021-08-14T01:00'}.。這是兩個不同的時間段，但它們仍然代表資訊的更新，也就是聽眾的新位置。

更廣義來說，數據的不變性減少了意外複雜性的機會，減少了處理消費者的分散式網格中，分享狀態更新的副作用，以及解決分散式交易的棘手計算機科學問題複雜性。試想，如果網格允許他們已經使用的數據不斷變化，或者重複執行相同讀取但產生不同結果，這樣網格上每個下游數據讀取器的程式會變得多麼複雜？不變性是藉由傳播新的處理時間以及其不可變狀態，來改變設計和保持網格最終一致性[2]的另一個關鍵推動因素。

保持數據不可變在任何時候都很重要，且對於數據網格尤其重要。但是，隨著新資訊的可用，或修復數據處理的錯誤，過去的數據會發生變化，這也是事實。因此，我們需要能夠撤回修改數據。以下的雙時態性就可以告訴我們，數據網格如何實現不可變和撤回修改，以及如何允許數據變更，即使它必須保持不可變。

雙時態數據

> 變化與時間似乎密不可分：變化需要時間，存在於時間中且於時間中排序，時間並將之分隔。時間與變化的不可分割，是一種邏輯真理。
>
> —Raymond Tallis

雙時態數據是一種對數據建模的方式，因此每條數據都記錄兩個時間戳記，**實際時間**：事件實際發生的時間或狀態實際存在的時間；以及**處理時間**：處理數據的時間。

---

2 最終一致性，代表數據產品新處理的數據一旦傳播到下游消費者，網格將在某個時刻變得一致。

雙時態數據建模可以讓數據以不可變的實體方式提供服務，也就是以 { **數據產品欄位、實際時間、處理時間** } 的元組，當中的處理時間，在每次處理新數據實體時，會單調遞增 [3]，並且執行時間性分析和時間旅行，也就是查看過去的趨勢，並且預測未來的可能性。這兩種結果對於數據網格來說，都是不可或缺的。

舉例來說，這裡有一個預測 Daff 業務成長的典型時間分析使用案例：一個成長預測模型。該模型使用長期訂閱的變化，來發現模式和趨勢。它使用**訂閱**數據產品的**實際時間**，如訂閱者實際取得或喪失會員資格的時間，跟來自**行銷活動、行事曆和客服**數據產品的其他相關事件**實際時間**互相關聯。這些數據產品以不同節奏處理、提供數據。為了訓練可重複版本的模型，使用來自不同數據產品的一致數據，**成長預測**選擇一個共同的**處理時間**，也就是當數據產品已經處理並且發現到事件時。舉例來說，在 2022-01-02T12:00 訓練的模型版本，使用已知和處理的截至 2022-01-02T12:00（處理時間），和最近三年的訂戶資訊、客服和行銷事件（實際時間）。

實際時間和處理時間，是數據產品保存和服務兩個糾纏的時間軸：

實際時間通量

為了要用滿足分析使用案例需求的形式來表示數據，數據產品在無限 [4] 的時間跨度內隨時間抓取和分享領域的狀態（或事件）。舉例來說，**Podcast 聽眾**數據產品可以分享「今天開始往前算一年的每日 Podcast 聽眾資訊」。

實際時間是事件發生點或特定狀態存在的時間。舉例來說，2021-07-15 是在該日期實際收聽 Daff 的 Podcast 聽眾（數據）的**實際時間**。實際時間的存在很重要，因為預測或診斷分析對實際發生的時間很敏感。許多操作功能並非如此。大多數時候，操作功能處理數據的目前狀態，例如，「給我此刻 Podcast 聽眾的現在地址，以便向他們發送行銷材料。」

實際時間充滿變動。在修正來源數據之後，數據產品可能會觀察到亂序的實際時間，或是接收到大致相同的實際時間新數據。

3　重新處理以前的數據，例如修復過去的錯誤，會產生新的數據實體和新的處理時間。數據產品的過時紀錄策略可以決定是否要保留過去（錯誤）的數據實體。

4　無限的定義取決於數據量子的數據保留策略。

處理時間的連續性

處理時間是數據產品在特定的實際時間內觀察、處理、記錄,並且提供狀態或事件的知識或理解時間。舉例來說,在 2021-08-12T01:00,Podcast 聽眾數據產品處理有關在 2021-08-11 **Podcast 聽眾**的所有數據,並且了解當時的整體狀況。2021-08-12T01:00 就是處理時間。

將處理時間作為數據的強制屬性是設計變更的關鍵。我們對過去變化的理解,不是修復過去發生的錯誤,就是意識到可以增加對過去理解的新片段資訊。我們無法改變過去,但能改變現在的**處理時間**。提供具有新處理時間的新數據,能夠反映在過去實際時間的修正。

處理時間是唯一可以信任的單調往前時間。

我使用處理時間來將以下 4 個不同時間合而為一:

觀察時間
　　當數據產品意識到事件或狀態時

處理時間
　　當數據產品處理和轉換觀察到的數據時

紀錄時間
　　當數據產品儲存已處理數據時

發布時間
　　當數據可供數據使用者存取時

這些細微的時間差異跟數據產品內部最為相關,而不是跟數據使用者最相關。因此,我將它們合併為一個對數據使用者來說最重要的處理時間。

Martin Fowler 在〈雙時態歷史〉[5] 這篇簡單而精采的文章中介紹這種雙時態。我在本節總結數據產品如何在統一模型中採用這個概念,而不受處理延遲和數據樣貌(事件或快照)的影響。

雙時態的影響。讓我們簡單討論一下雙時態在幾個場景中的正面影響:

5　*https://oreil.ly/0HKiC*

撤回

我們對世界的理解持續發展，但可能存在錯誤或遺失的資訊，在這種情況下，可在稍後的處理時間修正誤解。舉例來說，我們在 2021-08-12T10:00 處理有關「2021-08-11 Podcast 聽眾」的所有資訊，但在計算聽眾數量時出錯，算成 3,000 人。下次在 2021-08-13T10:00 處理資訊時，可修正錯誤並且建立新的數量，如 2021-08-11 的 2,005 個聽眾。3,000 和 2,005 成為同一個實體的兩個不同值，「2021-08-11 的 Podcast 聽眾數量」抓取並且分享為以下兩個不同狀態：2021-08-12T10:00 的處理狀態，和的 2021-08-13T10:00 處理狀態。

使用雙時態會建構變化、數據狀態、數據模型、SLO 指標等的變化。持續處理變化，成為所有消費者和整個網格中內建的預設行為。

這有效簡化數據使用者的邏輯。對過去的變更不再是特例和驚喜，它們只是新的已處理數據，講述與過去有關的新故事。消費者可以追蹤並且鎖定他們在過去某個時間點處理過的數據，然後返回到該數據點來存取過去的數據修訂版本。當然，建構這樣一個系統並不是件容易的工程任務。

處理時間和實際時間之間的偏差

偏差是指實際時間和處理時間之間的時間差。只有真正的即時系統具有可以忽略不計的偏差：事件得到處理，我們對世界的理解形成，幾乎同時也正是事件發生的時候。這在數據處理系統中非常罕見，特別是在使用一系列數據產品分析數據處理時，每個數據產品處理的數據都與事件的實際來源相距甚遠。這兩個時間的存在，告知數據使用者偏差，讓他們可以根據時間性需求來決定如何處理數據。離來源對齊的數據產品越遠，偏差就越大。

時間窗口

數據產品在一個時間窗口內聚合上游數據是很常見的。舉例來說，**播放會談**聚合了聽眾與播放器設備互動期間的所有事件：例如，當聽眾從幾個 Podcast 間切換，最終選擇某一個，然後在幾分鐘後退出播放器等類似一系列播放事件。它有助於分析跟播放器互動的聽眾行為。在這種情況下，播放事件的實際時間可以橫跨數分鐘，也就是一個時間窗口。具有時間窗口知識的數據使用者，可以對數據執行與時間相關的操作。

連續變化的反應處理

數據網格假設世界不斷變化。不斷變化的形式可能是新數據的到來，也可能是我們對過去數據的理解不斷發展，以處理時間為標記。數據產品可以藉由對其上游數據產品發生變化的事件，做出反應來持續處理變化：新的處理時間變得可用。

處理時間成為在相互連接的數據產品之間建立反應，和非同步數據處理的原始機制。

數據產品所有面向的時間版本

處理時間是數據產品的時間概念，它內建於隨時間變化的數據產品所有屬性和性質中：數據綱要、數據語義、數據之間的關係、SLO 和其他元數據。它們會自動依照時間進行版本控制。

處理時間成為對數據產品的永久屬性（如數據綱要）進行版本控制的始祖。處理時間成為關聯隨時間變化的資訊（例如數據產品的 SLO）的參數。

範例。 讓我們以視覺化方式看一下前面的例子。圖 12-4 顯示單一數據產品的兩個時間維度及其相互關係。

圖 12-4 顯示一些值得注意的部分：

偏差

數據量子處理事件、獲得結果並且形成其對數據狀態的理解，會晚於事件實際發生的時間點，這件事無法避免。舉例來說，在 2021-08-11 的每日收聽者狀態，會在晚於發生時間的 2021-08-12T01:00 時由系統得知。所以了解 Podcast 聽眾的日常狀態至少需要 1 小時，最多需要 25 小時。

處理錯誤

在 2021-08-12T01:00 處理的總聽眾數量計算有誤，將 2021-08-11 的每日聽眾總數抓取為 3,000 人，而不是 2,005 人，有點太過樂觀。

撤回

數據產品開發人員捕捉到 2021-08-12T01:00 發生的錯誤，修復處理程式，並且在下一個處理間隔 2021-08-13T01:00 回報 2,005 這個正確的值。因此，在處理時間 2021-08-13T01:00 提供的數據包括 2021-08-11 和 2021-08-12 的每日 Podcast 聽眾的數據。

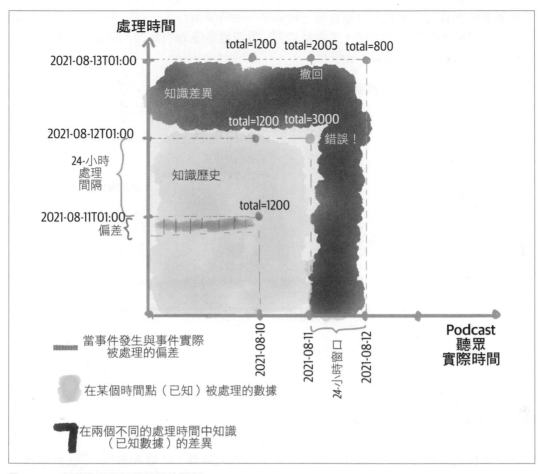

圖 12-4　實際時間和紀錄時間的關係

如圖 12-4 所示，數據服務介面和 API 是一個擁有兩個時間參數的函數，一個處理時間和一個實際時間。為了簡單起見，它們可以為只對數據最新狀態感興趣的數據使用者，採用像是 latest 這類特殊和預設的參數。

在這個例子中，為了簡單起見，我使用低解析度的時間。治理標準化時間的標準化方式，讓平台一貫實作。處理時間保證有序讀取，它可以實作為內部系統時間、遞增的計數器或單調遞增的數字。數據消費者使用處理時間作為指標，來了解他們已經消費了哪些數據。[6] 實際時間可以遵循如 ISO 8601 的 DateTime 標準。

6　像 Kafka 這樣的底層技術通常會提供這種機制。

分析數據的數據使用者在存取數據時，可以來一趟時間旅行，在時間中回到過去。至於能返回多遠的上限則有所不同，可能是到第一個曾經處理過的數據，或是只能到最新的數據。這取決於數據產品的保留政策。

圖 12-5 簡單視覺化顯示跨越處理時間軸的時間旅行。

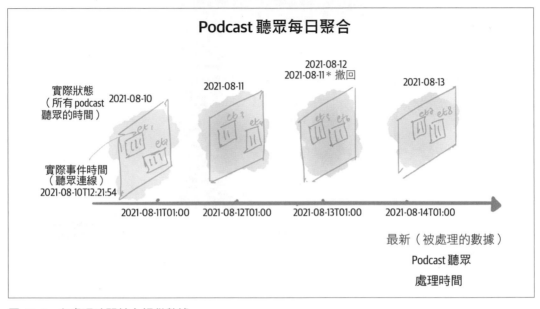

圖 12-5　在處理時間軸上提供數據

狀態、事件或兩者。 系統將編碼和處理數據分為兩大陣營：狀態和事件。[7] 狀態捕捉系統在某個時間點的狀況，例如「今天的 Podcast 聽眾數量」；事件捕捉特定狀態更改的發生，例如「一個新的 Podcast 聽眾連線」。雖然狀態或（已更改）事件需要兩種截然不同的方式以儲存或提供數據，但我認為這是我們在此處討論的時間維度正交問題。捕捉或提供更改事件串流，或是以系統的推論狀態串流作為快照，或是兩者兼而有之，是否有意義則取決於數據產品的邏輯。數據讀取者很可能希望同時看到兩者。然而，兩個時間軸仍然是存在的。

7　在許多系統中都可以觀察到數據處理的二元性：串流與資料表（例如 Confluent），快照與增量（例如 Databricks Delta Lake）。

減少撤回更改的機會。 如前所述，由於修復錯誤或是新數據的到來，而更改過去數據（撤回）的處理方式，跟其他新處理數據一樣。固定的數據呈現為具有屬於過去的實際時間，但是具有新處理時間的新數據實體。此外，在下一節「唯讀存取」（第 207 頁）中，我將介紹數據更新的特殊情況處理，例如在網格層級上行使遺忘權利。

儘管有處理撤回的方法，但數據產品必須努力減少錯誤以及撤回的需要。以下是一些減少修復需求的策略：

增加處理時間間隔以導入品質控制

試想一個**播放事件**數據產品。它抓取來自**播放器設備**的訊號。數據產品有時會錯過事件或是接收到延遲的事件，這可能是因為網路中斷、無法存取設備上的快取等。但是，數據產品轉換程式可以導入處理延遲，藉由綜合預測／產生的訊號來改正遺失的訊號，或者將訊號聚合為相同數據的中位數或是其他統計表示。這代表數據產品在實際時間和處理時間之間導入了更長的偏差，以便有機會及時修復錯誤，並且避免撤回的狀況產生；對於具有內在協調需求的業務流程來說，這通常是一種合適的技術。舉例來說，在最即時的接收付款交易時，每天都會額外產生轉換儲存經過修正和核對的付款帳戶，這會需要增加處理的間隔，但在交易付款的情況下，帳戶的正確性比交易即時性更為重要。

調整數據產品的 *SLO* 以反映預期誤差

如果我們繼續前面的例子，某些消費者可能可以完全容忍最即時數據中的錯誤。舉例來說，一個應用程式會盡最大努力偵測**播放器錯誤**，但它並不關心是否有遺失的事件。在這種情況下，**播放事件**數據產品可以為諸如「玩家錯誤偵測」等應用程式的消費者類別，發布數據而無需協調。然而，在這種情況下，數據產品會根據可能出現的遺失訊號預期誤差範圍，來傳達其品質目標。

唯讀存取

與其他分析數據管理範式不同，數據網格並不包含單一事實來源的概念。每個數據產品都盡其所能，為特定領域提供現實的一部分真實，也就是單一事實片段。數據產品中的數據可以讀取、變形和轉換，然後由下一個數據產品提供服務。網格藉由傳播變化來保持其完整性，將來自上游數據產品的**雙時態不可變數據**，自動附加到下游消費者。因此，當新數據藉由圖譜傳播時，網格保持最終一致性狀態。

到目前為止，網格或單一數據產品似乎沒有直接的**更新**功能，更新是數據產品處理其輸入的間接結果。對數據產品的修改，以附加新處理數據的形式，僅由數據產品的轉換程式執行，這能保證不變性，並且保持網格的最終一致性。

但是，根據 GDPR 等的規定，像是執行遺忘權利的全域治理管理功能等情況也會變更數據。

你可以將這些功能視為特定的管理功能，由網格體驗階段觸發，在所有數據產品的控制埠（第 159 頁）上執行命令，在本例中為加密粉碎（crypto shredding）[8]。數據產品始終會對使用者資訊加密編碼；藉由銷毀存在平台上而非存在數據產品中的加密密鑰，使用者資訊本質上就變得不可讀取。如果你確實發現一些需要更新已被處理的數據的其他特殊情況操作，則此操作將以**全域控制埠**功能實作，而不是輸出埠的功能。輸出埠要保留為只供數據使用者讀取數據。

服務數據設計

讓我們重新整合，看看為數據服務的數據產品設計。圖 12-6 說明一種可能的邏輯架構，數據產品擁有並且維護其領域的核心表示，並且使用輸出數據埠轉接器的概念，以多種空間模式提供服務。每個埠始終以雙時間、不可變和唯讀模式提供數據。數據保留的持續時間取決於數據產品的策略，它可以保留並且使數據可用於許多觀察（處理時間）、只保留最新或是介於這兩者之間。

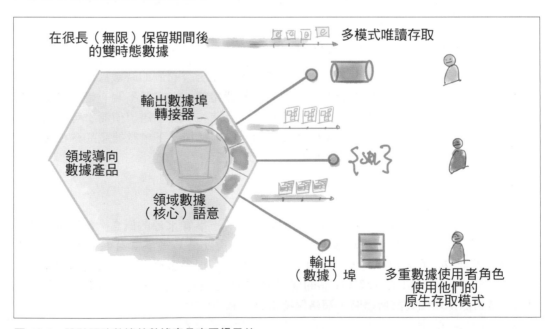

圖 12-6　設計服務數據的數據產品高層級元件

8　*https://oreil.ly/eg5u7*

表 12-1 總結提供數據所涉及的數據產品元件。

表 12-1 　提供數據服務的高層級數據產品元件

服務數據元件	描述
輸出數據埠	介面（API）根據存取特定空間格式的數據（語法）模式提供數據。這種實作可以是簡單的 API，將存取重新導向至特定的實體技術，例如，在倉庫儲存中的雙時態資料表、數據湖泊儲存中的檔案或是事件日誌紀錄主題。
輸出（數據）埠轉接器	負責為特定輸出埠呈現數據的程式。它的實作可能只是數據產品轉換程式中的一個步驟，以特定語法儲存數據，或者是像執行時的閘道器一樣複雜，用於調整儲存的核心數據，來適應多種讀取存取模式。
核心數據語義	數據語義的表達：與存取模式或空間語法無關。

消費數據

在大多數情況下，組織中的數據源自於內部或外部操作系統，跟人們或其他操作代理（例如設備）產生互動。在某些情況下，數據接收自購買或免費下載的檔案形式。舉例來說，Daff 中的營運數據是由聽眾訂閱和收聽不同內容、內容提供商發布音樂、藝人管理團隊支付和處理藝人事務等所產生的。

數據產品消費這些數據，並且以適合分析使用案例的方式對其轉換和服務。因此，在大多數情況下，數據產品使用來自一個或多個來源的數據。

在架構上，輸入數據埠（第 151 頁）實作數據產品的定義，和執行其來源數據消費所需的機制。輸入數據埠是一種邏輯架構建設，它讓數據產品能夠以連續串流或一次性有效負載的方式，連接到數據來源、執行查詢以及接收數據（事件或快照）。底層技術的選擇是實作的特定問題，由數據平台決定。

圖 12-7 說明數據產品如何消費數據的高層級觀點。數據產品使用來自一個或多個來源的數據，來源可以是協同操作系統或是其他數據產品，然後將使用的數據轉換為核心數據模型，並且藉由它的輸出埠，以多種不同方式提供服務。

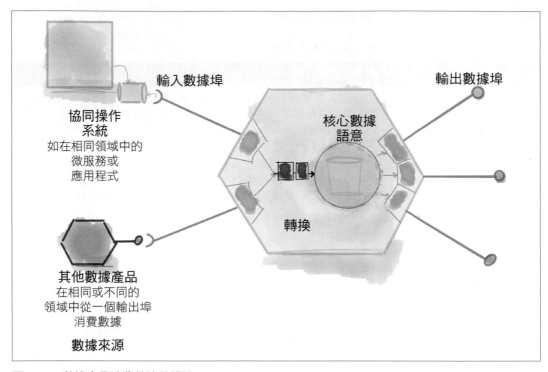

圖 12-7　數據產品消費數據的設計

每個數據產品都可以有一個或多個來源。來源對齊的數據產品（第 22 頁）主要使用來自於操作系統的數據。當我們進入聚合數據產品（第 23 頁）時，我們看到其他數據產品成為來源，而消費者對齊的數據產品（第 23 頁）通常包括智慧邏輯或機器學習模型，為特定使用案例提供本地來源的數據。

讓我們深入探討一些影響數據產品輸入數據設計的顯著特徵。

數據來源的原型

數據輸入能力的設計必須支持多種來源原型。以下是一些最高層級的類別：

* 協作操作系統

* 其他數據產品

* 自己

協作操作系統作為數據來源

來源對齊的數據產品使用來自其協作操作系統的數據，一個或多個應用程式產生數據，成為執行領域業務的副產品。它們使用針對操作系統最佳化的數據，並且將其轉換為適合分析使用的格式，分離下游分析使用案例與操作應用程式的內部細節。

此處的協作一詞，代表數據產品與其來源操作系統之間的緊密耦合，兩者都必須屬於同一個領域。來源應用程式和數據產品之間的操作數據合約通常緊密耦合，操作系統數據和模型變化會影響數據產品的數據和模型。

這就是為什麼我強烈建議，將協作的操作系統來源以及協作的數據產品保持在同一個領域中，這會讓負責變更操作系統的領域團隊與數據產品開發人員密切合作，以保持兩者同步。

在某些情況下，操作系統不與單一領域對齊，例如，CRM COTS（客戶關係管理的商用現貨系統，customer relationship management as a commercial off-the-shelf）產品將產品、客戶、銷售等多個領域封裝為單一軟體。在這種情況下，COTS 系統可以公開多個跟領域對齊的介面，每個介面用於一個特定的來源對齊數據產品。

圖 12-8 顯示來源對齊數據產品輸入的範例。**聽眾訂閱**數據產品消費來自該領域中的微服務數據，也就是**聽眾訂閱服務**。它以發布在事件日誌紀錄上的最即時事件，來接收聽眾訂閱中的修改。作為短期保留介質的**訂閱事件**日誌紀錄，由操作系統控制和維護。數據產品消費事件，對它們執行轉換，並且最終將它們用作聽眾訂閱資訊的長期保留時間檢視。

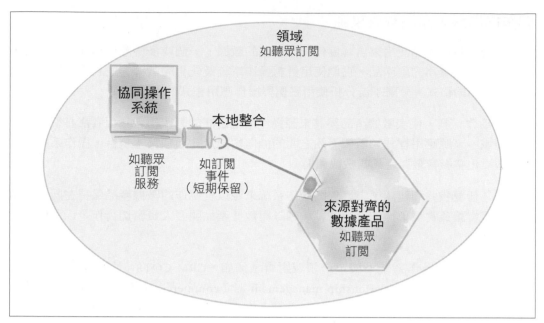

圖 12-8　具有來自協作操作系統的輸入數據產品範例

實作輸入埠以消費來自協作操作系統數據的常見機制，包括在現代系統中的非同步事件驅動的數據分享，以及難以修改的舊系統**修改數據抓取**[9]。分享領域事件的現代操作系統正日益成為一種常見做法，並且也是將數據提供給協作數據產品的良好模型。修改數據抓取是一組整合模式，用於發現和追蹤應用程式資料庫的變更，然後可以將其作為數據產品的輸入。這是從協作操作系統接收數據的最不理想方式，它揭露資料庫交易的內部實作，而且也無法對應到業務領域；但有時，它是舊有系統的唯一可用選項。

數據產品如何使用來自操作系統的數據，很大程度上受團隊擴展操作系統能力的影響。設計最終取決於領域團隊內部對於操作系統與數據產品的整合方式協議。

其他數據產品作為數據來源

數據產品可以使用網格上其他數據產品的數據。舉例來說，**Podcast 人口統計**數據產品從**聽眾剖析檔案**和 **Podcast 聽眾**數據產品接收有關聽眾的屬性。它將聽眾剖析檔案資訊與 Podcast 聽眾相關聯，並且將分類轉換套用於這些來源，然後提供有關 **Podcast 人口統計**的資訊，如圖 12-9 所示。

9　*https://oreil.ly/EB8m8*

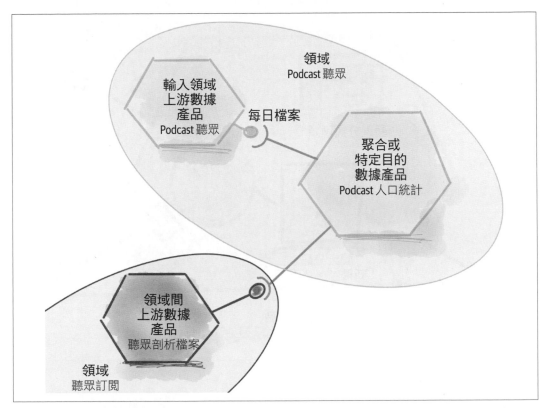

圖 12-9　以其他數據產品的輸入，作為數據產品的範例

在這種情況下，輸入埠使用來自另一個數據產品的輸出埠數據。來源數據產品可以屬於同一領域或其他領域，然而，輸入數據埠的實作，以及它們如何使用來自其他數據產品的輸出埠數據，是標準化的。

數據產品利用它的上游輸出實際時間和處理時間，來選擇所需的數據。在串流輸入的情況下，輸入埠機制將追蹤來源數據中的處理時間，以便在新數據到達時處理。

自己作為數據來源

在某些情況下，數據產品的本地計算結果可能會是數據的來源。舉例來說，機器學習模型推理等本地轉換會生成新數據。考量如圖 12-10 所示的**藝人**數據產品，它的轉換執行一個機器學習模型，該模型將新數據，例如用於藝人分類的「新興藝人」或「沉寂藝人」數據，增加到它從**藝人加入平台**的微服務接收資訊中。此外，數據產品使用本地儲存的數據，例如可能的分類列表作為輸入。

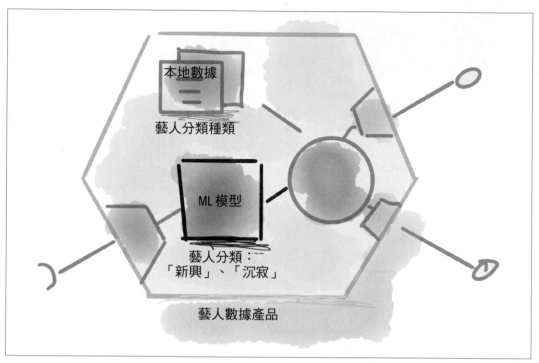

本地數據

藝人分類種類

ML 模型

藝人分類：
「新興」、「沉寂」

藝人數據產品

圖 12-10　具有本地輸入的數據產品範例

數據消費的地方性

數據網格將許多實作決策留給底層技術。數據網格架構盡可能與底層技術和基礎設施脫鉤。

舉例來說，數據的物理位置，以及消費數據產品是否將數據從一個位置物理複製到另一個位置，是平台建構的實作細節。然而，數據網格架構元件如輸入和輸出埠，是很好的介面，可用於抽象數據的內部實作或跨物理邊界的處理移動。將數據產品的輸入埠連接到另一個輸出埠的一組簡單 API，可以隱藏數據從一個物理儲存和信任邊界到另一個物理儲存的物理移動。類似地，執行數據消費請求，可以執行從一個計算環境向另一個計算環境發出的遠端查詢。

這種設計的含義是，網格可以跨越一個或多個物理基礎設施、多個雲端和本地託管環境。這代表當數據產品從其來源消費數據時，在該過程中，它可以將數據從一個底層託管環境物理移動到另一個。這種看似簡單的能力，會對數據遷移到雲端和多雲端數據平台產生深遠影響。

舉例來說，Daff 要將他們所有的分析數據和處理轉移到雲端環境中。現今，Podcast 服務及其底層營運資料庫在本地基礎設施上執行。**Podcast 聽眾**數據產品在雲端上執行。它藉由非同步輸入數據埠介面消費數據。一旦有新的 **Podcast 聽眾**註冊，Podcast 聽眾數據產品實質上就是將該資訊從本地串流複製到雲端儲存，然後藉由其基於雲端的輸出數據介面而可使用。

這實作了藉由數據產品，從一個環境到另一個環境的持續數據遷移，而不需要一個瘋狂的數據遷移策略。相同的機制可以將數據從一個雲端提供商移動到另一個雲端提供商，舉例來說，如果一家公司有一個多雲端策略，並且他們希望跨多個雲端提供商保存數據，則輸入埠的實作，可以將數據從來源的雲端提供商，移動到消費者的雲端提供商。當然，要實現這一點，底層平台基礎設施必須支援一些關鍵功能，例如數據產品的網際網路相容可尋址性、跨信任邊界的身分認證和授權，以及輸出數據埠的網際網路可存取端點。

圖 12-11 顯示兩個不同數據產品在兩個環境中的數據消費。

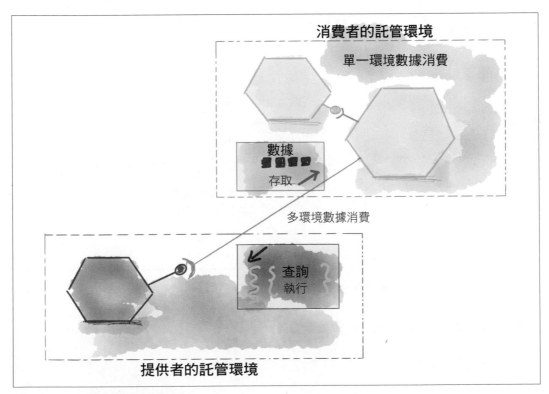

圖 12-11　多環境數據消費模型

數據消費設計

數據產品有目的的指定哪些數據、來自哪些來源，以及它們如何使用數據。數據產品會特別定義和控制使用數據的能力，這跟其他數據架構相反。在其他數據架構中，數據來源將數據轉儲存到處理器上，而不用知道數據要放在何處以及如何取得。舉例來說，在以前的架構中，外部有向無環圖（DAG）中心化的規範，定義處理器之間相互連接的方法，而不是由每個處理器各別定義接收數據及提供服務的辦法。

圖 12-12 顯示數據產品的高層級設計元件，藉由輸入數據埠來使用數據。

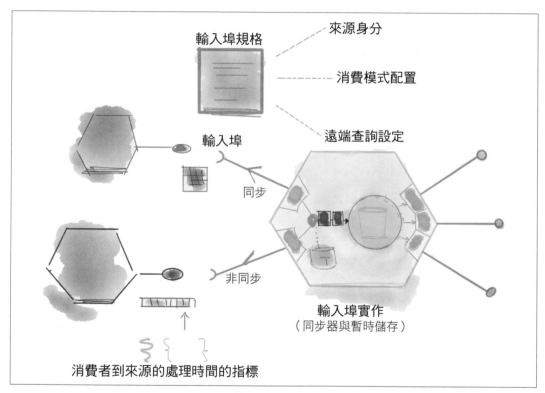

圖 12-12　設計來消費數據的數據產品高層級元件

表 12-2 總結數據產品設計用於消費數據的高層級元件。

表 12-2　數據產品設計用於消費數據的高層級元件摘要

消費數據元件	描述
輸入數據埠	數據產品接收其來源數據,並且使其可進一步使用於內部轉換的機制。
輸入數據埠規範	輸入數據埠的宣告性規範,用於配置數據來源及使用數據的方法。
非同步輸入數據埠	當必要的來源數據可用時,非同步輸入埠實作會響應的呼叫轉換程式。訂閱事件串流或讀取檔案的非同步 I/O,是非同步輸入埠的範例。非同步輸入埠追蹤來源數據產品的處理時間指標,當它接收到新處理時間的數據時,會被動的執行轉換。
同步輸入數據埠	同步輸入埠從來源中拉取數據,並在獲取數據時呼叫轉換程式。 舉例來說,「每日 Podcast 摘要」從 Podcast 聽眾中同步拉取數據,並在獲取數據時計算數值和其他摘要。它每天會在午夜抓取數據。
遠端查詢	輸入埠規範可以包括在來源上執行以接收所需數據的查詢。這個功能能減少以其他方式獲取的多餘無用數據量。查詢以來源理解的查詢語言表達,如 SQL、GraphQL、Flux 等,由輸入埠規範定義。
輸入埠同步器和暫時儲存	輸入埠經常相互依賴的使用數據。舉例來說,在來自藝人和聽眾的兩個獨立來源數據可使用之前,藝人分類轉換程式無法開始執行。暫時儲存對於追蹤觀察及未處理的數據來說都是必要的,直到所有需要的觀察結果都可用於處理。

轉換數據

幾乎所有的數據產品都會執行轉換,無論轉換是大是小。我們建立數據產品是因為我們看到分享現有數據的新分析模型價值。建立這個新模型需要轉換。建立和維護轉換程式是數據產品開發人員最關注的事情。

傳統上,這種轉換發生在將數據從輸入來源移動到輸出接收器的數據管道中。在數據網格設計中,無論是否實作為管道,轉換都編碼在數據產品中,並且由數據產品抽象化。

轉換是數據產品的內部實作,並受其控制。由於這是一個內部問題,我不打算具體說明必須如何設計它。在我看來,實作轉換方式取決於數據產品開發人員的品味、能力和需求。

查看實作數據產品轉換的幾種不同方法,會很有幫助。

程式化與非程式化轉換

數據處理和轉換分為兩個主要陣營：非程式化轉換，例如 SQL、Flux、GraphQL；和程式化數據處理，例如 Apache Beam、Apache Spark、Metaflow。

非程式方法會使用關聯代數執行集合操作，如 SQL；或是使用基於數據流的函數，如 Flux。無論哪種方式，我們的想法是可以藉由敘述，來捕捉數據意圖從這組轉換到另一組的方法。它對許多數據產品開發人員來說簡單易懂，但也僅限於敘述的功能；若有更複雜的轉換，敘述將變得難以理解、難以模組化並且難以自動測試。

在實際狀況中，我們不應該找到許多單純執行非程式轉換的數據產品。任何其他下游數據產品都可以自己執行相同的遠端查詢，而不需要中間數據產品。

圖 12-13 說明一個非程式轉換的範例。目的是為**頂層聽眾**建立人口統計資訊。頂層聽眾數據產品使用**播放歌曲和聽眾剖析檔案**的輸入埠，來抓取今天聽過歌的聽眾剖析檔案資訊。然後，它會生成有關聽眾人口統計數據的各種統計數據，例如，今天收聽最多或最少的年齡群組、今天聽眾最多或最少的國家等。

另一方面，程式化數據處理使用程式邏輯、條件和敘述來轉換數據。Apache Beam 或 Apache Spark 等程式化數據處理函式庫，可用於不同程式語言，如 Python、Java 等。轉換程式可以命令式或宣告式的存取託管程式語言的全部功能。它可以模組化與測試。這種方法對於不會寫程式的數據產品開發人員來說更為複雜，但也更易於擴展。這種方法的優點是隨著更多關於**播放歌曲**的紀錄出現，可以增量的計算統計數據。

數據網格不干涉數據產品採用的轉換方法，而是依照通則，將程式方法用在較為複雜的使用案例；當轉換明顯且簡單時，則使用非程式方法。更有甚者，如果轉換相當明顯且非程式，那什麼也不用做，也不用建立中間數據產品。只需讓最終消費者自己執行查詢即可。請注意，即使在程式轉換的情況下，輸入埠也可能在處理來源之前觸發對來源的非程序查詢，這減少了移動到轉換程式的數據量，並且將處理推送到上游數據的所在位置。

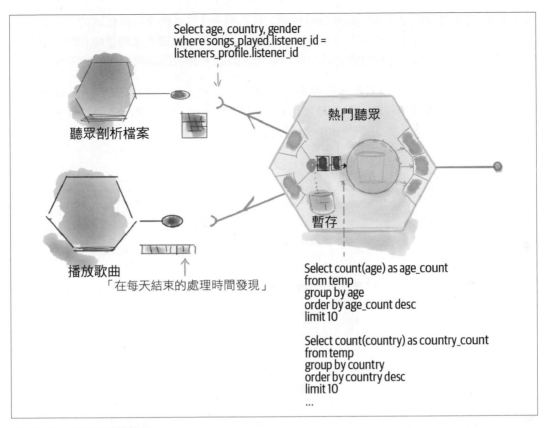

圖 12-13 非程式轉換範例

基於數據流的轉換

1960 年代導入的數據流程式範式,將電腦程式定義為操作之間數據流動的有向圖。這種程式範式啟發許多現代數據管道設計。

數據管道是在數據從一個步驟流向另一個步驟時,執行的一系列轉換步驟(功能)。數據網格避免使用管道作為最高層級架構範例,也避免用在數據產品之間。目前使用管道所面臨的挑戰是,它們無法建立清晰的介面、合約和抽象化,隨著管道日益複雜,這些介面、合約和抽象化也無法繼續輕鬆維持。由於缺乏抽象化,管道中的單一故障會導致串聯性的故障。

數據產品邊界內的管道（或一般基於數據流的程式模型），是實作轉換程式的自然範式。在這種情況下，管道往往變得不那麼複雜；因為它們受單一數據產品的情境和轉換限制。它們還升級、測試和部署為數據產品的單一單元。因此，管道的緊密耦合問題不大。

簡而言之，只要管道階段不超出數據產品的邊界，就可以在這個邊界內以數據管道轉換。除了藉由唯讀輸出和輸入數據埠提供和使用數據之外，數據產品之間不會發生任何轉換。我將這個原理稱為笨蛋管道和智慧過濾器。

圖 12-14 顯示管道轉換中所涉及的高層級元件。

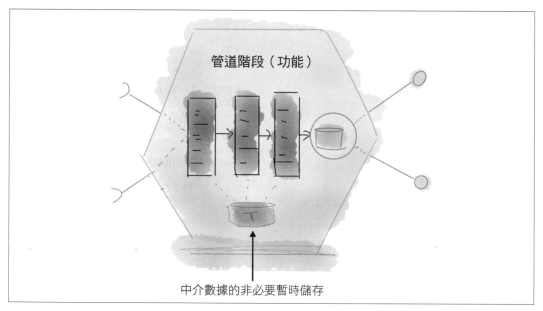

圖 12-14　管道轉換

以 ML 作為轉換

第三類轉換是以模型為基準：部署和執行機器學習或統計模型作為數據產品的轉換。舉例來說，想像一下 Daff 使用 TensorFlow[10] 推薦系統來推薦歌曲，以擴展聽眾現有播放清單，TensorFlow 模型可以序列化並且部署成為**播放清單推薦**系統數據產品。數據產品使用聽眾的播放清單，預測接下來要推薦哪些歌曲，並且將這些歌曲儲存為播放清單擴展推薦，當聽眾播放這些清單時，也等於讀取和使用這些推薦。推薦系統模型執行於程式和所需的程式語言中，但計算主要交由模型執行。

---

10 *https://www.tensorflow.org/*

ML 模型可以部署在許多不同的環境中，例如微服務和應用程式以及數據產品。

時變轉換

所有轉換的共同特徵是要尊重時間軸：即處理時間和實際時間。轉換程式在處理輸入時會意識到時間參數，並且對應不同的時間產生相對的輸出。

輸入埠機制追蹤每個來源的處理時間。轉換程式基於對來源數據執行的計算，產生其輸出的實際時間。輸出埠提供轉換後的數據，以及數據產品的內部處理時間計數。

轉換設計

轉換的設計，包括建構時定義、部署和執行，很大程度上會取決於選擇的框架和底層技術。無論轉換是藉由宣告性語句還是程式碼實作，都需要平台功能來建構、測試、部署和執行轉換。

圖 12-15 顯示一些參與數據產品轉換的高層級設計元素。

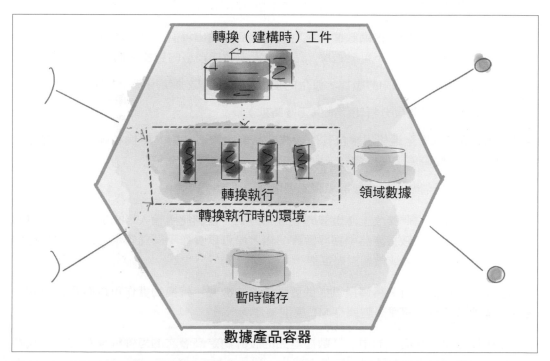

圖 12-15　用於數據產品設計轉換的高層級元件

表 12-3 總結設計數據產品轉換功能所涉及的高層級元件。

表 12-3　數據產品轉換數據的高層級元件摘要

轉換數據元件	描述
轉換工件	定義轉換的程式、配置、敘述或模型。該工件在輸入數據上執行以產生輸出，持續特定的紀錄時間。
轉換執行時的環境	轉換會根據轉換的配置而呼叫，例如定期或是必要輸入數據的可用性。一旦呼叫，它們需要一個計算環境來執行，受到數據產品容器的限制。底層平台提供了這個環境。
暫時儲存	轉換程式的步驟可能需要存取在轉換的不同階段保持狀態的暫時儲存。這是由底層平台提供的。

回顧

在本章中，我介紹數據產品的一些核心設計元素和特性，作為架構量子，用於自主消費、轉換和服務數據。

為了在分散式網格架構中提供數據，我為數據產品的輸出埠訂立一些屬性：藉由唯讀和多模式 API 提供雙時態、不可變數據。這些約束由數據網格的目標和假設所驅動：

- 數據產品將其領域導向的數據，原生的提供給廣泛的數據使用者（多模式存取）。

- 數據產品可用於時間分析使用案例（雙時態）。

- 數據產品可以安全地使用來自其他數據產品的數據，並對其轉換和服務，同時在某個時間點（雙時態）保持最終一致性的全域狀態。

- 數據產品使用者為分析和機器學習處理數據（唯讀）。

數據產品可以控制它們接收上游數據的位置和方式。它們使用輸入埠來從同一領域中的協作操作系統或上游數據產品中獲取數據。輸入埠可以實作不同託管環境之間的數據移動，以支持多雲端部署或增量雲端遷徙。

數據產品幾乎總是執行某種轉換以提供更高價值的數據。轉換的實作可以有多種形式，包括數據管道函數、複雜查詢或是 ML 模型推理等。

本章在數據分享的核心功能中，為數據產品的設計制定高層次的思維框架和方法。我希望未來的數據網格實作會評估和完善這部分。

第十三章

設計發現、理解和組合數據

發現、理解和信任數據，是數據之旅的必要步驟。數據網格方法的獨特之處在於，要如何在互連和自治的數據產品去中心化網格中，發現、理解和信任數據，而不會產生中心化的瓶頸。

同樣的，從多個現有數據的交集和聚合中組合新數據，是所有數據工作的必備基本功能。數據網格導入以去中心化方式組合多個數據產品的能力，而無需建立會成為變更瓶頸的緊密耦合數據模型。

本章簡介數據可發現性和可組合性的每個功能。我會描述數據網格的定位，並且介紹設計考量，以便所有單獨數據產品，在本地發揮其可發現性、可理解性和可組合性作用。我會討論數據產品的這些本地能供性，及如何在不建立緊密耦合同步點的情況下，橫跨許多數據產品表面網格層級功能。

本章描述數據網格方法的邊界，及其與數據網格目標相容或不相容之處。然而，這些確切規範尚未得到定義和測試，並且已經超出本書範圍。

發現、理解、信任和探索

數據網格將可發現性、可理解性、可信賴性和可探索性，定義為數據產品的一些內在特徵。我在第三章簡要介紹這些作為數據產品的基本可用性特徵。這些屬性是實現數據使用者旅程的關鍵：找到正確的數據，理解、信任並且探索它對手頭上分析使用案例的適用性。這些屬性回答以下問題：是否有任何數據產品可以告訴我有關聽眾的資訊？關於聽眾的數據產品實際上提供了什麼資訊？我可以信任它嗎？我可以將它用於具有一組特定數據要求的特定使用案例嗎？我如何才能存取它以進行早期實驗？等等。

到目前為止，我認為這裡沒有任何爭議處。數據網格與現今大多數數據可發現性方法，即數據目錄服務的不同之處在於，如何實現這些能供性。

在撰寫本文時，有兩種既定方法：我將第一種方法稱為後驗策展和整合。在這種方法中，數據管理員或治理團隊成員的任務是事後識別、標記、記錄和整合有關領域已經產生的數據資訊；然後，這些精選資訊成為發現來源。另一種方法我稱之為後驗調查情報，這種方法套用智慧機器觀察，在事後釋放已經產生的數據，以抓取元數據。舉例來說，可以對大量操作數據執行演算法，藉由分析存取過的資料表人員、使用範圍以及使用方式，來確定資料表的可信度。這個資訊建立了一個關於數據的知識層，對可發現性來說相當實用。

 雖然智慧和調查演算法有助於啟動數據網格，在實作數據網格之前，發現組織可用的數據；或藉由向每個數據產品添加額外資訊，來幫助網格的可觀察性，但這樣遠遠不夠。

數據網格跟這兩種方法的主要區別在於，它向左移動了可發現性。從數據產品本身，或建立之時開始，數據的可發現性、可理解性等，就貫穿整個生命週期。數據產品有責任分享所需的資訊，使其自身可被發現、可被理解、可被信賴和可被探索。

數據網格為機器和人類存取設計了可發現性：人們可以發現、理解、信任和探索數據產品，而機器可以自動化這些功能，並且在此基礎上建構高階功能。舉例來說，網格體驗階段可以使用每個數據產品提供的發現數據，自動搜索數據產品。

第九章簡要介紹發現（埠）API 的概念，也就是發現數據產品的機制。在本節中，我會討論實作發現埠的一些設計元素，並且聚焦在跟其他方法相比，數據網格中的不同之處。

發現和理解不僅限於我在本章中介紹的內容，在第十四章的〈設計管理、治理和觀察數據〉中，我也會進一步討論。

圖 13-1 顯示發現過程中涉及的高層級互動。

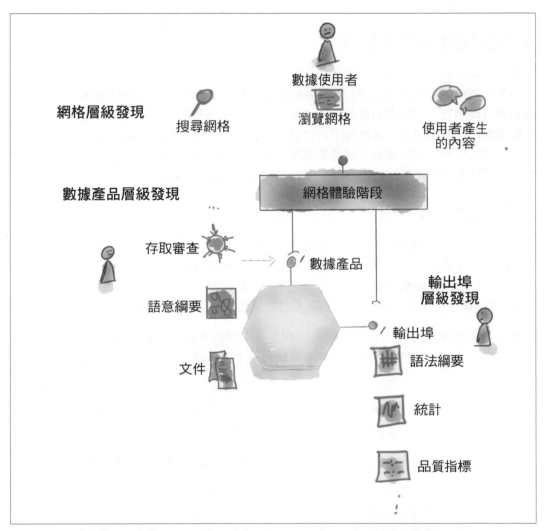

圖 13-1　數據產品的可發現性、可理解性、可信賴性和可探索性的高層級設計範例

網格體驗階段在表面網格層級的可發現性中占有相當重要的作用，例如搜尋和瀏覽功能。網格層級的操作，藉由數據產品提供的數據和 API 實現。一些可發現性資訊的範圍是數據產品，例如它的語義規範和文件；還有一些範圍是它的每個輸出埠，例如數據格式規範、統計屬性和數據形狀，以及品質指標和 SLO。

讓我們來仔細研究一下。

藉由自我註冊開始發現

實體的發現，始於對實體存在的認識，以及定位和尋址它的能力。在數據網格中，發現始於讓更廣泛的生態系統知道數據產品的存在，特別是數據平台的網格體驗階段服務，例如搜尋或瀏覽。可以在數據產品的建構、部署或執行時的不同階段，分配各種資訊，例如名稱、地址和位置。在操作平台中存在現有技術，例如用於註冊、尋址和定位服務的服務網格。類似的技術和方法能夠部署於此。數據產品能夠快速啟動發現的最小訊息要求，是可進一步查詢訊息的可尋址端點的獨特名稱（辨識子）。

發現全域 URI

理想情況下，所有數據產品都有一個描述自己的標準介面：一個全域可存取的 URI[1]，它是存取數據產品所有其他發現的根源。這種發現 API 提供的資訊包括數據產品層級資訊，例如核心數據語義規範、整體文件、存取日誌紀錄，以及特定於其每個輸出埠的更深層次資訊，例如它們的特定數據語法和其他元數據，例如隱私層級、品質保證等。

數據產品的發現 API 提供的資訊，可以在生命週期的不同階段一再更新。其中一些在建構時已知，如綱要規格；而其他一些在執行時才得以建立，例如描述數據形狀的統計資訊。

數據產品開發人員維護數據產品的可發現性資訊以及數據產品的數據，他們使用數據平台元件，例如**數據產品體驗階段**提供的標準化，發現 API。

數據使用者往往藉由網格體驗階段開始發現和搜索，可以快速深入到特定數據產品的發現資訊。

1　在本書中，我使用 URI 這個熟悉的術語；然而，實作將會使用國際化資源標示符「IRI」，它類似於 URI，但具有擴充字元集合。

理解語義和句法模型

> 所有模型都是錯誤的，但至少有些有用。
>
> —George Box

數據是根據模型組合在一起的事實集合。數據模型類似於現實，足以應付手頭上的（分析）任務。隨著時間過去，數據建模的方法持續發展。在撰寫本文時，有多種常見做法：關聯式資料表（SQL 數據儲存）、將關係扁平化為巢狀樹狀結構（JSON 結構），儲存為列或行、實體和關係都具有圖形資料庫的屬性圖譜、語義圖譜（Semantic Web）、時間序列數據建模等。有些建模風格更具有表現力，接近人類對世界的直覺式理解；而有些模型則有遺失資訊，針對機器處理最佳化。舉例來說，屬性圖譜可以用更直覺的方式對世界建模，因為它描述了實體、類型、屬性以及實體之間的關係；最重要的是，它能明確的為關係的類型和屬性建模。這與巢狀表格結構形成對比，在巢狀表格結構中，我們必須根據屬性值，對關係性質做出假設。圖 13-2 顯示屬性圖譜的**播放清單**領域高層級建模。

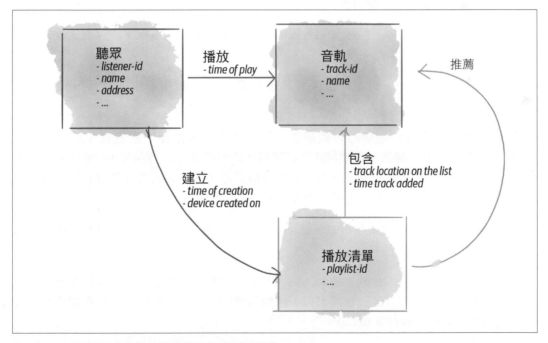

圖 13-2 以屬性圖譜建模的播放清單領域範例語義

理想情況下，數據產品對其業務領域數據建模，使其盡可能接近業務實際情況。我稱之為數據產品的**語義模型**：捕捉數據領域模型的機器和人類可讀模型定義，包括數據產品如何對領域建模，數據包括哪些類型的實體，實體的屬性，實體之間的關係等。

除了語義模型之外，數據產品還根據其輸出埠支援的存取模型對其語義編碼，我稱之為**語法模型**。每個輸出埠都有自己的語法模型。舉例來說，播放清單檔案輸出埠，將播放清單建模為巢狀資料表，儲存為列檔案並且根據 JSON 綱要[2] 定義。此建模針對使用特徵，即所有紀錄中的列，最佳化機器學習訓練。

語義模型 [3] 有助於機器和人類理解數據預期捕獲的內容，而無需僅藉由查看語法模型就作出隱藏性假設。它有助於根據其預期模型自動驗證數據，並參與建立更廣泛的知識圖譜。

除了句法和語義建模之外，數據產品使用者和開發人員定義的編碼數據預期 [4]，即闡明數據期望值和分布測試，對理解數據也非常有幫助。

藉由數據保證建立信任

在尋找正確數據的過程中，數據使用者需要評估數據的某些基本特徵，以評估數據是否滿足其特定使用案例所需的保證。

這些特徵分為不同類別，例如**數據品質的客觀量測、成熟度等級、標準一致性或時間特徵**等。

數據產品會計算並且分享這些客觀指標。對於其中一些指標，它定義並且維護保證（SLO）。舉例來說，**播放事件**數據產品將其事件的即時性定義為保證 10-30 毫秒（延遲範圍）的指標。它在處理數據並且努力滿足其保證時，提供最新的即時性指標。這些指標是告知和建立信任的措施，也是與數據使用者設定期望的合約。

這些指標的定義及計算和呈現方式，是全域治理關注的問題，並且由底層**數據產品體驗階段**以標準化方式實現。

以下是保證類別的列表。此列表僅作為範例，並不完整。隨著數據產品處理新數據，這些列表會不斷更新。與其他元數據類似，指標具時間性，也就是會取決於數據產品的處理時間和實際時間（或時間窗口）：

2　*https://json-schema.org*

3　語義模型能幫助數據使用者發現數據的意義，但它本身並不能傳達意義。

4　請參閱 Great Expectations 作為表達數據期望的工具的範例。

數據品質指標

有一組特徵可以聚合歸類為品質。這些屬性並非用來定義數據產品的好壞，只是傳達數據產品期望達到的保證閾值，對於某些使用案例來說，這可能完全在可接受的範圍內。舉例來說，**播放器**領域可能提供兩種不同的數據產品：具有最即時數據，和較低層級一致性的**播放事件**數據產品，包括遺失或重複事件；以及具有更長延遲，但具有更高數據一致性層級的**播放會談**數據產品。對於各自的使用案例來說，每個都可視為值得信賴。以下是該類別中的一些範例：[5]

準確性
    代表真實世界環境中屬性真實值的程度

完整性
    表示真實世界情境的所有屬性和實例的程度

一致性
    無矛盾程度

精確
    屬性保真度

數據成熟度指標

在我看來，數據成熟度是由組織根據他們的準則，和對數據驅動的營運模型期望而主觀定義。舉例來說，組織可以根據使用程度，即數據使用範圍、生命週期，即數據產品是否正在開發、積極演化、最佳化或暫停中、多樣性，它們支持的存取模式和使用案例數量、連接，以重用類型和數據形式連接到其他數據產品的程度等幾個因素，來定義成熟度模型。

數據產品根據組織的標準模型計算和分享成熟度。

數據標準一致性

數據產品可能會遵循現有的特定領域數據模型，來提高互動性層級。舉例來說，在醫療保健領域，FHIR HL7[6] 資源定義可以提高與組織內外部大量數據消費者的互動性水準。遵守行業標準的決定，必須考慮例如外部互動性的優勢，和例如適應一體適用模型轉換成本的劣勢。

數據產品可以表達它們的數據模型該遵循怎樣的標準。

5　在撰寫本文時，ISO/IEC 25012 對數據品質的 15 個特徵進行標準化。
6　*https://oreil.ly/H99gH*

時間指標

數據產品本質上提供時間數據，描繪數據時間形狀的參數，有助於評估數據的適用性。以下為一些例子：

時間（實際時間和處理時間）

數據可用的最早實際時間和處理時間。這代表數據使用者可以追溯至多久以前，來存取數據。它描繪出數據產品的數據保留期限。

處理間隔

如果存在這樣的模式，數據產品可以回報數據處理的頻率。在沒有特定間隔的情況下，數據產品可以提供關於平均值、最大值和最小值間隔的統計數據。這能制定數據消費者對他們讀取和處理新數據的頻率的期望。

最後處理時間

數據最近一次處理時間。

最後實際時間（時間窗口）

數據最近一次的實際時間（或時間窗口）。

實際時間窗口

如果數據在時間窗口內聚合，則輸入已處理數據和已建立新數據的實際時間窗口。

及時性

實際時間和處理時間分離的程度。數據越及時，實際時間與紀錄時間之間的差距就越小。在前一章中，我使用偏差一詞來表示此屬性。

使用者驅動的指標

到目前為止，前面提到的所有類別都是由數據產品，也就是數據提供者所提供的。

數據使用者通常會根據其他數據使用者的使用經驗來建立信任。因此，數據產品必須捕捉並且呈現其消費者的感知和體驗，以作為品質指標。舉例來說，公司可以開發一個識別系統，讓數據使用者可以根據他們的經驗替數據產品評分，例如，減少理解和使用數據的準備時間、感知的數據品質、數據產品開發團隊的響應能力等。

前面的列表能讓你了解數據產品在處理流程中，最適合計算和抓取的資訊類型，並可自主提供給消費者，以提高他們的信任度。

現今，過度普及的元數據管理技術試圖定義和公開這類資訊。數據網格方法與這些工具無關，並且期望所有數據產品能一致性的提供和管理信任指標。在建立一套一致的信任指標時，現存有兩個著名的開源標準可供參考：網路最佳實踐（Web Best Practices）的數據，即數據品質詞彙表[7]；和相關數據目錄詞彙表[8]。它們試圖建立一致性詞彙表，其使命是建立在網路上提供開放數據生態系統的最佳實踐。

探索數據的形狀

探索數據並且理解其具有統計意義的屬性，對於學習和信任特定使用案例的數據至關重要。數據網格將數據探索視為數據使用者旅程中的關鍵一步，即使最終選擇不使用數據。

在數據使用者已經可以存取數據的情況下，他們可以使用數據產品的輸出埠執行各種查詢，來探索所有紀錄。

然而，在許多情況下，個人通常由於無法存取，而沒辦法獲取單一紀錄，但他們必須要能夠探索數據的形狀，並且評估它是否適合他們的特定使用案例。因此，數據產品負責提供資訊，使消費者無需處理單一紀錄，也可探索數據形狀。

舉例來說，數據產品的發現介面可以包括檢查數據欄位分布、數據值範圍、數據值頻率、百分位數等功能；再例如，想評估現有**社群媒體提及**數據產品時，是否是識別趨勢的可靠來源，發現介面可以檢查「個人提及來源的分布」，由此得知是否只有一小部分人扭曲結果，或者是否存在可靠且可供使用的資源鐘形曲線分布？

更一般地說，數據產品可以提供對套用**差異隱私**[9]數據的存取，以在不提供個人敏感紀錄存取的情況下，大量探索。差異隱私是一種改善隱私的技術，同時保留對大量數據執行有用分析的能力，舉例來說，藉由在數據中導入可容忍的雜訊。「差異隱私可以讓你從大型數據集合中獲得洞見，但數學已證實，沒有人可以因此了解另外一個人。」[10]

---

7 *https://oreil.ly/SZTWx*

8 *https://oreil.ly/DQDBK*

9 *https://oreil.ly/eCl3A*

10 Cynthia Dwork and Aaron Roth. 2014. "The Algorithmic Foundations of Differential Privacy," *Foundations and Trends in Theoretical Computer Science*, 9(3-4): 211-407.

藉由文件學習

人類可讀文件，是一個非常強大的工具，可以幫助數據使用者理解數據產品、連接埠的語法以及其下的數據。最重要的是，它可以幫助數據產品開發人員講述數據的故事。一開始由 Wolfram Mathematica 提出的筆記本介面（computational notebook），一直是科學家支持科學研究、探索和教育過程的可靠夥伴。近來，數據科學已廣泛使用它們，因為它們能提供簡單、文件式、直覺且具互動式的介面，來探索數據。

數據產品可以提供和維護一組筆記本介面，這些筆記本基本上傳達使用數據的方法，並且顯示其實際屬性。它們將人類可讀的文件、程式和數據視覺化組合在一個地方，用來講述關於數據那引人入勝的故事。此外，底層平台可以促進數據使用者分享筆記本介面，以取得其他新穎表達使用數據的方式。

筆記本介面是記錄、教育和分享有關數據產品使用案例的好方法。但是，我並不提倡筆記本的產品化應用。因為隨著它們的增長，並不支援建立模組化、可測試和可擴展的程式，若將它們作為長期產品化程式，會比較困難維護。

發現、探索和理解設計

幾乎所有我在本節中列出的可發現性資訊，都需要在所有數據產品中標準化，以實現網格的無縫體驗，以及不同數據產品之間的公平評估和比較。這代表平台必須密切參與提供計算、捕捉和分享資訊的標準化方法。因此，數據產品邊車（第 157 頁）最適合藉由可發現性功能而得到擴展。還記得第九章的數據產品邊車嗎？它是一個平台提供的代理，執行於數據量子的計算情境中，並且負責橫向切面關注點，這些關注點主要想在橫跨所有數據產品中得到標準化。

圖 13-3 顯示支援可發現性的數據產品邊車互動。但其他功能列表則不在此處討論中。

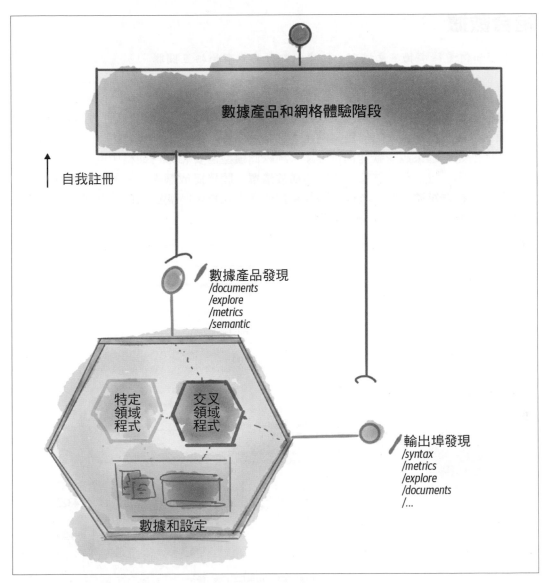

圖 13-3　為所有數據產品提供一致可發現性模型的數據產品邊車

組合數據

> 學習如何看待事物，意識到一切事物都與其他事物相互關聯。
>
> —達文西

強大的分析使用案例需要橫跨多個數據產品，和不同領域之間互相關聯和連接數據。舉例來說，辨識出**新興藝人**的使用案例需要訓練一個機器學習模型，該模型可以對藝人在一段時間內是否越來越受歡迎進行分類。訓練此模型需要和來自網格中的各種數據產品數據產生關聯，包括包含該藝人的歌曲**播放清單**、聽眾播放藝人音樂的**播放會談**，以及提及藝人的**社群媒體**內容。該模型需要將每個藝人和特定時間窗口的這些數據產品建立起關聯。圖 13-4 即是這個例子的說明。

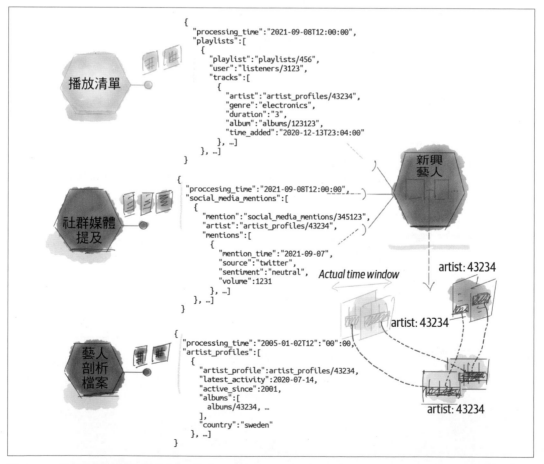

圖 13-4　數據產品可組合性範例

需要跨網格連接數據的數據使用者，可能是在多個來源上執行轉換的網格上數據產品，或是像分析報告這樣的網格外分析應用程式。

我使用關聯或組合這個通用術語，作為對兩個或多個數據產品執行的操作，例如連接、聯集、過濾、交集、搜尋（走訪）等。

使用數據設計屬性

數據產品的去中心化，對數據網格在實作中設計數據可組合性的方法，提出以下需求。

能夠跨不同的存取模式和拓撲組合數據

回顧前面第十二章中的消費、轉換和服務數據的能供性，數據提供模式各異，例如檔案、資料庫資料表、串流等。因此，組合數據的需求能力，跟數據的語法、底層儲存類型和存取模式無關。

舉例來說，如果我們在前面的範例中新增**播放事件**，則**新興藝人**模型的訓練，需要能夠橫跨作為事件串流和柱狀檔案的數據，來組合出這位音樂人的資訊。

因此，許多假設同質數據的現存可組合性技術，例如定義單一綱要的資料表之間的主鍵和外鍵關係將無法運作。

能夠去中心化的發現和學習相關內容

在橫跨不同數據產品組合數據之前，數據使用者需要發現橫跨不同數據產品的資訊相關性。在我們之前的範例中，**新興藝人**數據產品的開發人員，需要知道這位藝人在**播放清單、社群媒體提及內容，和藝人剖析檔案**等數據產品中的相關資訊。

傳統上，這可藉由分享和中心化類型系統或模式來達成；相較之下，數據網格需要採用分散式數據建模的方法。

能夠無縫連接相關數據

一旦數據使用者發現藝人資訊出現在**社群媒體提及內容、播放清單和藝人剖析檔案**中，他們就需要能夠在這些數據產品中，對應和關聯同一位藝人的各個實體。他們需要知道每個數據產品中的哪些欄位代表這位藝人，以及如何對應，舉例來說，以單一**辨識子**在全域內標註這位藝人，然後所有數據產品就都用該辨識子，來識別這位藝人。

暫時關聯數據的能力

數據產品服務於兩個時間維度的數據,即處理時間和實際時間(或時間窗口)。本質上,時間是關聯兩個數據實體的參數。舉例來說,在發現新興藝人時,轉換和關聯社群媒體提及內容和播放清單中的數據的程式(或查詢),包括提及藝人或將藝人新增到播放清單的實際時間。預設合併時間的美妙之處在於,所有其他操作會自然成為時間的函數。

為了討論數據網格的數據可組合性設計,讓我們簡要了解一些現有的數據可組合性方法,並且評估它們是否可用於數據網格。

數據可組合性的傳統方法

縱觀現有的數據技術,我們發現一些值得注意的數據可組合性方法。在撰寫本文時,這些方法儘管不適用於數據網格,仍有一些有趣經驗值得學習。

在所有這些方法中,可組合性藉由明確定義關係和分享類型系統來實現。使用明確定義的關係,系統可以推斷出跟其他資訊相關的內容以及關聯方法:

事實資料表中定義的關係

關係綱要,特別是數據倉庫系統採用的星型和雪花綱要 [11],定義了不同類型數據之間的明確關係。舉例來說,為了存取**新興藝人**模型訓練的數據,綱要為**藝人剖析檔案、社群媒體提及內容和播放清單**,定義三個維度的資料表。為了替每位藝人組合和關聯這些數據產品,會建立起第四張(事實)資料表,其中藝人的外鍵指向其他這三張資料表。

圖 13-5 說明事實資料表的範例,以及其到維度資料表的外鍵連接。

這種數據可組合性方法,雖然在中心化系統中執行查詢具有高效能和靈活性,但不適合於數據網格。它在數據產品之間建立了緊密而脆弱的耦合。每個數據產品的綱要不能獨立更改,因為它們在同一綱要中與其他綱要緊密連接。它假設跨數據產品的同質數據語法(表格),並且內部儲存系統辨識子與特定實作緊密耦合。

---

11 雪花綱要是一種多維度資料庫綱要,它將所有實體正規化為維度資料表,並在單獨的資料表中定義它們的關係,也就是一個包含維度資料表外鍵的事實資料表。星型綱要是雪花綱要的特例。

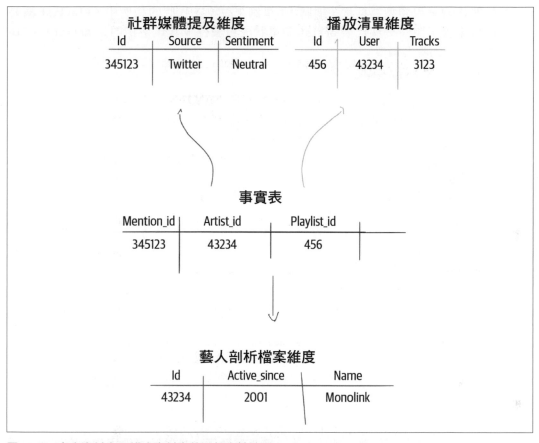

圖 13-5　事實資料表和維度資料表的可組合性範例

數據網格則不明確定義事實或連接資料表。

使用分散式類型系統定義的關係

另一種發現相關數據的方法是使用類型系統。舉例來說，GraphQL 的 Apollo federation[12] 允許單一服務定義一個子圖，也就是一組數據類型的綱要，服務可以依序解析並且為其提供數據。每個子圖都有自己的綱要，並且定義了一組類型、物件以及屬性。每個子圖綱要都可以引用其他子圖綱要中定義的其他類型，並且可以擴展。然後閘道器會使用聯合類型系統來關聯子圖，並且建立父圖。

---

12 *https://oreil.ly/CQLsu*

這些關係的呈現類型為巢狀（樹狀）。舉例來說，在我們的範例中，Playlist 綱要（類型定義）將有一個代表 artist 的巢狀成員欄位，其類型指的是 ArtistProfile 綱要中定義的藝人類型：

```
// Artist Profile Schema
type ArtistProfile {
    artist: Artist
    active_since: Date
    ...
}
type Artist {
id : ID!
    name : String
}
----------------------------

// Playlist Schema
type Playlist {
user: String
    tracks : [Tracks]
...
}
// Using a shared type, Artist, defined in the Artist Profiles schema
type Track {
    artist: Artist
    duration: Int
    ...
}
```

分散式類型系統適用於數據網格，因為它是鬆散耦合且對於可重用類型有明確的所有權。然而，它需要更進一步的加強，以獨立的考慮類型，即綱要的變化和時間維度（類型版本），同時允許類型重用。

使用超連結和中心化類型系統定義的關係

定義相關數據的另一種方法，是在綱要中使用顯示 HTTP 超連結來分享數據類型，這種綱要通常可以藉由中心化和分享的綱要註冊表獲得，例如 schema.org[13]。指向綱要的直接超連結通常伴隨著指向不同集合中的單一數據實例直接超連結。

---

13 *https://schema.org*

舉例來說，圍繞語義網（全球數據網路）開發的 Linked Data[14] 和標準化就採用了這種方法。雖然 Linked Data 的採用尚未廣泛滲透到企業的分析數據管理中，但它是一個有趣的靈感來源，因為藉由網路連結連接相關數據，它試圖在全域範圍內解決分散式數據連接和可組合性問題。

以下是 JSON-LD 中一個簡單範例，雖然不完整，但顯示數據連結和綱要連結：

```
// Sample data provided in a (partial) JSON-LD format
// Defining the terms used by referring to their explicit
// definitions in a centralized schema
{
    "@context": {
        "@vocab": "https://schemas.daff.com/playlist#",
        "listeners": "https://schema.org/Person#",
        "artist": "https://schemas.daff.com/artist#",
        "album": "https://schemas.daff.com/album#",
        "track": "https://schemas.daff.com/track#",
        "track:id": {"@type": "@id"},
    },
    "@id": "https://daff.com/playlist/19378",
    "@type": "Playlist",
    "name": "Indie Playlist",
    "genre": ["Indie Rock"],
    "tracks": [{
        "@id": "https://daff.com/playlist/19378/1",
        "@type": "PlaylistElement",
        "artist:name": "Sonic Youth",
        "album:name": "Daydream Nation",
        "track:name": "Teen Age Riot",
        "track:id": "https://daff.com/tracks/39438434"
    },{
        "@id": "https://daff.com/playlist/19378/2",
        "@type": "PlaylistElement",
        "artist:name": "Thurston Moore",
        "album:name": "The Best Day",
        "track:name": "Speak to the Wild",
        "track:id": "https://daff.com/tracks/1275756"
    }
    ]
}
```

---

14 *https://oreil.ly/nSQOj*

在這個模型中，每個實體和數據類型都有一個明確定義的綱要，用綱要 URI 標示，而且可以藉由定義好的本體和詞彙（ontologies and vocabularies）[15]，連接到其他綱要。本體是領域中的術語，以及在領域之間和跟其他領域關係明確且正式的規範。舉例來說，播放清單包含曲目，其中包含指向曲目和藝人定義的連結。我們可以使用此 JSON-LD 文件的 @context 部分來引用這些本體。這些單獨的概念，每一個都帶有唯一 URI 的綱要，該 URI 通常註冊於綱要的中心化容器，而且可以使用。[16]

此外，每個可識別的實體都有一個唯一的 URI。舉例來說，artist profiles 中的每個藝人都有一個唯一的 URI，其他相關實體都可以連接到它。這個數據連接建立一個圖形，其中可以藉由走訪現有關係來推論[17]出新關係。

該模型適合分散式數據建模和可組合性，但需要更進一步加強，以避免使用分享中心化管理綱要，因為這些綱要難以維護，且會隨時間而變化。

組合數據設計

上一節比較了數據網格跟現有的可組合性方法。至此，讓我們總結一下數據網格的數據可組合性設計，以及它的一些關鍵設計元素。

該設計優先考慮數據產品之間的**鬆散耦合**，並且讓**中心化同步點最小化**。跨網格的數據可組合性地依賴**分散式類型系統**（綱要），其中每個數據產品都擁有並且能控制其自身綱要的生命週期。數據產品可以使用和引用其他數據產品的綱要和數據，並且使用從一個數據產品到其相鄰數據產品的對應，來辨識出相關內容及方式。

但要注意的是，本文撰寫時，數據網格的可組合性方法仍然是一個正在開發的領域。

讓我們更仔細地看看以下設計元素：

分散式類型系統

每個數據產品都獨立定義了它所服務的數據語義類型，數據使用者可以唯一的尋址這樣的語義定義、綱要。數據產品的語義可以引用其他數據產品語義中定義的類型並且擴展它們：語義連接（*semantic linking*）。如果引用系統使用 URI 的網際網路尋址綱要，它單純就只會啟用分散式類型系統，將範圍擴展到多個託管環境和組織。

---

15 *https://oreil.ly/m2XzY*

16 有關開發本體的更多資訊，請參閱 Ontology Development 101（*https://oreil.ly/ZodOD*）。

17 *https://oreil.ly/eC71a*

網格體驗階段很可能會建立由網格上所有數據產品定義的所有類型中心化索引。索引只是一個指向單一數據產品的唯讀重定向機制。隨著建立新數據產品,或是更新與刪除現有數據產品,它也可以持續更新。

數據產品全域 *URI*

每個數據產品都有一個唯一的地址,理想上是 URI 的形式,可以在不同數據網格實體內,和橫跨不同的數據網格實體以程式方式存取。這個地址是存取數據產品所有其他可分享屬性的根源,例如它的語義綱要、輸出埠、數據實體等。

數據實體 *URI*

出現在多個數據產品中的實體,必須使用全域唯一能辨識的辨識子,辨識子可以是特定數據產品的 URI 形式,最終可以將地址解析為特定實體。在之前分享的範例中,「藝人」的概念是一個多義詞,出現在多個數據產品中,例如**播放清單和藝人剖析檔案**。數據產品成為產生這些 URI 的來源。在此範例中,**藝人剖析檔案**在藝人加入平台時分配 URI。

全域辨識子的分配方式,以及數據產品指向特定藝人資訊的解析方式,需要複雜的搜尋和模式配對功能。舉例來說,**社群媒體提及**內容數據產品,會發現推特(Twitter)評論中提到的某些名稱。如何將這些提及內容對應到已知藝人和藝人 URI,是一種複雜的模式匹配,它會查看許多不同情境參數,例如專輯、曲目、事件等的提及內容。為達到此目的,**藝人**領域可能會使用 ML 模型來提供藝人解析服務。

機器最佳化

數據產品設計針對人類和組織以及在邏輯層面的機器而最佳化。舉例來說,在緊密耦合的外鍵-主鍵資料表關係上使用鬆散耦合的超連結,數據網格會偏好組織而非對機器的最佳化。舉例來說,URI 可以保持不變,而數據產品可能會隨時間變化,並且部署到不同位置。

如果平台需要最佳化查詢速度,聯合查詢引擎可以為橫跨不同數據產品服務的數據建立內部索引。這些耦合更緊密的內部索引會持續不斷更新,並且對數據產品開發人員隱藏,只有內部查詢引擎可使用。可見於以下類似場景,Google 維護走訪網路連結的網路索引。身為搜尋使用者,我們只處理人類可存取的 URI,而 Google 搜索引擎則在內部使用其最佳化後的雜湊索引。

總結來說,數據表現在邏輯層面上更貼近使用者,但在實體層面上則更貼近機器操作。

人為因素

雖然支援組合的技術很重要，例如確立的 ID 綱要和標準化數據格式和建模，但數據組合也需要人為因素參與。數據產品擁有者需要了解相關數據，並且有動力讓數據使用者更容易建立起有意義的關係。就像任何產品擁有者一樣，他們需要傾聽客戶的需求，並且尋找促進組合的方法。

圖 13-6 說明對數據產品的數據可組合性設計來說，相當重要的高層級元件。

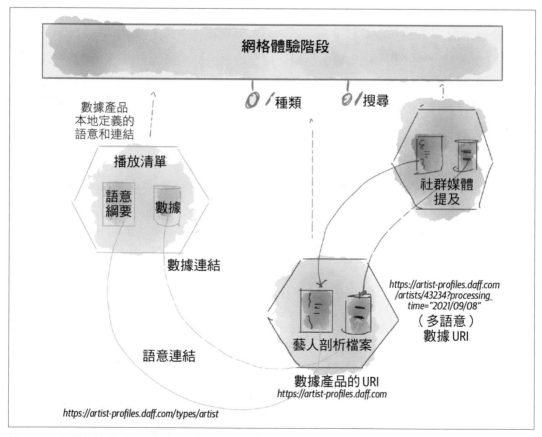

圖 13-6　用於設計數據可組合性的數據產品高層級元件

回顧

數據產品負責橋接已知和未知之間的差距,讓數據使用者得以信任它們。數據的發現、理解、信任和探索始於數據產品,有意圖的設計介面以行為分享有關數據產品的數據語義、數據格式、使用文件、統計屬性、預期品質、即時性的資訊和其他指標。一旦將這些基本功能和元數據分享建立到每個數據產品中,就可以為連接的數據產品網格建立更複雜、基於 ML 的發現功能,以搜尋、瀏覽與檢查,並且從網格中獲取意義。

為了要從單一數據產品中驅動更高階的智慧和知識,數據使用者需要找出關聯並組合它們。雖然在中心化模型中將數據拼接在一起的能力相對簡單,但綱要可以定義所有實體及其關係。對於數據網格來說,這需要一些設計考量。這些設計考量源自於一個主要目標:定義一個分散式數據模型系統,讓數據可組合性能夠快速發展,而無需建立緊密耦合或中心化模型。我介紹了設計概念,例如時間變化、可分享和可引用語義數據模型的數據產品所有權、語義模型連接、用於跨數據產品對應數據的全域識別系統;最重要的是,數據產品擁有者不斷尋找機會發現其他數據產品,並且與之建立有意義關係的責任。

我希望本章能啟發未來的數據網格實作者,建立一種開放的數據建模和可組合性語言,且無關乎底層數據儲存和格式化技術。

第十四章

設計管理、治理和觀察數據

數據產品長期存在，因此需要在其整個生命週期內，管理它們的狀態並且治理、除錯和審查。

本章總結數據產品架構的設計，並且查看讓數據產品整個生命週期內，能夠管理的最後三個能供性。

在本章中，我將討論數據產品提供的設計方式：

- 數據產品開發人員管理從開始到修改、修復和進化的多次迭代生命週期
- 受到監管並且遵守全域政策
- 監控、除錯和審查

管理生命週期

> 永遠不要告訴人們做事方式。告訴他們你的期望，他們總會展現讓人大吃一驚的聰明才智。
>
> —George S. Patton

只有當數據產品的生命週期可以自主管理，數據產品的建立、測試、部署和執行不會產生摩擦，並且不太影響其他數據產品時，數據網格的規模承諾才能實現。當數據產品之間，藉由它們的輸入和輸出數據埠、分享數據或綱要，而存在互相連接時，這一承諾必須維持真實。

在第十章中，我們看到了數據產品開發人員管理數據產品生命週期的過程，並且專注於平台服務的使用。很明顯，大部分關於配置和管理基礎設施資源，或管理變更和修訂等複雜機制的工作，都完成於底層平台，即**數據產品體驗階段**。

此處要討論的其他部分，是數據產品提供的創造和發展能力。

管理生命週期設計

數據產品在生命週期管理中的其中一項關鍵功能，是定義它的**目標狀態規範**：需要完成這些工作所需配置的資源。我將此規範稱為**數據產品清單**（*data product's manifest*）。數據產品開發者配置和維護數據產品清單，並將其與數據產品的轉換程式、測試、語義定義等其他工件，一起呈現給平台。

圖 14-1 顯示數據產品管理生命週期的互動，主要關注於數據產品的預期功能：提供清單和其他工件。數據產品團隊開發兩組工件：來源工件，例如轉換程式和語義定義；以及數據量子清單，數據產品（執行時）的目標狀態宣告和它所需要的資源。平台將使用這些工件，再次生成建立和執行時的工件，提供必要資源以及執行數據產品的容器。

如第四章所述，數據產品的宣告性建模（第 59 頁「藉由宣告性建模抽象化複雜度」）隱藏了複雜性。數據產品在清單中宣告其所需的目標狀態。清單可以在數據產品的生命週期內發生變化和演進。

使用清單宣告，數據產品開發者可以用標準方式傳達數據產品的各個面向和屬性，且在理想情況下與底層物理實作無關。開發者可以隨著時間演變而修改宣告，建立新的修訂版本，並且將舊的淘汰。

> 數據產品清單這個名稱的靈感，來自其他宣告性基礎設施供應和編排系統，例如 Kubernetes 和 Istio。

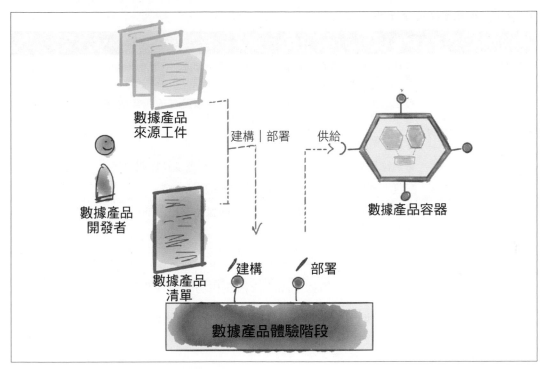

圖 14-1　管理數據產品生命週期的高層級互動

讓我們更仔細地看看數據產品清單的內容。

數據產品清單元件

數據網格採用以開發者體驗為中心的方法，來定義清單。這代表數據產品開發者專注於數據產品的各個面向，而不是平台的內部結構以及平台物理性配置數據產品的方法。此外，清單不會將數據產品鎖定到某個物理實作，理想情況下將與底層平台無關，也因此，它是可移植的。

表 14-1 列出清單定義元件的一些範例。

表 14-1 數據產品清單元件

清單元件	描述
數據產品的 URI	數據產品的全域唯一辨識子。這在第十三章中初次以關鍵辨識子（第226頁「發現全域 URI」）介紹，用於發現和尋址數據產品。
輸出埠	每個輸出埠的宣告、其支援的存取模式以及任何所需的保證。使用這個宣告，平台提供如儲存和串流主題等的資源。
輸出埠 SLO	宣告每個輸出埠保證的服務等級協議。
輸入埠	每個輸入埠的宣告及其結構特徵，數據來源以及抓取方式。
本地策略	配置本地策略，如位置、機密性、隱私及保留等。
來源工件	描述有哪些其他來源的工件，也是數據產品的一部分，包括其轉換程式和輸入埠查詢。

隨著時間演變，清單語言的設計應該要有可擴展性，並且能夠增加新的面向，因為平台會演進以支援新型資源；或者說，數據產品的依賴性和功能會進化。

數據產品中最適合（強制性地）定義為程式的方面未包含在此處。舉例來說，數據轉換邏輯、輸入埠查詢、輸出埠客製適配器和執行客製面向策略的程式，最好以程式方式實現，並作為數據產品源工件以維護。

治理數據

> 我認為計算機科學注定會成為未來的決定性理念。
>
> ——Stephen Wolfram

在第五章中介紹的數據網格，在治理和遵守政策方面的立場，是將治理數據產品的政策以程式實作，並且將其嵌入到每個數據產品中。嵌入式策略在數據產品生命週期的正確時間中得到驗證和實施，並且就在數據流之中。舉例來說，如果策略要求對某些類型的數據進行記憶體內加密，則將此策略以程式方式嵌入數據產品中，讓數據產品在其生命週期中的許多不同時間點測試和執行此策略：在建構和部署時，藉由驗證數據產品可以存取安全隔離區[1]來執行策略，在存取和轉換數據期間使用安全隔離區等等。

---

1 可信任的執行環境（trusted execution environment, TEE），它隔離出一個比主應用程式執行環境還高的安全性等級環境：處理器、記憶體和儲存。

將策略視為程式的想法，代表策略就像任何其他程式一樣受版本控制、經測試和執行與觀察。跟數據和數據綱要類似，策略會隨著時間而變化。

治理數據設計

在第九章中介紹的數據產品架構元件，支持嵌入在每個數據產品中的策略配置和執行；介紹控制埠（第 159 頁）的概念，一組允許配置策略的介面，例如為數據產品設置存取控制規則，和呼叫高權限治理功能，例如執行遺忘權利和執其他數據修復。引入**數據產品邊車**（第 157 頁）概念，作為伴隨所有數據產品的同構執行引擎，以執行所有數據產品的跨功能需求，例如**策略執行**。邊車只是一個邏輯占位符，用於不同策略的潛在多個執行機制，隨著時間過去而逐步裝飾[2]數據產品。最後，介紹了**數據產品計算容器**（第 158 頁）概念，作為封裝數據產品資源執行時實例化的一種方式。

由於治理是一個全域性的問題，政策需要一致套用於數據產品，我建議由平台提供這些元件、容器、邊車等。這些元件與網格體驗階段協同工作。網格體驗階段為所有數據產品提供治理流程的功能，例如配置策略和跨網格全域的遺忘權利。如圖 14-2 所示。

除了配置和執行之外，策略的治理還需要對其採用狀態的觀察。我將在下一節介紹可觀察性面向。

策略可以是特定領域，也可以與領域無關。舉例來說，服務於醫療保健領域數據的數據產品，必須遵守 HIPAA（美國健康保險流通與責任法案），以確保患者健康紀錄的安全性和隱私性。與領域無關，所有數據產品都必須遵守其保證的數據準確性等級。

但無論策略是否與領域相關，都有一些支持成功實作數據網格治理的設計特徵。

2　在物件導向程式中，裝飾器模式是一種設計模式，允許隨著時間過去，而將行為加到單一物件上。Erich Gamma et al., *Design Patterns: Elements of Reusable Object-Oriented Software*, 1st ed., (Boston, MA: Addison-Wesley Professional, 1994).

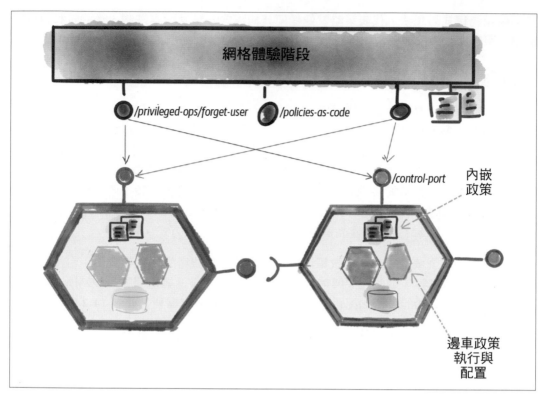

圖 14-2　嵌入策略即程式的高層級設計

標準化政策

用一致的方式為網格中的所有數據產品表達、配置和執行策略，非常重要。策略是每個數據產品的一個元素，也是介面的一部分：例如，控制埠。因此，將它們的內容以及表達和執行方式標準化，可以消除不必要的複雜性。

讓我們來看以下這個簡單的策略：*存取控制*，即我們如何定義和強制可存取數據的人員和內容？獲得存取控制工作所需的基本結構，是數據使用者*身分*的概念，也就是我們有自信的識別網格內外的人或系統使用者的方式。如果沒有一種標準化的方式來指定和識別身分，就幾乎不可能在多個數據產品之間實現數據分享。設計身分的方法越多樣化，分享數據的摩擦和成本就越高。雖然這個簡單的例子看起來很明顯和直接，但讓人訝異的是，數據管理系統尚未就標準化身分和存取控制達成共識。許多儲存和數據管理技術，都有自己專門的方式來識別消費者的帳號，並且定義和實施他們的存取控制。

以下是一些從標準化中獲益匪淺的政策範例。

加密

根據數據產品的安全策略，數據在傳輸過程中、靜止時，以及最近隨著機密計算（confidential computing）的進展，而於記憶體中加密[3]。現今，加密方法已經相當標準化，自然是因為加密和解密有兩方或多方共同參與，他們都需要就協定達成共識。數據網格設計可以藉由在數據產品的發現介面和綱要中，包含加密內容、加密等級和加密方法的表示，來擴展這種標準化。

存取控制和身分

在像數據網格這樣的分散式架構中，跨單一平台或組織的邊界分享數據，必須就如何定義和驗證身分及存取控制規則達成共識。最重要的是，我們如何用跟技術無關的方式來做到這一點？無論數據儲存位置，或由哪個雲端提供商管理數據，我們都需要一種標準化的方法，來識別數據使用者，並且管理他們的存取。

雖然我們在存取操作 API 和服務方面就身分達成了協議，但在分析數據存取方面還差得很遠。在營運領域，朝向分散式 API 的轉變，導致終端使用者應用程式或其他服務身分的標準化：使用 OpenID Connect 協定、JSON Web Token（JWT）驗證、服務的 X.509 證書，以及像是 SPIFFE[4] 這種最新的標準化協定。API 的分享動機，一直是建立身分標準的重要推動力。

在分析數據空間中，數據仍受技術供應商掌控。橫跨供應商分享數據的動機並不多，這導致對建立存取控制標準化這件事情缺乏興趣。我希望數據網格的主要動機，即超越技術孤島而分享數據，能成為改變這個現狀的催化劑。

隱私和許可

最近十年的區域領域隱私法[5]，目的在保護個人身分資訊，也就是受組織抓取和掌控的數據。這些法律導致某種程度的標準化[6]，主要涉及數據管理的營運模型和流程。然而，由於數據分享缺乏標準化和激勵措施，我們發現隱私和許可標準化背後付出的努力非常有限。我們沒有統一辨識私人且必須受保護的資訊數據方式，也沒有讓數據所有者表達許可並且分享數據的統一方式，他們要如何一致的授予或撤銷關於他們數據許可的使用方式；以及最重要的，他們可以用多透明的方式，查看他們的數據使用情況。

3　*https://oreil.ly/DQ2Gj*

4　*https://spiffe.io*

5　範例包括 GDPR（歐盟）、CCPA（美國加州）和 Australia's Privacy Principles（澳洲）。

6　ISO/IEC 27701:2019（*https://oreil.ly/ib7LD*），安全技術。

作為一個分散式數據分享和管理架構，數據網格需要一種一致化方式，來管理所有數據產品的隱私和許可。許可是一種計算策略，每個數據產品都可以嵌入。

數據和政策整合

數據產品即架構量子的概念，試圖將數據、程式和策略整合為一個可維護的單元。這個獨立的單元能帶我們脫離許多治理問題，包括努力管理特定技術儲存範圍之外的隱私和許可。舉例來說，一旦數據分享到管理許可的特定技術系統邊界之外，許可政策與數據的分離將使其難以追蹤，或甚至無法遵照使用者的許可。數據網格將策略及配置，與試圖管理的數據連結在一起。

連結政策

如第十三章所述，類似於連接到不同數據產品的數據語義和數據實體，數據產品的策略可以跨數據產品相互連接，這樣當數據離開特定數據產品而由其他人處理時，仍能保留治理它的原始政策連結。如果數據變形轉換而不再具有與原始數據和綱要的連結，則策略連結自然也會遭到破壞。策略連結有助於多個數據產品保持對策略最新狀態的存取，如來源數據產品所維護的那樣。

這是一個需要進一步發展的領域。然而，數據網格提供基礎（**數據量子**），讓分散且永遠存在的策略可以跟數據一起分享。

觀察、除錯和審查

> 不要控制，但要觀察。
>
> ——Gregor Hohpe

再來看看數據產品最後但不可或缺的能力：可觀察性。數據產品可觀察性，是藉由觀察數據產品的外部輸出，來推斷數據產品內部狀態的能力，進而推斷出網格。可觀察性主要能回答以下問題：數據產品是否成功執行它們的工作？它們是否達成承諾？數據產品是否符合策略？處理後的數據是否符合其統計特性、數量、頻率、範圍或分布等？是否對數據產品進行任何非預期性存取？數據產品是否存在任何問題，如果是，根本原因為何？是否有任何預期性問題？可觀察性在單一數據產品層級及作為網格的集合層級上，一一回答這些問題。

鬆散耦合的數據產品網格，相互連接以分享數據、數據模型和策略，這種分散式架構建立起可觀察性的複雜度。許多移動元件都可能發生故障，但需要監控大量數據產品和連接的情況下，可能會忽視故障。在單體且緊密耦合的系統中，單一故障往往會導致整個系統的故障，很容易檢測到。在數據網格中，數據產品的鬆散耦合將故障盡可能地限制在本地；因此，它需要自動化且全面的可觀察性，來檢測和除錯這類故障。

數據產品可觀察性的使用案例總結如下：

監控網格的健康狀況

數據產品是否收到它們預期的數據、是否成功執行它們的轉換，並且按照它們的 SLO 保證和預期的統計屬性，提供它們的數據？可觀察性檢測這些過程是否有任何中斷，自動自我修復並且解決問題，並且通知相關人員。

除錯和執行事後分析

當出現問題時，數據不符合我們的預期，或者在接收、轉換或提供數據時出現錯誤，數據產品可觀察性，能幫助數據產品開發者和所有者評估故障的影響，並且發現根本原因。

執行審查

數據產品使第三方能夠執行審查，諸如監管、風險、規範或安全性；舉例來說，服務可以連續自動審查存取日誌紀錄，以確保安全性，包括存取數據的人員、時間、方法以及內容。

了解數據血緣

了解數據起源以及經歷哪些轉換是為數據血緣，這仍然是理解和信任數據的一個元素，也是除錯數據問題時所必需的。這在機器學習中特別有用，因為模型品質有很大的程度是取決於訓練數據的品質。要求對訓練數據有更深入理解和信任的數據科學家，通常會評估數據血緣。血緣加上關於數據和模型情境（或執行）指標，是理解和發現 ML 模型偏差背後真正問題的必要條件。

可觀察性設計

數據網格可觀察性，從每個藉由設計分享其外部輸出並且報告其狀態的數據產品開始。每個數據產品在使用、轉換和分享數據時，也分享其日誌紀錄、追蹤和指標。在這些輸出的基礎上，網格體驗階段就可以觀察和監控網格層級的狀態。

數據產品在其可觀察性中的作用，是現有數據可觀察性和數據網格之間的關鍵差異。現有方法由外部，即數據團隊監控數據狀態，事後檢查數據湖泊或數據倉庫中的數據。

在數據網格中，許多這些事後數據檢查，會成為數據產品轉換、測試和控制實作的一部分，表示為數據的計算期望。

接著讓我們討論一些數據產品實現可觀察性常見設計特徵的方法。

可觀察性輸出

在營運階段，微服務等分散式架構已經融合 3 種共同支援可觀察性的外部輸出：日誌紀錄、追蹤和指標。這幾項通常稱為可觀察性的支柱：

日誌紀錄

日誌紀錄是不可變、帶有時間戳記且通常為結構化的事件，這些事件因處理和執行特定任務的結果而產生。它們通常是除錯和根本原因分析的重要資訊來源。就數據產品而言，消費、驗證、轉換和提供數據的行為，會產生日誌紀錄。舉例來說，當**藝人加入平台服務**的輸入埠而接收到新數據，藉由一系列轉換，摘要出數據生產化所採取的步驟；以及當數據特定處理時間能提供給數據使用者時，**藝人剖析資料**數據產品的日誌紀錄就可供抓取。

為了使日誌紀錄有用且安全，結構標準化相當重要，定義所有日誌紀錄必須一致提供的強制性元素，並且實作適當等級的隱私措施，以防止日誌紀錄中的資訊過度暴露。這將讓日誌紀錄能夠進行基於 ML 的自動化分析，以深入了解網格的運行狀況。在不設定自動分析的情況下蒐集日誌紀錄通常徒勞無功，就好像蒐集任何其他類型的大容量數據，卻沒有任何分析能力一樣。

追蹤

追蹤是因果相關的分散式事件紀錄。追蹤紀錄的結構可以對點到點的動作和事件串流進行編碼。與日誌紀錄類似，追蹤是不可變、帶有時間戳記且結構化的事件。在分析數據階段中，追蹤的主要用途是建立數據血緣，也就是數據流經數據產品，以及經由每個產品轉換的方式。與日誌紀錄類似，數據產品採用單一標準對追蹤結構建模。

注意，操作階段中的追蹤通常會抓取到因請求而執行的呼叫和交易樹。舉例來說，獲取藝人列表的 Web 請求，可能會導致呼叫各種微服務。數據網格中的追蹤表示數據流，或藉由輸入和輸出埠的數據請求，也就是從來源數據產品，到數據來源，再到最終數據消費者。

指標

　　指標是客觀可量化的參數，可持續傳達數據產品建構時和執行時的特徵。在第十三章第 228 頁「藉由數據保證建立信任」中，曾介紹每個數據產品持續分享的幾項指標，例如時間線、完整性、準確性等。指標也類似於日誌和追蹤，是不可變，帶有時間戳記（通常是數字），且可以在一段時間內追蹤的事件。

這些支柱是將分散式可觀察性模型，套用至數據產品一個很好的起點。第九章也曾介紹可觀察性 API（第 151 頁「數據發現和可觀察性 API」），以作為數據產品分享外部可觀察性輸出的標準介面，如圖 14-3 所示。

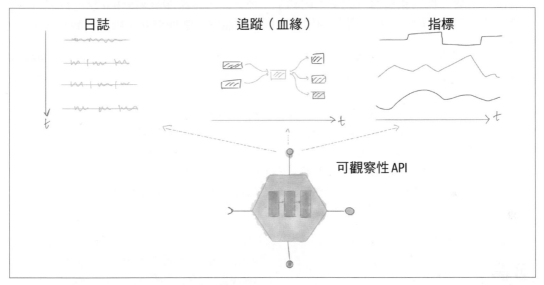

圖 14-3　可觀察性 API 分享的 3 種數據產品輸出

跨操作和數據階段的可追蹤性

許多數據產品源自操作系統。具體來說，來源對齊的數據產品，從它們的協作操作系統中獲得數據。舉例來說，**藝人剖析檔案**數據產品的存在，開始於藝人使用藝人加入平台微服務應用程式的行為。

因此，為了提供數據血緣的完整畫面，或是除錯問題和執行根本原因分析的能力，數據的可觀察性必須從數據產品擴展到操作系統。可觀察性數據必須可追溯到操作系統。

結構化和標準化可觀察性數據

為了從數據產品的可觀察性數據中建立更高階的智慧和洞察力，指標、日誌紀錄和追蹤必須具有結構化格式，並且最好已標準化。它們必須對特定欄位建模，例如數據產品的全域 URI、實際時間戳記和處理時間戳記、輸出埠 URI 等。任何結構化資訊都可以包含非結構化元素，例如自由格式訊息的純文字。本文撰寫時，仍有需要為數據產品指標、日誌紀錄和追蹤，建立開放的業內標準。[7]

領域導向的可觀察性數據

隨著時間演變，擴展和延伸可觀察性的其中一種方法，是將領域導向的設計套用於可觀察性本身，例如，建立可觀察性的領域，包括**數據品質、數據形狀、數據一致性等**。

可想而知，網格層級的可觀測性資訊本身可以視為數據產品而受管理；例如，**數據品質**數據產品可以提供關於網格數據品質的指標，和互補性洞見。

我一直對於將所有關於數據的數據都概括為元數據，而感到不安。這種方法否定設計不同類別元數據時的意圖。事實上，我的著作盡可能的避免使用元數據這個術語。我個人認為所有數據都是數據，不同類型的數據之間存在關聯和關係，所有數據都可以設計為領域的概念，從業務領域例如**藝人剖析檔案**，到可觀察性領域，例如**數據品質指標**。數據產品的可重用概念能夠滿足所有分析數據。

回顧

Man muss immer umkehren.（逆轉，永遠要逆轉。）

—Carl Jacobi

如果本章節可以讓你有所收穫，絕對是逆轉你對於管理、治理和觀察數據的責任歸屬觀點；將責任從事後參與的外部族群，轉移到數據產品本身。

數據與計算能力和策略相結合，在數據產品的範圍內，可以為其使用者提供基本功能：即使用清單管理生命週期，藉由執行內嵌的策略來管理數據，並且藉由觀察日誌紀錄、指標和追蹤輸出，來觀察狀態。

7　本書撰寫時，OpenLineage 處於早期開發階段，可以定位追蹤數據產品。

本章介紹的所有數據產品能力設計特點共同點如下：

標準化

數據產品介面的標準化以實現網格層級的互動性，例如，為日誌紀錄採用共通結構

出現

出現來自單一數據產品的網格層級功能，例如，藉由觀察每個數據產品的輸入、轉換和輸出追蹤，來發現血緣

代理

每個數據產品的代理分享它的可觀察性輸出、錯誤日誌紀錄、指標等

可擴展性

隨著時間推移可以啟用新的能力，例如，執行新的策略

本章總結數據網格中關於數據產品的功能和能供性的討論。接下來，我將進一步討論數據網格的策略、執行和組織變革。

第五部分

如何開始？

千里之行，始於足下。

—老子

我們都讀到本書的最後一部分了，非常好！

你是否正在考慮為你的組織採用數據網格，或是想要幫助其他人這樣做？你是否能夠影響、領導或管理數據網格的執行？你是否需要有人幫助你在組織上轉型，又要從何處開始呢？

如果你對這些問題的回答是肯定的，那這部分就是為你而寫。

我假設你對第一部分介紹的數據網格基本原則已有深入了解，也理解第二部分介紹的數據網格動機和目標。

範圍

數據網格是數據策略的一個元素，它促進數據驅動的組織從大量數據中取得價值。

策略執行有多個面向。它會影響團隊、它們的責任結構，以及領域和平台團隊之間的職責劃分。它會影響文化，影響如何判斷組織價值，以及衡量它們以數據為導向的成功方法。它改變了營運模式以及基於數據可用性、安全性和互動性，而制定的本地及全域決策方式。它導入一種支援去中心化數據分享模型的新架構。

來到本書的此部分，我將描述一種啟動和指引執行這種多面向變革的高層級方法。在第十五章〈策略與執行〉中，我會介紹一種逐步採用數據網格的演化方法，從越來越多數據產品中產生價值，同時使平台功能日趨成熟。第十六章的〈組織與文化〉將介紹團隊、角色和績效指標的一些關鍵變化，以建立數據產品的長期所有權，和點對點數據分享。

本書撰寫時，我們正處於採用數據網格並且開始建立去中心化組織模型的早期階段，其中數據分享和分析正在逐漸嵌入至業務技術領域中。

在這些章節中建議的方法，適用於已經將演進式大規模轉型模型，成功套用在建構領域導向的營運團隊和數位平台場景中。

我將分享我在數據網格中曾遭遇的阻礙因素和推動因素經驗。這只是一個起點，我們還有很多年的時間，來完善數據網格特有的轉換方法。

第十五章

策略與執行

> 戰略的本質,是選擇與競爭對手不同的活動。
>
> —Michael E. Porter

你的組織是否採用數據導向的策略?它是否計畫使用數據和洞見,來為客戶和合作夥伴提供獨特的價值?你的組織是否有願景使用數據執行一組不同的活動,或是以不同方式執行目前的活動?對於將數據網格作為實作策略的基礎,你的組織是否感到好奇?

如果你對這些問題的回答是肯定的,那本章就是為你撰寫的。

在本章中,我將描述數據網格與整體數據策略之間的關係,以及如何藉由迭代、價值驅動和進化的方式來執行它。

但首先,先做個快速的自我評估。

你應該今天就採用數據網格嗎?

在繼續閱讀本章的其餘部分之前,你可能會問自己,數據網格是否適合我的組織?或者更重要的是,數據網格是現在[1]最正確的選擇嗎?

圖 15-1 是我對這些問題的看法。我認為落入蜘蛛圖彩色部分的組織,也就是在每個評估軸線上得分為中等以上的,是最有可能在此時成功採用數據網格的組織。你可以使用以下標準,來自我評估數據網格現在是否是貴單位最正確的選擇。

---

1 「現在」是指本書出版時間(2022 年),這代表原生支援數據網格的技術仍處於早期狀態。

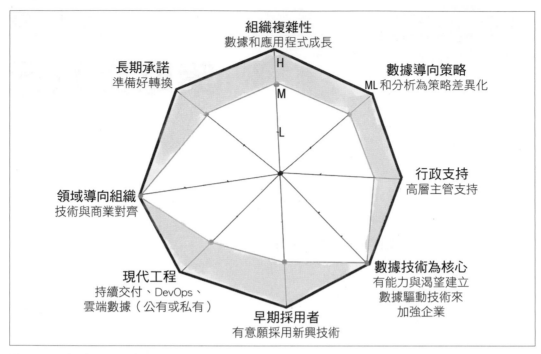

圖 15-1 採用數據網格準備情況的自我評估標準

組織複雜性

數據網格是一種解決方案，適用於具有規模和複雜性的組織，在這些組織中，現有的數據倉庫或數據湖泊的解決方案已經成為障礙，阻礙它們及時且無摩擦的跨業務部門大規模從數據中獲取價值的能力。

如果你的組織複雜程度並非如此，而且現有數據和分析架構可以滿足你的需求，則數據網格無法提供太多價值。

擁有大量數據來源和使用案例，並且在數據複雜性上得分為中等以上的組織，才會受益於數據網格。舉例來說，企業或快速成長擴大規模的新創公司，它們的業務封裝了許多不同的數據領域，以及從許多來源蒐集而來的大量數據類型，並且具有相當依賴 ML 和分析使用案例的業務戰略差異化因素，就是很好的數據網格候選者。零售、銀行和金融、保險以及大型技術服務等行業的企業或大規模新創公司，都屬於這一類。

舉例來說，試想醫療保健提供者或付款者。數據的多樣性具有內在的複雜性，它的範圍從臨床就醫到患者資料、實驗室結果、藥物給付和醫療費用。這些類別的所有數據，都可以來自業務領域或獨立組織、醫院、藥房、診所、實驗室等生態系統。數據可用在許多使用案例上，如最佳化和個人化的照護模型、智慧保險授權和基於價值的照護。

採用數據網格的主要標準，是內在的業務複雜性，以及數據來源和數據使用案例的激增。

數據導向策略

數據網格是組織計畫從大規模數據中獲取價值的解決方案。它需要產品團隊和業務部門的承諾，以想像在它們的應用程式和服務中使用智慧決策和行動。只有當組織將支持 ML 和分析的數據確立為策略差異化因素時，這種承諾才有可能實現。

然後，數據導向的策略向下轉化為數據驅動的應用程式和服務，然後轉化為團隊對數據的承諾。

如果沒有以數據使用為主的策略願景，將很難激勵領域團隊和業務領域，承擔數據分享的額外責任。

行政支持

數據網格導入了變化，隨之而來的是對變化的抗拒，這種規模的任何變化都會遭到批評和阻撓。在平台的進展與建構點解決方案之間，做出艱難的決定以滿足最後期限，這件事至關重要，它需要激勵組織改變人們的工作方式。

所有這些都需要行政支持以及領導者由上而下的參與，根據我的經驗，最成功的數據網格實作，來自那些擁有最高層主管支持的公司。

數據技術為核心

在技術與業務之間的新關係上實作數據網格的建立。它建立在每個業務領域的數據普遍應用之上。以數據技術為核心組織，數據和 AI 為競爭優勢，作為擴展和重塑業務的手段，而不僅僅是作為推動因素。

這種組織有渴望也有能力建構和創造，將數據分享和使用數據嵌入到每個業務功能核心所需的技術。

相比之下，將技術視為支援業務而非核心的組織，通常將技術能力委託或外包給外部供應商，並且期望購買現成可用的解決方案來滿足其業務需求。這類的組織還沒有準備好可以採用數據網格。

早期採用者

在撰寫本書時，一些創新者和領先採用者已處在採用數據網格的早期階段。新創的早期採用者通常具有某些特徵：他們是各行各業中富有冒險精神的意見領袖[2]，對數據網格這類的新興技術感到興趣。

願意採用像數據網格這樣多維和滲透新方法的早期使用者，都需要有一點實驗、冒險、快速失敗、學習和進化的精神。在這個時間點採用數據網格的公司，必須願意從第一原則開始，讓數據網格適應他們的環境，並且學習和進化。

相反的，那些不想冒險、只喜歡採用經過良好測試、改進和規定的劇本，並且屬於後期採用者類別的組織，可能還需要等待一段時間再採用。

現代工程

數據網格建立在以現代軟體工程實踐的基礎上。在私有雲或公有雲上持續自動交付[3]軟體、DevOps 實踐、分散式架構、計算策略以及現代數據儲存和處理堆疊的可用性。如果沒有紮實的工程實踐，以及對開放和現代數據工具的存取，從頭開始導入數據網格將是一項挑戰。數據網格跟微服務[4]的先決條件相似，並且需要現代數據和分析技術和實踐。

此外，數據網格與 API 驅動且易於整合的現代技術堆疊配合使用，目標是支持許多較小的團隊，而不是支持一個大型的中心化團隊。中心化數據建模、中心化數據控制和中心化數據儲存的技術，不會讓數據網格實作成功；它們只會成為瓶頸，並且與數據網格的分散式特性相衝突。

領域導向的組織

數據網格假設採用者是具有一定的技術水準和業務一致性的現代數位企業，或是正在朝這個目標邁進的企業。它假設組織根據其業務領域所設計，其中每個業務領域都有專門的技術團隊，來建構和支援服務於該業務領域的數位資產和產品。它假設技術和業務團隊密切合作，使用技術來支持、重塑和擴展業務。

舉例來說，一家現代銀行有專門的技術團隊負責數位核心銀行業務、數位貸款處理、數位商業和個人銀行業務、數位信貸和風險等。技術、技術團隊和業務領域之間存在著緊密的結合。

2　Everett M. Rogers, *Diffusion of Innovations*, 1.

3　*https://oreil.ly/d2bkH*

4　Martin Fowler, "Microservice Prerequisites" (*https://oreil.ly/lqBAy*), (2014).

相較之下，具有中心化 IT 部門的組織，基於跨所有業務部門的專案分享人員（資源），而沒有每個業務領域技術資產的持續和長期所有權，這樣並不適合數據網格。

只有當領域導向的技術和業務相互對齊時，才能擴展領域導向的數據分享。

長期承諾

正如接下來章節所示，採用數據網格是一種轉型和一段旅程。雖然它可以從有限的範圍和少量領域的組織足跡開始，但只有在大規模利用時，才會更加顯現出它的好處。因此，你需要具有組織式承諾的願景，並且開始轉型之旅。

數據網格無法只當成一次或兩次性的實作專案。

如果你認為自己符合這些標準，就讓我們往下看看要如何使用數據網格執行數據策略。

數據網格作為數據策略的元素

要理解數據網格如何適應更大型的數據策略，可以從我們假設的那家 Daff, Inc 公司開始。

Daff 的數據策略是建立一個智慧平台，藉由沉浸式的藝術體驗將藝人和聽眾聯繫起來。平台上聽眾和藝人的每一次互動中，都會嵌入數據和 ML，這種體驗具持續性且能快速改進，這表示會從平台上的每個接觸點抓取數據，並且使用從參與數據推導而來的 ML 來增強每個平台功能。舉例來說，平台上比較理想的播放清單預測，會帶來更多參與度更高的聽眾，進而帶來更多數據，進而帶來更好的預測，為業務創造一個正向的自我強化循環。

Daff 雄心壯志的策略，藉由組織範圍內的數據網格實作以執行，網格上的節點可以代表從平台上各種活動中蒐集和整理的數據，以及由數據訓練出的機器學習模型所推論出的智慧。

圖 15-2 顯示數據策略和數據網格之間的關係。

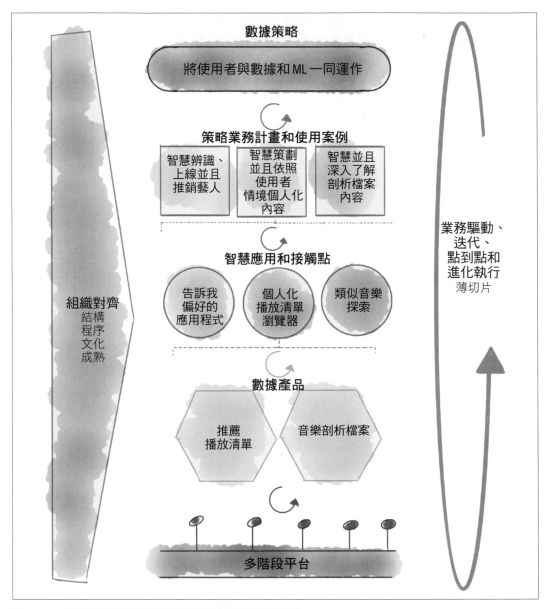

數據策略

將使用者與數據和 ML 一同運作

策略業務計畫和使用案例

智慧辨識、
上線並且
推銷藝人

智慧策劃
並且依照
使用者
情境個人化
內容

智慧並且
深入了解
剖析檔案
內容

智慧應用和接觸點

告訴我
偏好的
應用程式

個人化
播放清單
瀏覽器

類似音樂
探索

數據產品

推薦
播放清單

音樂剖析檔案

多階段平台

組織對齊
結構
程序
文化
成熟

業務驅動、
迭代、
點到點和
進化執行
薄切片

圖 15-2　將數據網格執行連接到整體數據策略的概觀圖

如圖 15-2 所示，數據策略能驅動數據網格執行。讓我們由上而下的探索圖表，並且藉由連續的回饋循環，完成從策略到平台的數據網格實作。

數據策略

數據策略定義公司如何獨特的利用數據,並且建立策略計畫藍圖。

舉例來說,Daff 的策略,是基於將每個內容製作人、藝人和聽眾體驗的數據,與 ML 一起運作。

策略業務計畫和使用案例

根據策略,定義一組業務計畫、使用案例和實驗來利用數據和 ML。

其中一項業務計畫是向聽眾策劃和展示基於 ML 的內容,如音樂、Podcast、廣播等。ML 模型利用多領域數據,以使用者的情境,包括位置、時間及最新活動等,與內容剖析檔案匹配的使用者偏好。

然後,這些策略會導致一個或多個智慧使用者的接觸點和應用程式的實作。

智慧應用和接觸點

最終,藉由接觸點和應用程式,可以增強使用者的體驗。每個智慧業務計畫,都可以藉由 ML 增強現有或新的使用者應用程式。

舉例來說,「智慧策劃和呈現情境感知與個人化內容」的計畫,可能會導致多個應用程式發生變化。它可以提供一個新的應用程式,例如「關於我的偏好」,幫助使用者搭配音樂剖析檔案和其他環境因素,更深入了解他們的偏好。它可以藉由「個人化播放清單瀏覽器」應用程式,來建立多個播放清單,每個播放清單都提供一個基於行事曆事件和假期、星期、不同類型、一天中的特定時間等智慧策劃播放清單。它可以建立起一個新的智慧探索工具,「類似的音樂瀏覽器」,讓使用者根據他們的剖析檔案和使用者偏好,來走訪相關音樂內容的圖表。

這些智慧應用程式的開發,促使識別和開發提供必要數據與洞見的數據產品。

數據產品

數據網格的其中一個核心元件是一組相互連接的數據產品。智慧應用驅動網格上數據產品的識別和開發。雖然現實世界的應用程式啟動數據產品的建立,但這不表示它們能直接使用這些數據產品。應用程式直接使用與消費者對齊的數據產品,而這些數據產品可能會使用聚合或與來源對齊的數據產品。隨著時間演變,建立一個數據產品網格,這些產品可以重新用於新興和現代智慧應用程式。

舉例來說,「個人化播放清單瀏覽器」應用程式依賴各種推薦播放清單的數據產品,例如**星期一播放清單、星期日早上播放清單或專注播放清單**數據產品,這些產品同時又依賴於音樂剖析檔案數據產品等。

多階段平台

數據產品和智慧應用程式的建立和消費,推動平台功能的優先順序排序和發展。隨著數據產品、數據使用者和提供商的數量和多樣性在網格上成長,平台的功能和成熟度也在成長。

平台功能跟開發並行,有時甚至領先於數據產品和智慧應用開發。然而,平台價值是根據其使用情況,藉由數據產品的無摩擦和可靠交付來展示與衡量。

隨著時間演變,平台功能和服務為交付新數據產品的重用奠定了基礎。

組織對齊

當組織執行它的數據策略時,它會實作數據網格的組織和社會面向。

聯合治理營運模型的形成,跨職能團隊,包含業務、開發、數據及營運的形成,以及數據產品所有權角色的建立,都是數據網格的組織面向,需要關心和關注改變的管理紀律。

組織對齊同時在發生,並且成為數據業務計畫交付和執行的一部分,但是具有明確的意圖和組織規劃。

我將在第十六章中介紹這個面向。

業務驅動、迭代、點到點和進化執行

前面描述的這所有過程,建立起執行的高階步驟。然而,這些步驟是迭代執行的,具有內建的回饋和監控,因此組織可以衡量和監控它以進化方式實現目標狀態的進度。迭代持續交付價值,並且執行點到點所參與的所有步驟。欲見更詳細的資訊,請參閱第 269 頁「數據網格執行框架」的部分。

在本章的其餘部分,我將分享一些使用此高階執行框架的實用指南。在下一章中,我將介紹數據網格實作的文化和組織面向。

數據網格執行框架

出色的策略讓人進入競爭賽局，但只有紮實的執行力才能確保競爭力。

—Gary L. Neilson, Karla L. Martin, and Elizabeth Powers,
"The Secrets to Successful Strategy Execution"[5] (Harvard Business Review)

要開始執行數據網格，我們首先需要確認它可能帶來的轉型變革：包括文化、組織結構和技術。我知道**轉型**這個詞意義深重，就好像我們需要花非常大的力氣，才能讓它運轉起來。在這裡我想分享的是一個可以幫助大家入門的高階框架。這個框架可幫助你向前推進，在每次迭代都取得進展，交付價值和成果，同時完善基礎，包括平台、策略和營運模式。它使用動能以確保繼續前進，而不是靠延遲執行來蒐集能夠推動改變所需的所有意志和能量。

圖 15-3 是數據網格執行框架的高階元素，包括業務驅動、點到點、迭代和進化。

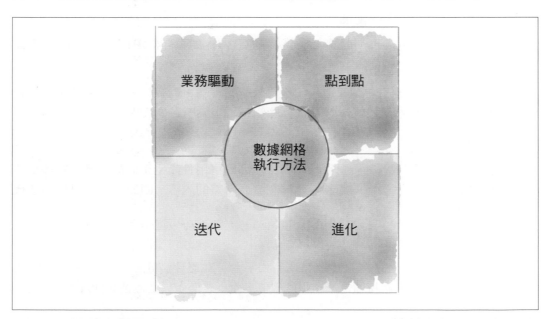

圖 15-3　高階數據網格執行框架

讓我們看看這些面向如何影響執行數據網格實作所涉及的活動、產出和測量。

5　*https://oreil.ly/Gf4Ff*

業務驅動執行

數據網格是較大型數據策略的組成部分之一，如圖 15-2 所示，它的執行由需要 ML 或分析的策略業務案例和使用者情境所驅動，然後驅動數據產品的識別和交付以及平台的元件來建構、管理和使用它們。

這個流程類似於亞馬遜建構它的主要產品和計畫方式。「從客戶開始，反向工作：執行起來沒想像中容易，但卻是創新和取悅客戶的明確途徑。有一個有用的反向工作工具：在建構產品之前先編寫好新聞稿和 FAQ。」[6]

雖然這種方法很多好處，但仍然需要面對一些挑戰。

業務驅動執行的好處

以下是業務驅動執行的一些主要好處：

持續交付並且展示價值和成果

在長期轉型中展示成果，對士氣、獲得認可、增加承諾和確保持續投資有正面影響。

業務驅動的執行持續交付業務價值，儘管最初的步調可能較慢或是影響範圍可能較小。隨著平台功能和營運模式的成熟，速度和範圍也會提高。

消費者的快速回饋

與內部和外部使用者互動，對平台和數據產品的可用性產生正面的影響。組織根據業務、數據和平台消費者的回饋，建構和發展所需的內容。回饋可以更早地由迭代合併。

減少浪費

基於真實的業務使用案例開發數據產品和平台，在需要時建構出實際有需要的內容。技術投資專注於可持續為業務提供價值，而不是僅僅只是遵循建構計畫。

業務驅動執行的挑戰

這種方法存在一些需要密切管理的挑戰：

6　Colin Bryan and Bill Carr, *Working Backwards*, (New York: St. Martin's Press, 2021), 98.

建構時間點（*point-in-time*）解決方案

一次只專注於為單一業務使用案例提供解決方案，可能會導致開發出無法擴展以滿足未來使用案例的平台功能和數據產品，這是業務案例驅動開發的一個可能性負面結果。如果我們只專注於特定的業務應用程式，而不是超出此範圍，我們最終可能會建構專門為特定使用案例設計的單一解決方案，而這些解決方案不會擴展到未來可以使用案例的重用和發展。

對於平台服務以及**來源對齊和聚合數據產品**來說，這尤其是個問題。網格上的平台服務和數據產品的目的，是服務和支援廣泛的使用案例。

如何補救時間點解決方案建構？

產品思維是在時間點解決方案和不需要（you aren't gonna need it, YAGNI）[7]原則之間找到正確平衡的關鍵：也就是在「不需要」的時候就開始建構。將產品所有權技術套用於平台服務和數據產品，可以為目前的客戶創造價值，並且著眼於未來和即將到來的使用案例。數據產品擁有者了解分析使用案例的無邊界特性。現在的我們所意識不到的未來使用案例，可能會需要深入研究過去數據以發現模式和趨勢；因此，數據產品需要捕捉超出已知使用案例確切需求的數據。來源對齊的數據產品（第 20 頁「來源對齊的領域數據」）尤其如此，它們需要在發生時盡可能接近的抓取業務現實和事實。

在緊迫的業務期限內交付

業務驅動的執行使平台和數據產品的開發受制於業務期限。業務截止日期通常很難更改，因為它們需要組織內部的多方協調，有時還需要與外部合作夥伴和客戶協調。為了在這些最後期限前達成，平台服務等在技術堆疊較低層的部分可能會產生技術債（technical debt）[8]，也就是為了滿足業務最後期限而偷工減料。

這不是軟體開發的新現象。我們從來就沒辦法在與世隔絕的狀況下建構軟體，而且幾乎總是面臨外部截止日期、外部驅動者和不可預見的環境情況，這些情況會改變功能的優先等級以及被建構的方式。

面對最後期限，如何補救產生的技術債？

7　*https://oreil.ly/w9K5e*
8　*https://oreil.ly/1eiKE*

平台和數據產品的長期產品所有權，以及常青工程實踐[9]可以確保持續改進流程，以解決可能隨著新功能交付而出現的技術債。長期存在的平台和數據產品團隊，擁有在特定專案交付之外，維護系統和數據的知識和動力。這在平台的可擴展性和長期設計，跟短期專案交付之間取得了平衡。簡而言之，**產品工作模式**[10]的本質，是在滿足期限的短期技術債與長期產品品質之間取得平衡。

舉例來說，平台服務或數據產品的長期產品擁有者知道，即使在時間緊迫的情況下，正確使用 API 和介面也很重要。通常，修復實作細節中的技術債會比修改介面來得更容易。修改 API 可能會帶來更高的成本，因為它們會影響到許多消費者。

基於專案的預算

業務計畫的交付通常組織為具有固定分配預算的有時限專案。藉由業務計畫執行數據網格實作，可能會對網格的長期數位元件，如數據產品和平台的預算與資源分配產生負面影響。

當預算分配給有時限的業務計畫時，它就成為建構平台服務或數據產品的唯一投資來源。因此，它們的長期所有權、持續改進和成熟度都會受到影響。

如何補救基於專案的預算編排？

業務專案是執行長期平台和數據產品的重要工具，但它們不能成為唯一的籌資機制。平台和數據產品需要有分配給自己的長期資源和預算。

專案心態與平台和產品思維不一致，這是產品團隊永遠的課題。面對新的需求，他們繼續讓產品成熟、維護和發展，並且支援更多專案。

業務驅動執行原則

以下是業務驅動的數據網格開始執行時的一些原則和實踐：

從補充使用案例開始

一次選擇幾個互補的使用案例，而不只看單一個使用案例，可以避免建構出單點的解決方案。藉由互補和並行的使用案例所建構網格的可重用元件，可以避免掉入單點解決方案的陷阱。

9　*https://oreil.ly/Ye6MX*
10　*https://oreil.ly/z2OI0*

舉例來說，早期使用案例可以取自不同但互補的領域，例如分析和報告，就是基於 ML 的互補解決方案。這迫使數據產品的設計，要迎合 ML 和報告兩種不同的存取模式，以不可擴展到其他模式的方式解決一種模式。

了解數據消費者和提供者角色，並且確定優先順序

專注於兩種數據網格使用者角色的類型：數據提供者和數據使用者，有助於公平的確定平台功能的優先級，並且產生最大的點到點影響。

去了解參與建構智慧解決方案的人員、應用程式開發者、數據產品提供者和數據產品消費者。試著理解他們的原生工具和技能，然後根據這些資訊，確定工作的優先順序。

舉例來說，早期專案最好由視為平台進階使用者的開發者群體完成。他們可以處理遺漏的功能，並且參與建立所需的平台功能。

根據我的經驗，許多數據網格的執行，都是從強調數據產品建立所開始，但最後導致數據消費者體驗受到影響，點到點的結果受到損害。

從對平台遺漏功能具有最小依賴性的使用案例開始

平台會根據使用者的需求而發展，它不能簡單的滿足任何時間點所有使用案例所需的所有功能。在執行的早期階段，仔細選擇使用案例很重要，早期使用案例對平台的依賴性剛剛好，因此它們影響了平台必要服務的優先順序排序和建構，而完全不會被阻塞。

從不會被遺漏平台功能所完全阻礙的使用案例和開發者角色開始，這能創造動能。至於缺少的平台能力，可以由領域團隊客製開發，然後整合到平台中。

為平台服務和數據產品建立長期擁有權和預算

雖然業務計畫和個人使用案例可以為開發網格提供投資，但網格必須視為一項長期數位投資和公司內部產品。

公司期待它成立後能繼續提供價值。因此，它需要有分配給自己的資源和投資，來維持其長期發展和營運。

業務驅動執行範例

讓我們仔細看看我在本章開頭介紹的範例，業務計畫如何驅動數據網格元件的執行。

Daff 有一項策略計畫是「智慧策劃和呈現情境感知的個人化內容」。該計畫包含一個使用 ML 和富有洞見的程式，向聽眾呈現與推薦不同類型內容，例如音樂、Podcast 和廣播頻道。該程式計畫利用包括使用者互動、剖析檔案、偏好、社群網路、位置和本地社交事件在內的數據，來不斷提高推薦和策劃內容的相關性。

這個業務計畫導致後續開發一些基於 ML 的應用程式，例如「關於我的偏好」、「個人化播放清單瀏覽器」和「類似音樂瀏覽器」。這些應用程式依賴於策劃過的播放清單和音樂，根據許多數據維度，例如心情、活動、一天中的特定時間、假日、音樂類型等而有所推薦。

為了對這些策劃的播放清單提供數據，必須開發多種數據產品。數據產品列表包括使用 ML 的消費對齊推薦播放清單，例如**星期一播放清單、星期日早上播放清單、體育播放清單**等。要建構這些數據產品，需要一些與來源對齊和聚合的數據產品，例如**聽眾剖析檔案、音樂剖析檔案、聽眾播放事件或行事曆**等。

根據平台能力的成熟度和可用性，平台優先考慮數據產品開發者和消費者的需求。舉例來說，隨著數據產品數量的增長，平台可能會優先考慮數據產品的**自動化生命週期管理**，或者由於基於 ML 的轉換，它會支援 *ML 模型轉換*，和*基於流程的轉換引擎*。

基於使用者個人資料和資訊等隱私問題，治理和平台優先考慮為所有數據產品建立、編碼和自動加密與存取個人身分資訊（PII）。

這個過程會隨著導入新的商業計畫而有所重複，例如，「智慧的識別、加入和推銷藝人」。

點到點和迭代執行

> 大規模重新架構的唯一保證，就只有「大規模」！
>
> —Martin Fowler

智慧業務價值點到點交付的持續迭代，豐富了網格。它增加了數據產品的數量，增強平台服務，也增加自動化策略的覆蓋範圍和有效性。

圖 15-4 以視覺化方式呈現前面範例所提，數據網格執行的點到點迭代；任何時間點之下，都有多個迭代同時執行。

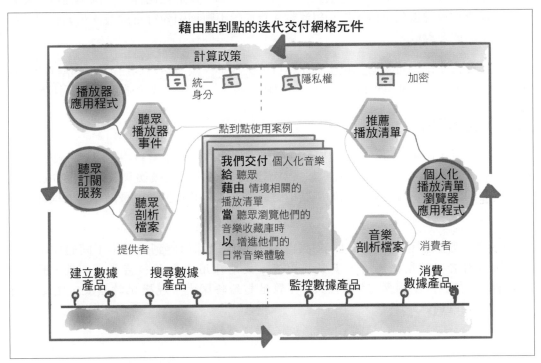

圖 15-4 　藉由業務使用案例的迭代，來成熟和豐富網格元件

例如前面提到，藉由交付使用案例的迭代，能建立更多數據產品，讓更多應用程式智慧化，更多領域成為網格的一部分，平台服務也會變得更成熟，導入更多策略。

進化執行

推薦用於建立數據網格操作模型和架構的執行模型是增量和迭代的，在每次迭代中，組織都會學習、改進接下來的步驟，並且逐步向目標狀態移動。

我並不推薦嚴格且精心設計的任務，和里程碑的前期計畫。因為根據經驗，我單純不相信這樣的計畫，會在第一次遇到大型企業的執行和多變環境時存活下來。話雖如此，像是 EDGE[11] 這樣以價值驅動的數位化轉型之類框架，優先考慮獲得的成果、輕量級計畫、持續學習和基於敏捷原則[12] 的實驗，對於定義轉型的營運模型非常有幫助。

無論你選擇哪種轉換框架，執行數據網格時都可視為一種進化過程，這個過程辨識並且迎合不同實作成熟度的階段，以一組測試和指標，不斷指引執行走向最佳化的結果，和更高程度的成熟等級。

我會在本節分享兩個可幫助你指引進化執行的工具：一個多階段採用模型，執行於宏觀層面指引，著眼於長期里程碑；以及一組目標函數，在每次迭代的微觀層面指引進化。

多階段進化模型

我發現創新採用的 s 曲線[13]，是建構數據網格元件演進框架相當有用的工具。雖然曲線的形狀在不同組織中也可能改變，有些斜率更陡，有些則比較緩和，尾巴也會長短不一，但曲線的一般階段可以成功的用於指引進化方法。這對於指引長期進化里程碑還是很有用處。

圖 15-5 顯示數據網格增長的 s 曲線。曲線的每個階段都對應到組織中不同的採用者群體，如創新者、早期採用者、多數採用者、後期採用者和落後者等。而且，曲線的每個階段都能對應到相應的發展模式，不管是起始時探索，規模化時擴展，還是持續規模化營運時的抓取[14]。

---

11 *https://oreil.ly/mb069*
12 *https://oreil.ly/xzTLI*
13 Rogers, *Diffusion of Innovations*, p. 1.
14 Kent Beck 將產品交付的三個階段命名為「探索、擴展和抓取」（Explore, Expand, and Extract, 3X, *https://oreil.ly/UMXuN*），為每個階段立下不同的技術和對產品開發的態度。我已將它們調整，以適用於數據網格執行。

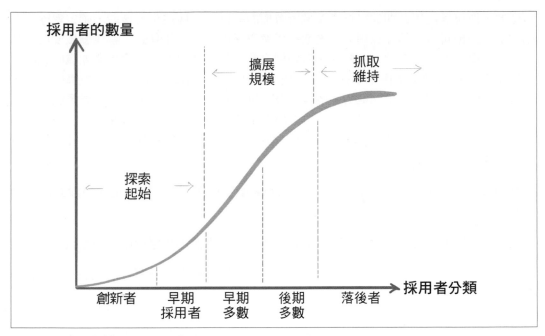

圖 15-5　在組織中逐步採用數據網格

這是採用創新的實際模型，可用於指引數據網格元件和原則的進化階段。

舉例來說，讓我們看看如何將其套用於執行平台元件。平台實作將以*探索的心態經歷起始階段*，平台的早期功能是為創新者和早期採用者，如冒險家和專門使用者的服務而建構的。隨著平台的成熟，它會擴張和擴展自我服務功能，以服務於更多的使用者群體，以及領域中的通才技術人員群體。在擴展階段，平台會完善其支援的服務，以減少使用該平台的摩擦，並且滿足平台後期採用者更加多樣化的需求。一旦多數使用者的需求得到解決，平台變化維持最小，而組織則會大規模的抓取和利用目前存在的特性。在此階段，新的數據產品和使用案例會重複使用平台 API 和服務。

隨著在數據管理領域中重大行業創新的到來，組織嘗試以新穎的方式使用平台，供應商在底層技術上的轉變，平台將進入下一個 s 曲線進化，然後重複這個過程。

同樣的，你可以使用此曲線來計畫領域所有權的執行。根據進化的階段，確定對應的領域類別，如創新者、領先採用者、後期採用者和落後者等，並且確定哪些領域要最先加入網格。舉例來說，在轉向多數採用者領域之前，選擇具有更多數據專業知識的領域，作為創新者採用者；使用早期採用者領域為其他人奠定基礎。對於進化的每個階段，要有意識的關注開發的不同能力和團隊行為。舉例來說，在早期階段，團隊應該在對人工干預的某種容忍程度下，以更具探索的態度來建立策略、平台和數據產品。在擴展階段，網格需要更成熟以最大限度的減少手動活動，具有廣泛的可觀察性來監控負載，並且藉由廣泛的策略覆蓋來擴展使用。

讓我們看看 s 曲線在每個數據網格元件的適應情況，並且為每個進化階段建立它們的特徵。

領域所有權進化階段。圖 15-6 顯示領域所有權在採用階段進化過程中的維度範例。

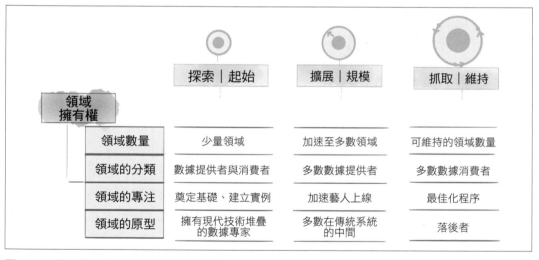

領域擁有權	探索｜起始	擴展｜規模	抓取｜維持
領域數量	少量領域	加速至多數領域	可維持的領域數量
領域的分類	數據提供者與消費者	多數數據提供者	多數數據消費者
領域的專注	奠定基礎、建立實例	加速藝人上線	最佳化程序
領域的原型	擁有現代技術堆疊的數據專家	多數在傳統系統的中間	落後者

圖 15-6　進化階段的領域所有權特徵範例

在*探索*和*起始*階段，只有少數領域參與數據網格的執行。這些早期領域通常既是數據提供者又是消費者，以便以最小依賴性參與點到點的價值交付。然而，這兩個角色對於這個階段來說都是必要的部分。在此階段，領域著重於探索以及為成長奠定基礎。早期採用者領域在定義數據產品擁有者角色和設置領域團隊結構方面，設定明智的做法。他們藉由建立工具和流程，將營運數據從應用程式整合到來源對齊的數據產品，為後來使用者打下良好基礎。早期領域在數據和分析能力方面是最先進的，並且具有現代技術堆疊；在這個階段，價值來自於對*少數高價值使用案例*的解封。

在擴張和擴展階段，以快速增加的方式，越來越多的領域加入網格，其中大多數是中間領域。早期的大多數人繼續奠定基礎，並且在技術上和組織上建立一套可重複的模式，讓執行可以迅速擴展到大多數領域。新領域有助於來源對齊和消費者對齊的數據產品和聚合數據產品。隨著領域數量的增加，對聚合數據產品和純數據領域的需求也跟著上升。領域有一組不同的技術堆疊，很可能是需要整合或移植到網格的舊系統，因此導入一套新的實踐和工具來處理舊有系統的整合。在這個階段，價值來自於**正面的網路效應**。

在抓取和維持階段，大多數的領域已經轉變為自主數據所有權模型，而領域數量也穩定下來。由於數據所有權模型的最佳化，可預期領域會出現波動。由於大量數據產品可能會分裂成多個領域而成為瓶頸，而使用者最低限度依賴的領域，可能會與其他領域合併。在這個階段，提供者領域繼續修改、進化和最佳化他們的數據產品，但大多數活動發生在消費者領域，利用大量可重用的數據產品來建構新情境。由於數據的位置或是系統和數據技術的年齡，在技術上與網格不一致的領域，可能會選擇在大多數功能和組織實踐都已建立的這個時間點加入網格。在這個階段，價值來自於整個組織的一致性和完整性效應。

數據為產品的進化階段。圖 15-7 顯示數據產品開發的各個維度在進化階段的範例。

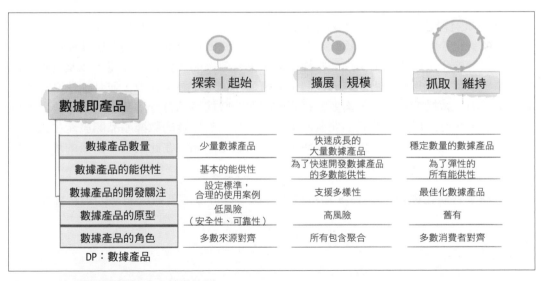

圖 15-7　進化階段的數據產品特徵範例

在探索和起始階段，只會建立一小組數據產品。早期的數據產品支援第十一章介紹的能供性必要子集。舉例來說，可能只有輸出埠模式的一部分可用，僅在有限的保留期分享最新快照，或是有限的可發現性能力。在此階段，數據產品開發具有探索性，以便確定實作每個數據產品能供性的最佳方法。數據產品開發者積極的建立模式和明智的實踐。早期的數據產品開發者協同工作，以分享知識和經驗。基於實驗和早期學習，數據產品開發會積極的影響平台功能。這個階段開發的數據產品可能沒有標準的藍圖，也還沒有充分利用平台的能力。在此階段，從安全性和可靠性的角度來看，所選擇的數據產品是屬於低風險的產品，並且可以容忍最低限度的標準化。選中的早期數據產品，在開發模式和技術需求上各有不同但又互補，讓平台依賴性得以集中。在此時，大多數的數據產品都是來源對齊的，還有少數消費者對齊的數據產品，可以滿足起始網格的特定使用案例需求。

在擴張和擴展階段，大量數據產品會快速新增到網格中。早期採用者建立了數據產品開發的標準化模式，讓數據產品得以快速開發。數據產品創造了必要的能供性，可供大量使用者在沒有導引的情況下觀察、發現和大規模使用數據產品。數據產品支援多種轉換，例如執行 ML 模型或基於串流的數據處理。數據產品開發的重點是支援各種來源和消費者。在此階段開發的數據產品，隱私、正常執行時間、彈性等方面可能屬於較高風險類別。在此階段會建立起種類繁多的數據產品，以及越來越多的聚合數據產品。

在抓取和維持階段，數據產品的數量可能會隨著變化速度趨緩而穩定下來。數據產品的最佳化或新業務需求，可能會建立新數據產品，或修改現有數據產品。數據產品不斷進化、持續最佳化，以實現更快速的數據存取、更有效率的數據分享性能，以及其他跨功能問題，以解決大規模使用問題。他們也繼續最佳化生命週期管理，並且加快套用變更的速度。由於轉換的複雜性，需要較長修改時間的數據產品會分解為更小、更高效能的數據產品。在此階段，數據產品開發的重點是，為先前投資的數據產品開發產生大規模回報。許多智慧業務計畫可以按原樣使用現有的數據產品，在此階段，落後的舊有數據儲存或系統將會轉換為數據產品。

自我服務平台演化階段。圖 15-8 顯示自我服務平台特徵隨著數據網格的進化而變化的範例。

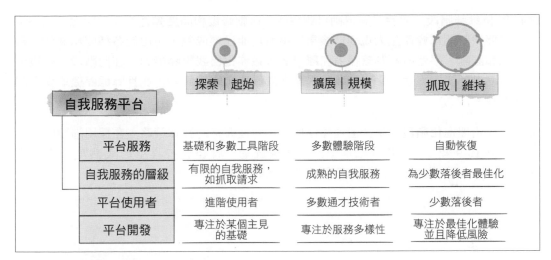

圖 15-8　進化階段的數據平台特徵範例

在**起始和探索**階段，平台所建立的重點基礎能力，主要在實用階段，如儲存、計算、帳戶、存取控制與轉換，開發一組原始的數據產品體驗服務，例如基礎數據產品生命週期管理和全域尋址。網格體驗階段的功能，例如基本的可發現性這時還很少，在這個階段，平台自我服務實作還未成熟，可能是像基於拉取請求的分享腳本程式一樣簡單。平台使用者是專業的數據產品開發者和消費者，他們可以使用最少的自我服務功能。平台支援的使用者數量較少。平台團隊與早期領域密切合作，以在不阻礙他們的情況下滿足他們的需求，並且得到領域團隊正在建構回平台的跨功能特性。在早期階段，平台是最直接的，並且擁有一組有限的支援技術，專注於獲得動能所必需的東西。

在**擴張和擴展**階段，平台支援自動生成數據產品，所有功能都已到位，儘管有些功能可能稍有限制。舉例來說，自動數據指標分享基礎功能已經完成，但指標集合中可能不包括所有可能的時間、品質或數量資訊。平台主要使用於數據產品體驗階段或網格體驗階段。平台自我服務能力迅速成熟，可以支援更多有共同需求的人群。建立起自動化流程和工具。平台的目標使用者角色傾向於多數通才技術的專家。平台專注於為多數中間使用者提供服務，而無需導引。希望使用不同於平台所提供技術的團隊，仍然會處於平台之外，並且將承擔滿足網格治理和相容性要求的點到點責任。可能只有少數團隊屬於這一類。

在抓取和維持階段，平台具有自動可觀察性、自動修復和高度彈性的成熟狀態。網格中的任何停機時間都會產生大規模的後果。平台功能已經成熟，可用於各種使用案例、數據產品和團隊。平台繼續為落後者和離群者來最佳化自我服務能力。在此階段，組織中的多數團隊都使用平台。平台的開發重點在於最佳化網格體驗，並且降低停機或安全漏洞的風險。

聯合計算治理進化階段。聯合治理操作模型和管理網格的計算策略，在採用階段中不斷進化。圖 15-9 顯示加入聯合治理執行的領域數量、聯合執行模型的成熟度、治理發展的重點、計算策略的覆蓋範圍等治理特徵的進化。

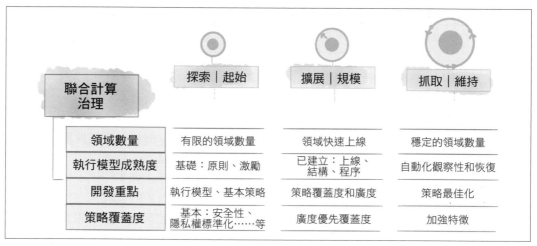

圖 15-9　進化階段的治理特徵範例

在**探索和起始**階段，形成新的治理模型，其中只有少數參與聯合治理的早期領域。治理操作建立指引決策過程的原則，並且決定組織必須在全域範圍內實作的政策，以及可以留給領域的政策。定義領域數據產品團隊的全域激勵，會比它們的本地領域激勵要更強烈。在此階段，現有治理結構重塑為聯合模型。現有治理小組的成員會擔任主題專家角色，或是加入平台團隊，以幫助跨功能策略自動化的產品管理，或是以數據產品擁有者的角色加入領域。治理專注於建立基礎。早期的數據產品開發者可能會建構自己的政策實作，平台隨後將其收穫到自我服務功能中，這是一種針對早期政策實作的群眾外包形式。早期的治理和領域團隊為建立營運模型、決策制定和策略自動化奠定基礎。治理功能建立起跟早期數據產品和領域相關的基本政策。平台可能只會自動實作一部分基本政策，並且在所有數據產品中一致性執行，例如安全性和隱私。

在擴張和擴展階段，隨著早期領域和治理團隊已經建立基本的操作模型和自動化策略方法，為大多數領域加入網格的擴展治理奠定基礎。在網格上加入新領域的過程是無摩擦的。聯合治理團隊的成員數量增加到包括組織中的大多數領域。團隊專注於增加政策的覆蓋性和多樣性，並且更完善營運模型以能夠快速加入新領域。在此時，大多數策略都是自動化的，以支援具有大量可互動且安全的數據產品網格。對政策的基本監測已經到位。

在抓取和維持階段，網格上的所有數據產品都嵌入自動化策略。會有一個自動化流程來檢測策略風險和不合規性，以通知數據產品團隊使用平台提供的自動化工具來解決問題。團隊專注於最佳化治理流程，並且增強自動化策略的支援功能。網格會監視和最佳化策略性能。

具有適應函數的導引進化

雖然採用階段在宏觀層面引導數據網格執行，但在數月或數年的大時間範圍內，對一組目標適應函數（*fitness function*）的連續測量和追蹤，能引導小幅度增量和短時間迭代執行週期。

適應函數

適應函數是一種目標函數，用來總結預期設計解決方案與設定目標的接近程度。在進化計算中，適應函數決定演算法是否隨著時間改進。在 *Building Evolutionary Architectures* 一書中，適應函數客觀的引導架構迭代朝著其跨越多個維度如性能、安全性、可擴展性等既定目標進行。

適應函數是從進化計算中借用的一個概念，它是一種客觀的衡量標準，用於評估一個整體系統是否正在朝著預期的設計目標發展，以及是否隨著時間過去而改進。

在數據網格的情境中，這些目標函數可以確定網格實作在任何時間點的「適應」程度，以及每次迭代是否使其更接近，或遠離大規模交付價值的最佳狀態。

數據網格的最終目標是提高組織將數據用於分析目的的能力，並且根據組織的增長和複雜性，大規模的從數據中獲取價值。每個數據網格原則都有助於實現這個高階成果。因此，適應函數可以針對每個原則的預期結果作為目標。

在我們仍然搞不清楚優點為何時，要提出數值適應函數非常困難。即使在成熟的 DevOps 工程實踐的情況下，*Accelerate: Building and Scaling High Performing Technology Organizations*[15] 一書在經過多年的定量研究和測量 24 個關鍵指標後，也只指出具有與組織績效直接關係的少數 4 個指標，其他多數仍是虛幻指標。

這裡提出的客觀指標是範例和起點。它們需要在組織間試驗、定量測量和比較，以證明它們實際上是正確的指標。

你可能已經注意到，我在關鍵績效指標（KPI）上使用適應函數的概念。雖然這兩個概念本質上都是關於客觀指標，並且提供數據網格執行進度的狀態和趨勢的可見性，但適應函數會告訴你，數據網格的設計和實作在任何時間點的「適應度」，並且指引你完成修改以做出正確的決定，恢復具有負面影響的內容，關注在真正重要的行為和結果上。

舉例來說，以「數據產品數量」相關的 KPI 作為網格成功和成長指標，對於許多領導者來說可能很有吸引力。但這實際上並不是正確的衡量標準，因為它並不表示網格的「適應度」。網格的設計目標是「交付價值」。這與數據產品的數量沒有直接關係，但跟作為使用量指標的「數據產品連接數量」有關。連結和互相連接越多，用來產生價值的數據產品就越多。

數據網格執行需要自動化檢測、蒐集和追蹤這些指標。平台服務在追蹤和外部化許多指標方面發揮著關鍵性作用，舉例來說，要以「採用策略的加速」作為自動化策略即程式的有效性函數，平台可以衡量「數據產品採用新策略的前置時間」。這可以用數據產品持續交付管道的工具來蒐集。

數據產品和網格體驗階段服務，使領域和全域治理團隊能夠衡量、報告和追蹤這些執行指標。偵測錯誤方向的趨勢可能會觸發一組動作，來調查根本原因，並且確定修復的優先順序，以推動網格向其目標結果進化。

我建議你為數據網格執行定義一組目標適應函數。盡可能自動化它們的實作，並且持續監控它們的趨勢，它們可以導引你完成數據網格的執行，並且採取最理想的下一步。

我在下面介紹的適應函數只是範例。我已經展示它們是如何從每個數據網格原則的預期結果中衍生出來，你可以採用相同方法，並且提出自己的適應函數來測試和進化。

---

15 Nicole Forsgren, Jez Humble, and Gene Kim, *Accelerate: Building and Scaling High Performing Technology Organizations*, (Portland, OR: IT Revolution Press, 2018).

領域所有權適應函數。 圖 15-10 顯示一組衡量領域數據所有權進展的適應函數範例。這些適應函數衡量一組目標，告訴我們進化是否與領域數據所有權的結果保持一致。

藉由與組織成長同步的數據分享，是否產生更多的價值？

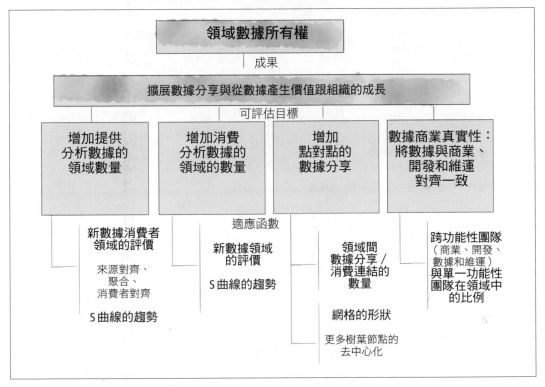

圖 15-10　領域數據所有權的適應函數範例

數據即產品的適應函數。 圖 15-11 介紹一組範例適應函數，用於衡量數據網格實作是否客觀的朝著數據即產品的方向發展。

跨領域數據分享的有效性和效率是否會隨著組織的成長而增加？

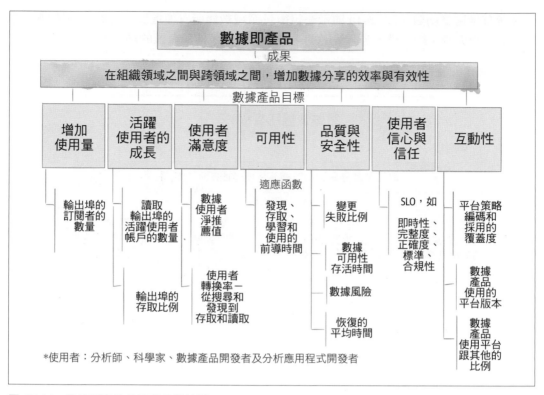

圖 15-11　數據即產品的適應函數範例

自我服務平台的適應函數。圖 15-12 介紹了一組適應函數範例，用於衡量數據網格的實作是否客觀的朝著自我服務平台的結果發展。

平台是否增加領域在生產和消費數據產品方面的自主權，並且降低它們的數據擁有成本？

圖 15-12　自我服務平台的適應函數範例

聯合計算治理適應函數。圖 15-13 介紹了一組範例適應函數,用於衡量數據網格實作是否客觀的朝著治理結果進展。

網格是否藉由數據產品有效率的連接和關聯,安全且一致的與組織發展同步的產生高階智慧?

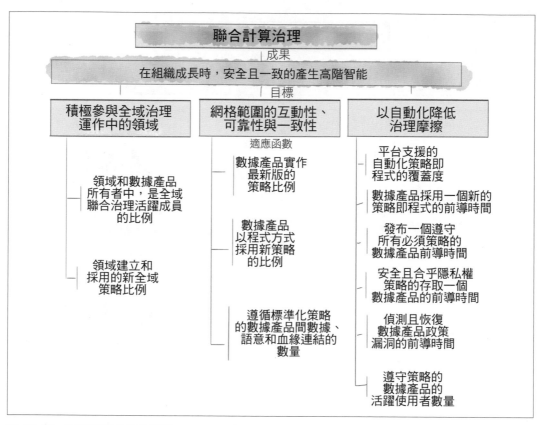

圖 15-13　治理的適應函數範例

從舊系統移植

在談論數據網格的進化執行前，我們不能不談論舊系統。大多數採用數據網格的組織可能都有一個或多個過去數據架構的實作，例如數據倉庫、數據湖泊或數據湖屋，以及一個帶有中心化數據團隊的中心化治理結構。

數據網格執行必須在其漸增和進化的過程中，納入從此類舊有組織結構、架構和技術的移植。然而，很難簡單歸納出從舊系統而來的移植方式，因為這很大程度取決於特定於組織的許多變數，例如在建立網格與移植到新環境時，例如新的雲端提供商、早期採用者領域的規模和數量、該平台的可用投資等等，同一時間移植到新的基礎設施的時間限制。

制定從某個特定狀態到數據網格的移植策略超出本書範圍，這需要與組織密切合作，並且了解其獨特背景。

然而，我可以與你分享的是，我到目前為止的經驗中，學習到一系列高程度教訓。這之中還有很多事物需要學習。

除非是在過渡中，否則中心化數據架構不會與數據網格共存。經常有人問我，現有組織建立的倉庫、湖泊和湖屋是否可以與網格共存。簡單說，在過渡期可以，但最終沒辦法。

任何漸增移植都需要一段時間，因此會新舊同時存在。然而，數據網格的目標是消除數據湖泊和倉庫的瓶頸。去中心化的數據產品取代了**中心化分享**的倉庫和湖泊。因此，目標架構不會讓中心化瓶頸與數據網格共存。

舉例來說，保留一個中心化數據倉庫或一個數據湖泊，然後從它向下游提供數據網格數據是一種反模式。在這種情況下，數據網格的導入增加了複雜性，而從領域蒐集數據的倉庫瓶頸仍然存在。

或者，作為一個過渡步驟，可以有一個數據網格實作，將數據餵給數據倉庫中，這反過來又為少數受控的舊有使用者提供服務，他們的報告仍在使用倉庫。直到所有舊有倉庫使用者都移植到網格上，網格和倉庫共存。移植繼續進行，降低倉庫瓶頸的中心化程度。

這個架構的最終目標是消除和降低中心化程度。因此，網格實作和**中央數據倉庫**或數據湖泊最終不應共存。

中心化數據技術可以與數據網格一起使用。本書撰寫時，尚未建立起任何數據網格原生技術。我們正處於進化階段，採用者利用現有技術，並且在其上建構客製的配置和解決方案。

我此刻的建議是，以一種不會妨礙建構和自主執行與分散式數據產品的方式，來利用現有技術的元素。我建議以多租戶方式配置和操作現有技術，舉例來說，利用物件儲存等湖技術導向的基本元素，根據每個數據產品的邊界配置儲存的分配和存取。同樣的，你可以將數據倉庫技術用作底層儲存和 SQL 存取模式，但為每個數據產品分配一個單獨的綱要。

並非所有現有技術都適用於此類配置。你可以選擇那些適用的技術。

繞過湖泊和倉庫，直達源頭。 從現有數據湖泊或倉庫移植時，阻力最小的途徑是將數據倉庫或數據湖泊置於網格的上游，並且使用輸入埠以現有數據倉庫資料表中的數據來實作數據產品。但我的建議是不要走這條路，而是要去發現湖泊或倉庫的現有消費者，識別出他們的需求和使用案例，再將他們直接連接到使用來源領域系統數據的新數據產品。儘早發現領域擁有者，根據領域對數據的真實表示來開發數據產品，並且在需要時更新消費者。建立代表湖泊檔案或倉庫資料表的人工數據產品，並不能達成網格的結果，只會藉由領域所有權擴展並且縮小來源和消費者之間的差距。它會增加更多的技術債，在來源和消費者之間建立另一層，並且增加兩者之間的距離。

使用數據倉庫作為消費邊緣節點。 評估現有倉庫的消費者時，你可能會決定將其中一些消費者保留在倉庫中，並且永遠不會將它們移植到網格中。這個決定有很多原因。舉例來說，像是不經常修改的財務報告，僅依賴於一小部分特定的資料表，並且使用難以逆向工程和重新建立的複雜業務邏輯定義，就可能仍然依賴於數據倉庫。在這種情況下，你希望倉庫充當網格的消費者，並且成為邊緣消費節點，讓有限的報告存取其剩餘資料表中的一小部分。

以原子進化步驟從倉庫或湖泊移植。 從數據倉庫或數據湖泊移植可能需要多次演進迭代，甚至需要數月或數年，這取決於組織的規模。我強烈建議在原子進化步驟（*atomic evolutionary steps*）中執行移植，其中系統狀態在步驟完成時，不會留下那麼多的技術債和架構熵。雖然這聽起來合乎邏輯且看似顯而易見，但它經常遭到忽略。團隊經常不斷的增加新的基礎設施和數據產品，同時留下舊有管道或湖泊檔案。隨著時間演變，它們只會增加架構的複雜性和總體擁有成本，以維護新的和遺留的舊系統。這種共存的背後主要原因是，我們經常無法將使用者和消費者移植到新的元件。

舉例來說，如果你正在建立一組新的數據產品，請確保你花時間將數據湖泊或數據倉庫的現有消費者，如報告或 ML 模型移植到它們上面。移植的一個原子步驟包含增加新的來源對齊、聚合或消費者對齊的數據產品，將消費者移植到新的數據產品，以及淘汰數據湖泊和倉庫的資料表、檔案和管道。當所有這些步驟都發生時，移植步驟就完成了；或者，如果有些步驟沒有完成，則全部恢復。在此原子步驟結束時，會降低架構熵。

相反的，如果我們在建立新數據產品後不移植消費者，或者不淘汰現有的管道和湖泊檔案，原子移植步驟就無法完成。確保你的專案計畫和資源分配與提交移植的原子步驟保持一致。

回顧

數據網格執行是數據策略更宏偉的一部分，實際上是策略的主要組成部分。它需要以業務為導向的策略計畫，定義數據如何產生與業務目標一致價值的假設，以推動其執行。

ML 和分析驅動的業務使用案例成為執行數據產品的識別和交付、按領域採用數據以及建立治理和平台的工具。

提供數據驅動的業務成果單點解決方案，與建構跨多個使用案例的長期分享平台，要在這兩者之間取得平衡仍然是一個挑戰。基於長期採用計畫的進化方法等工具，以及根據長期目標衡量實作的適應性功能，有助於建立平衡並且以進化方式導引執行走向成熟狀態。

在極少數情況下，組織有機會建立全新的數據網格實作。但在大多數情況下，必須考慮現有架構的移植，例如數據倉庫、湖泊或湖屋。在這種情況下，移植舊架構和組織取決於執行原子進化步驟，每個步驟都將數據消費者、提供者，以及兩者之間的所有內容移植到網格。

這些初始指南和方法，應該足以讓你在學習和完善過程的同時，開始執行。

剩下就是關於如何組織你的團隊，以及在這個進化執行過程中也讓組織文化進化的一些注意事項，我會在本書的最後一章，即第十六章中介紹這些內容，到時見！

組織與文化

> 文化把策略當早餐吃掉了。

—Peter Drucker

在本書的第一部分中,我如此介紹數據網格:一種社會技術方法,用於在組織內部或跨組織的複雜、大規模環境中,分享、存取和管理分析數據。

在本章中,我將重點關注這種社會技術方法的社會面。我將詳細說明數據網格替組織中的眾人角色、責任、動機和集體互動所帶來的變化。

我將介紹一些對數據網格實作至關重要的關鍵組織設計選擇。我使用 Galbraith 的星型模型 [1],圍繞策略、結構、過程、獎勵和人員這 5 個類別,來建構組織設計選擇。這些類別都相互關聯、相互影響,它們的總和導致組織文化的出現。

圖 16-1 總結套用於數據網格組織元素的星型模型。

---

1   *https://oreil.ly/HWFpr*

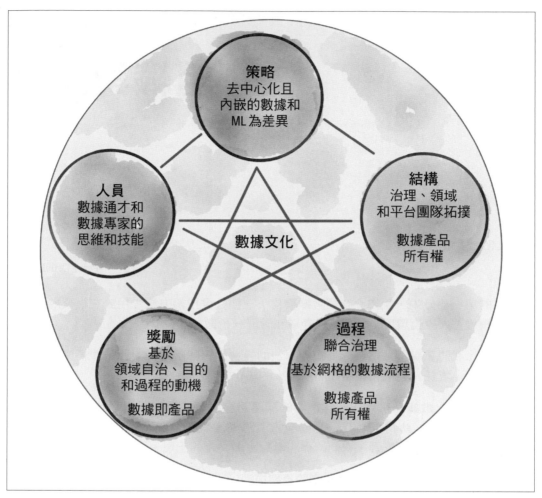

圖 16-1　Galbraith 星型模型框架下的數據網格組織設計決策

星型模型的組成部分包括：

策略

數據策略制定和體現數據網格。在第十五章中，我介紹數據策略與數據網格原則和元件保持一致的方式，以實現分散式的數據所有權，該所有權嵌入藉由 ML 和洞見，以及對業務及其產品和服務等各個方面所生成的數據驅動價值。

結構

在本章中，我將介紹團隊拓撲，包括權力和決策制定的分配，以及數據網格導入的團隊和角色的形狀。

過程

我總結關鍵流程，例如全域治理流程、跨網格的點對點數據分享，以及數據產品及其所有權的識別和分配。

獎勵

基於數據網格的運作方式：自主團隊交付成果，並且培養新一代數據從業者，我涵蓋使團隊和個人的目標與整體數據策略保持一致的動機和獎勵。

人員

我將討論跨職能團隊成為數據生產者和消費者的技能和思維方式。

文化

我將介紹推動組織行為與數據網格原則保持一致的核心價值觀。

本章其餘部分則將介紹這些類別中，因為數據網格實作而發生的個別改變。

首先，讓我們看看改變本身的過程。

改變

無論你是從頭開始建立新的數據驅動組織，還是改造現有組織，你都在創造變化，改變思維方式、技能、價值觀、工作方式和生活方式。

你需要決定應對這些變化的方式。我推薦的**基於運動的改變**（*movement-based change*）[2]，這是 Bryan Walker[3] 從運動研究[4] 而來的組織變革方法是。它的中心思想證明，社會運動從小規模開始，並且早期顯示出強大的勝利，以證明變革的結果和功效。這些早期的勝利，有助於獲得大規模變革的動力。

---

2   *https://oreil.ly/1Ma1r*

3   *https://oreil.ly/pgDyV*

4   David A. Snow and Sarah A. Soule, *A Primer on Social Movements*, (New York: W.W. Norton & Company, 2009).

我在第十五章介紹基於運動的執行框架（第 269 頁「數據網格執行框架」），它將數據網格元件的實作直接與策略計畫，以智慧解決方案和應用程式的形式連接起來。這個迭代的業務驅動的執行框架是一個很好的工具，可以逐步改變組織結構、過程和動機。組織中少數創新採用者展示的早期結果和勝利，為組織範圍內的變革創造了支持和靈感，這種變革藉由進化準則擴展（第 276 頁「進化執行」）。

由於早期執行迭代和勝利成為改變的指路明燈 [5]，因此選擇它們的資格標準，與當時的組織變革目標一致非常重要。

舉例來說，如果目標是跨職能領域團隊建立數據產品所有權，則業務計畫的選擇必須與實現這個目標互相一致。早期的業務計畫涉及最有利於這種變化的領域團隊，並且可以成為其他人的指路明燈。舉例來說，具有將洞見和 ML 套用於其功能內在需求的領域，例如播放清單團隊，就是一個很好的候選者。這樣的早期團隊擁有轉型所需的大部分技能，並且會成為數據產品的早期創造者。盡早尋找更容易、更快的勝利方程式，並且能最快找到一致採用者。

圖 16-2 顯示套用選擇標準和點到點的使用案例執行，來實作數據網格技術元件並且迭代的發展組織。

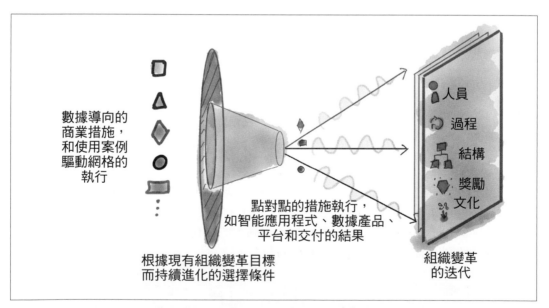

圖 16-2　數據導向計畫的點到點執行，創造了以迭代進行組織變革的環境

5　*https://oreil.ly/N6Oyh*

這種方法的一個良性副作用是，直接受到改變影響的團隊和人員，能參與創造改變和交付結果的過程；他們可以根據自己在執行過程的所學，而讓改變更完善。

記住，改變發生在數據網格進化的情境階段中（第 276 頁「多階段進化模型」），也就是**探索、擴展和抓取階段**。是在這些階段發生的變化以及進化程度，舉例來說，對於早期的業務計畫和改變迭代，參與改變的團隊作為一個團體共同工作。第一個數據網格計畫，可能讓平台團隊的成員和所涉及的領域，藉由同步任務和協作而更緊密的合作。隨著進化進入擴展和抓取的後期階段，團隊自主工作，減少同步依賴和溝通機會。

雖然數據網格基於運動的組織變革為你提供了一個起點，但要培養、啟用和創造改變，還有很多事情要做。以下超出本書的範圍：你的組織必須拿出說服力，一步一步推動文化和組織變革的藝術與科學，這包括執行前的準備，和管理眾人的情緒等等。該組織需要一個由上而下、持續且清晰的執行溝通願景，以成為去中心化的數據驅動組織，並**透過技術、激勵和教育，徹頭徹尾地擴展出去**。所有相關人員都必須設置和追蹤這些改變的**硬措施**（第 283 頁「具有適應函數的導引進化」），以及遵循員工滿意度、行為、態度和能力等**軟措施**。

推動改變的第一步，即第一個計畫和第一批改變的團隊，常常讓人覺得難以克服。從小處開始著手，從最不逆風的團隊開始，取得一些勝利，並且奠定基礎。

文化

文化代表組織所體現的語言、價值觀、信仰和規範。如今，許多組織都重視他們抓取到的數據量，相信中心化的蒐集數據可以帶來價值。規範是將數據責任外部化給其他人，也就是中心化的數據團隊。數據管道、規範模型和單一事實來源等概念在語言中無處不在。這種文化與數據網格不一致，且需要進化。

雖然結構、過程、獎勵和其他組織設計元素的改變會對文化產生影響，但我希望我們在這裡關注的核心元素是價值。在文化的所有要素中，價值是文化最深層的體現，而不令人訝異的，語言和符號則是最膚淺的。

舉例來說，在本書撰寫之時，業界已廣泛採用「數據產品」這一術語，而其核心價值的體現與本書所介紹的完全不同。

根據心理學教授 Daphna Oyserman[6] 的說法，價值是導引選擇的內化認知結構，能喚起是非對錯，建立起一種優先感和意義感。[7]最終，價值能影響行為，甚至預測行動。

在組織範圍內定義和培養數據網格價值，是建立數據文化的重要一步；之後，這些價值會體現在團隊和個人做出的行動與決策。

價值

以下是數據網格原生組織的一些核心價值，可見圖 16-3。如果一個組織完全採用數據網格，這些價值將由所有團隊分享，並且彼此期望。這些價值不容妥協，驅使行動。你可以將它們視為起點，並且與你的組織互相結合。

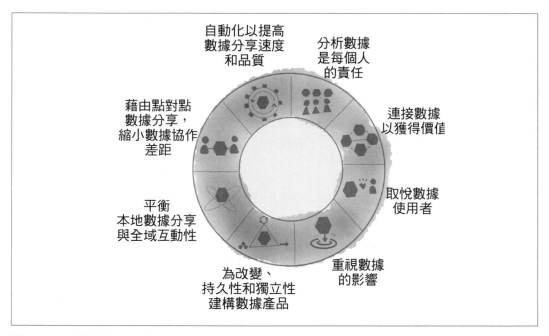

圖 16-3　支撐數據網格文化的價值

6　*https://oreil.ly/geeBc*

7　Daphna Oyserman, "Values: Psychological Perspectives" *(https://oreil.ly/lvUrS), International Encyclopedia of the Social & Behavioral Sciences*, (2001), 16150–16153.

分析數據是每個人的責任

領域導向的數據所有權提升在每個跨職能團隊，和整體企業中提供或使用分析數據的責任感。無論這些團隊是藉由數位技術和服務支持業務、建構新產品，或是負責銷售與行銷，都由能夠使用和分享分析數據的跨職能紀律所組成。

跨邊界連接數據以獲得價值

支持擴展數據使用的數據網格，前提是實現跨網格的數據連接。網格上的節點跨越組織邊界、互相連接內外部，這與在湖泊或倉庫中蒐集數據形成對比。連接建立在多個層級上：建立數據分享和血緣的輸入和輸出埠；藉由綱要連接分享的數據語義和語法；藉由數據連結和全域辨識子的數據連接和關聯。重視數據連接性可以促進大規模的互動性，進而產生對大量不同數據的洞見。

取悅數據使用者

使用數據產品來滿足數據使用者，贏得他們的信任，並且加速他們的分析應用程式開發，這個價值專注於數據產品的目的。它將數據使用者及其體驗置於中心位置，驅使行動，強調數據產品對數據使用者的影響，以快速開發對數據具有高度信任和信心的分析和 ML 應用程式。

重視數據的影響

我們重視和衡量成功的因素，會驅動行為和管理資源的方式。數據網格專注於數據的影響，而不是數據的數量。相較於數據的數量，它更重視數據可用性、滿意度、可得性和品質。當然，數量在許多時候下會發揮影響力，特別是越多越好的 ML 情況，但它仍次於可用性。

為改變、持久性和獨立性建構數據產品

數據產品的主要特徵是不斷改變、獨立、數據長時間的持久性。舉例來說，嵌入執行時數據轉換，以變異和生成連續的時間點數據串流的數據產品設計考量，是適應連續改變所必需的。在預設情況下，數據會隨著時間過去而進化。將數據和管理數據的策略作為一個單元的設計考量，對於數據產品實現高度獨立和自給自足有其必要性。將數據儲存為具有長期保留的時變資訊的設計決策，對於數據持久性是必要的。分析使用案例需要在很長一段時間內存取數據。

平衡本地數據分享與全域互動性

平衡本地分享與全域互動性網格，在分享和使用數據方面，包含本地自治和領域的多樣性。這種自治，與支持網格層級的數據發現、連接性和一致性的全域互動性互相平衡。全域互動性藉由聯合治理操作模型管理，並且藉由嵌入在每個數據產品中的自動化策略來實現。

這個價值驅動行動，以不斷尋找領域層級本地最佳化，和網格層級的全域最佳化之間的平衡。

藉由點對點數據分享，縮小數據協作差距

數據網格消除數據提供者和消費者之間的組織和架構差距，藉由作為產品分享的數據直接連接它們。無需中介即可獨立授予數據存取權限的平台發現功能和計算治理，縮小了這種差距，並且最終實現對數據的無摩擦存取，促進數據驅動和實驗驅動的文化。

自動化以提高數據分享速度和品質

平台服務自動化和簡化數據分享工作流程，並且不斷提高數據品質。平台團隊不斷的尋求新的和改良方法，利用自動化來消除數據分享中的摩擦，並且最佳化數據提供者和消費者的體驗。

獎勵

人們如何感受激勵和獲得獎勵，是組織設計的另一個要素。

我經常聽到反對數據網格的意見，其中一個是，組織很難讓他們的應用程式或產品團隊，關心分析數據到願意努力建構 ETL 和數據管道。我完全同意這個說法。如果我是領域團隊的開發者，我沒有理由要建立一堆 ETL 工作，以從資料庫應用程式中抓取數據，並且將其轉儲存到其他地方，只為了提供給一些我了解的使用案例，例如建構「音樂播放器」應用程式。這完全沒有道理，也不符合數據網格的方法。

過去，我們藉由建構應用程式團隊下游的數據團隊來解決這個問題，以此建立中間管道來解決數據品質和建模問題。但這沒有解決根本原因，它只會造成意外的複雜性。而數據網格解決了根本原因：驅動力和動機。

內在動機

數據網格的方法建立在人們的內在動機之上。Daniel Pink[8] 在他的 *Drive: The Surprising Truth About What Motivates Us*[9] 書中強調,現代企業必須培養具有內在回報和內在滿足感的行為和活動類型。他稱此為 I 型行為,可以帶來更好的表現、更加健康和整體的幸福感。然後,他描述產生 I 型行為動機的三個基本要素:自主、掌握和目的。

這些內在動機與數據網格原則是一致的:

技術業務對齊領域在數據所有權的**自主權**

領域團隊在分析使用案例的定義和分享數據中,既有責任又有自主權。他們可以自主利用 ML 和分析中的數據,來創造數據驅動的價值。這種自治受治理操作模型和平台服務所支援。

技術人員**掌握**管理、分享和使用分析數據

數據網格將處理數據的能力擴展到通才技術人員,而不是孤立的一群數據專家,獲得處理數據的技能是開發者的正向積極動力,平台為他們提供了新的途徑以掌握數據和分析。

尋找將數據作為產品,直接分享給消費者的**目的**

跨職能團隊直接向數據消費者提供數據,並且控制提供消費者實際需要的內容。他們根據消費者的滿意度和採用率的成長,來衡量和追蹤數據產品的成功。更重要的是,跨職能團隊藉由使用嵌入式 ML 來讓應用程式和業務進階,在管理數據中找到更高的目標。

向數據網格發展的組織,認可並且強調這些內在動機。

外在動機

執行數據網格的公司,很可能擁有一個獎勵系統,包括獎金、激勵計畫、排名、晉升或工作條件等,好從外部激勵他們的員工。

---

8 *https://oreil.ly/t2mry*
9 Daniel H. Pink, *Drive: The Surprising Truth About What Motivates Us*, (New York: Riverhead Books, 2011).

我經常看到，處於數據網格轉型過程中的組織，將他們的外部激勵例如年終獎金，跟數據網格執行目標連結在一起。我還看過一個很糟的例子，將年終獎金與數據產品的數量連結在一起，這導致年底審查之前，會瘋狂地建立出許多數據產品，這違背了使命目標：藉由組織內外分享和連接的數據產品，來從數據中獲取價值。這種急就章的方式，通常會導致之後需要付出額外的努力，以償還所產生的技術債。

我個人的建議是將員工績效評估、獎勵等的回顧性評估，與前瞻性目標及其衡量指標，如數據網格執行目標分開。讓團隊專注於前瞻性目標，並且藉由將他們的目標，與更宏觀的策略願景和公司首要任務相關聯，來激勵他們。

前瞻性目標可以表示和衡量為目標與關鍵結果（objectives and key results, OKRs）[10]。OKR 可以是我在第十五章中介紹的時間性且相關的可測量功能子集（第 283 頁「具有適應函數的導引進化」）。實現這些目標，共同推動數據網格實作朝著其目標發展。

以下是團隊或個人 OKR 的一些範例：

領域數據產品使用的成長

這個目標可以藉由網格上和網格外的成長率來衡量：現行利用領域數據產品的下游數據產品數量，以及直接使用數據生成洞見的網格外終端消費者分析應用程式的數量。

增強對數據的信心和信任

這可以評估一段時間內的一組目標測量，舉例來說，對於一天內完整性 SLO 為 95% 的數據產品；完整性只是眾多平均 SLO 中，其中一個用來衡量的關鍵結果。

結構

當我們考慮組織設計時，結構通常會第一個浮現腦中。組織結構決定以下這些維度：

- 決策權的配置：中心化還是去中心化
- 團隊和部門的拓撲結構：團隊和部門所形成的軸線
- 團隊形式：扁平化或階級化

數據網格不會從頭開始支配組織結構，它會對現有組織結構做出一些假設，並以此為基礎建構。

---

10 John Doerr, *Measure What Matters: OKRs*, (London: Portfolio Penguin, 2018).

組織結構假設

數據網格建立在受領域驅動設計影響的組織設計之上。在這樣的組織中,架構解構的解決方案和系統,與業務功能和技術團隊的劃分保持一致。如果你不熟悉領域驅動設計的概念,基於本章目的,我強烈建議你閱讀 *Implementing Domain-Driven Design*[11],特別是〈Domains, Subdomains, and Bounded Contexts〉這章。

圖 16-4 顯示 Daff 領域導向的一部分組織結構。

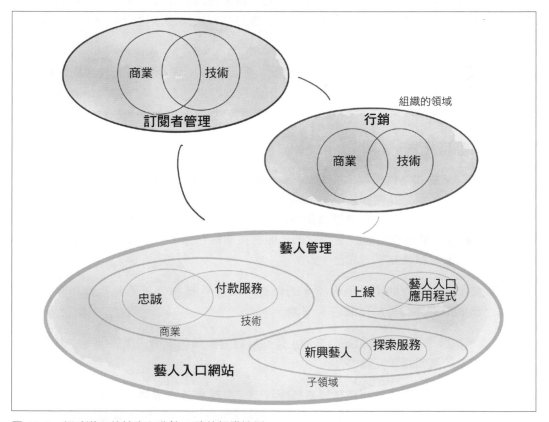

圖 16-4 領域導向的技術和業務一致的組織範例

---

11 Vaughn Vernon, *Implementing Domain-Driven Design*, (Upper Saddle River, NJ: Addison-Wesley, 2013).

假設 Daff 是一個領域導向的組織。它有業務團隊，專注於 Daff 的不同業務領域，包括**藝人管理、市場行銷、訂閱者管理**等。我們來看看**藝人管理**這個業務領域，它的目的是吸引更多藝人並且讓他們加入平台，促進他們分享內容，支付他們的報酬和版稅，並且不斷改進藝人在全球獲得知名度、推廣和與觀眾連結的方式。藝人的成功和他們對平台的滿意度，是該業務領域的首要目標。正如你所看到的，這個領域可以有多個獨特且不同的營運子領域，如**藝人支付、藝人加入平台、發掘新藝人**等。在領域導向的組織中，有專門的技術團隊，與**管理藝人**業務子領域密切合作，提供數位服務、應用程式和工具。舉例來說，**藝人入口網站、藝人支付服務、藝人發現服務**等，都是為了**藝人營運管理**業務而維護的技術系統。與業務夥伴密切合作的長期技術團隊協調一致，是此類組織的關鍵屬性。

如果你還記得，若要通過數據網格準備測試（第 261 頁「你應該今天就採用數據網格嗎？」）你將組織確立為領域導向的組織。這個假設建立一個建構數據網格團隊拓撲的基礎標準。

數據網格團隊拓撲

數據網格團隊結構和互動模型，與 Matthew Skelton 和 Manuel Pais 在組織設計之間，擁有非常大的綜效，稱之為團隊拓撲（team topologies）[12]，這是「一種組織設計模型，為現代軟體密集企業提供關鍵的無關技術機制，從業務或技術的角度來感知何時需要改變策略。」持續感知環境變化並且適應它們，與數據網格在複雜、多變和不確定的業務環境中擁抱變化的組織性結果，完全一致。

團隊拓撲提出 4 種團隊類型：平台、串流對齊、啟用和複雜的子系統團隊；和 3 種核心團隊互動模型：協作、X 即服務和幫助。

圖 16-5 顯示數據網格的團隊和互動範例，以高層級的團隊拓撲術語來表示；它僅辨識出在某個時間點的邏輯團隊互動模型。

負責數據產品點到點交付的領域數據產品團隊，可視為**串流對齊團隊**。他們與其他團隊分享數據產品作為服務。數據網格平台團隊將他們的平台功能作為服務，提供給數據產品團隊。治理團隊中某部分充當支援平台和數據產品團隊的**支持團隊**。治理團隊有時則會與平台團隊協作。

---

12 Skelton and Pais, *Team Topologies*.

本章中使用的團隊視覺化語言和互動模型，改編自團隊拓撲概念中使用的
書本形狀 [13]。圖像標籤能闡述形狀意圖。

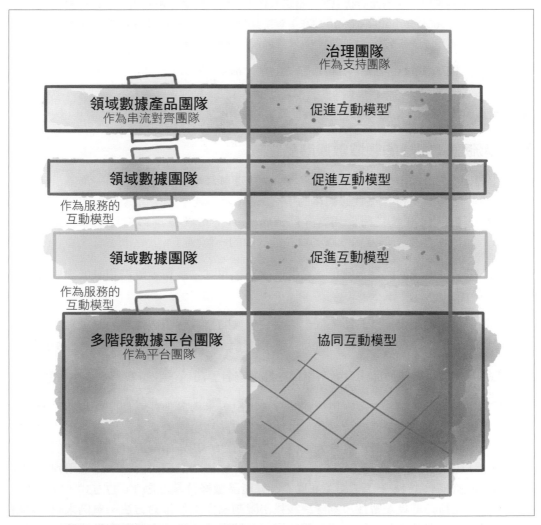

圖 16-5　團隊拓撲的數據網格高層級表示範例

13 *https://oreil.ly/oqLMY*

對團隊拓撲結構來說，團隊的定義是一群穩定、長期存在的人們，每天（肩並肩）一起工作以實現共同目標。

我使用邏輯團隊或群組的術語，因為它們在定義上比團隊更寬鬆。舉例來說，在治理的狀況下，策略制定由一組數據產品擁有者、主題專家（subject matter expert, SME）等所共同制定，儘管這個群組的成員屬於不同團隊。因此，我稱他們為一個群組，而不是一個團隊。

團隊或群組的複數形式也都是「團隊」（teams）。

讓我們仔細看看每一個團隊以及其主要的互動模式。

作為串流對齊團隊的領域數據產品團隊

根據團隊拓撲結構，串流對齊團隊是組織中的主要團隊類型。它負責單一產品、服務、一組功能等點到點交付。在數據網格的情況下，（跨職能）領域團隊有一個或多個串流對齊團隊，包括應用程式開發團隊，簡稱 *app dev*；和數據產品交付團隊，簡稱 *data product*。領域團隊是一個邏輯團隊，眾多團隊中的一個團隊。

數據產品的交付專注於設計、建模、清理、建構、測試、服務、監控和發展領域導向的數據點到點持續流程。

數據產品團隊的數量可能會有所不同，取決於領域的複雜性和數據產品的數量。理想情況下，一個小團隊負責一個數據產品，每個數據產品都有獨立的流程和交付生命週期。

數據產品團隊具有數據產品開發者和數據產品擁有者等角色，我將在下一節中討論。

來源對齊的數據產品與其來源應用程式開發團隊配對。與其他任兩個團隊相比，他們定期且更頻繁的合作，有更多機會溝通，以決定數據產品如何表示其協作應用程式內部數據的分析檢視。這兩個團隊可能會大量協作，明確的在特定領域協同工作。舉例來說，Podcast 播放器應用程式開發團隊，與 Podcast 事件數據產品團隊合作，將應用程式的操作數據提供給協作數據量子（第 150 頁「數據產品數據分享互動」）的方式。因為成本高昂，協作互動必須具短暫性，團隊應該找出限制協作工作量的方法。舉例來說，為應用程式開發團隊定義合約，以公開他們的操作領域事件，減少來源對齊數據產品團隊在理解、處理，並且將這些領域事件轉換為分析數據產品方面的協作成本。

圖 16-6 呈現作為串流對齊團隊的數據產品團隊，以及他們與應用程式開發者和其他數據產品團隊的互動。

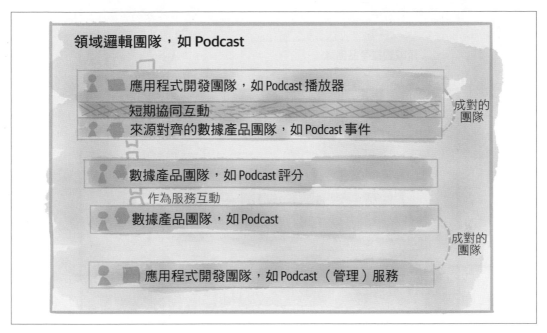

圖 16-6　數據產品團隊作為串流對齊團隊的範例

數據產品團隊藉由平台階段的 API 作為服務使用平台服務，如圖 16-5 所示。我將在本章稍後討論數據產品團隊與治理團隊的互動。

作為平台團隊的數據平台團隊

根據團隊拓撲，平台團隊類型的目的，是使串流對齊的團隊能夠擁有充分自主權，交付他們的工作。這符合數據網格的多階段數據平台目的（第 166 頁「設計由使用者旅程驅動的平台」）。

數據平台團隊是由許多具有碎形拓撲結構團隊所組成的邏輯團隊。舉例來說，數據平台（邏輯）團隊可以擁有多個串流對齊的團隊，每個團隊專注於特定階段的特定自我服務平台能力的點到點交付，例如**數據產品測試框架**，**數據產品排程程式**等。也可以有一個團隊在內部充當平台團隊，為其他團隊提供功能作為服務。舉例來說，實用階段邏輯團隊為其他階段團隊提供基礎設施配置服務，同時也是平台團隊。

圖 16-7 顯示在某個時間點的數據平台團隊及其互動模式範例。在這個範例中，數據平台團隊有多個串流，一個專注於數據產品體驗階段，其他專注於實用程序和網格體驗階段服務的不同能力。這是一個即時快照，顯示兩個串流之間的協作。

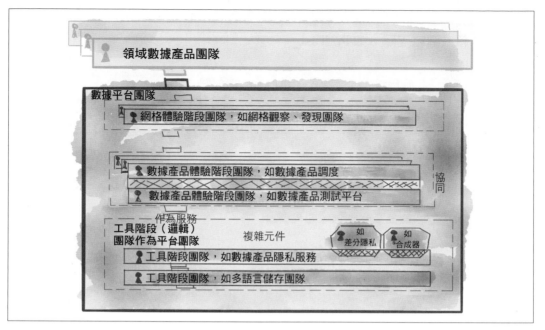

圖 16-7　數據平台團隊範例

平台團隊將自己劃分為一個或多個團隊的實際方式，取決於組織中平台的規模、複雜性和版本。它可能從一個團隊開始，但隨著時間過去，平台服務列表成長，而分裂成多個團隊。定期評估和調整數據平台內部團隊之間的界限非常重要。

數據平台團隊有兩種主要的互動模式，*X 即服務和協作*。舉例來說，數據平台團隊可以在新平台功能的設計和啟動期間，臨時與數據產品團隊協作互動，以了解他們的需求，並改善他們的使用者體驗。目標是達到成熟度水準，也就是互動仍然為 *X 即服務*，以減少使用平台摩擦。

鑑於平台的複雜性，可能會有多個具有特定領域專業知識的*複雜子系統團隊*。根據團隊拓撲，「一個複雜的子系統團隊負責建構和維護部分系統，該部分在很大程度上依賴於專業知識，以至於大多數團隊成員必須是該知識領域的專家，才能勝任並且做出改變。」[14]

---

14 Skelton and Pais, *Team Topologies*, Kindle Locations 1801–1803.

舉例來說，加密演算法的實作、數據合成和異常檢測，都需要深厚的專業知識。除非平台使用供應商提供的服務，否則將有專門的元件團隊建構這些元件，讓平台可以包含在其服務中。複雜的子系統團隊與其他數據平台團隊之間存在臨時協作互動，以設計或整合子系統。

最終目標應該是盡量減少複雜子系統的數量，因為它們很容易成為瓶頸；而非嵌入所需的專業，使團隊變得自給自足。這些複雜的子系統團隊與平台團隊之間以協作模式互動。

我將在下一節介紹數據平台團隊與治理群組的互動。

作為啟用團隊的聯合治理團隊

聯合治理團隊的關鍵角色是促進關於全域策略的決策制定，在經由平台計算實作後，由領域數據產品團隊採用這些策略。第五章介紹治理的運作模型。

除了制定策略外，治理群組還將啟用數據產品團隊的主題專家聚集在一起。根據團隊拓撲，啟用團隊可以幫助串流對齊團隊建立實踐、提供明智的指導原則、發展他們的能力並且縮小知識差距，同時專注於交付其串流的點到點結果主要責任。

圖 16-8 呈現分為多個群組的治理，及其與數據產品和平台團隊的互動範例。在這個例子中，我將細目分類為比團隊更鬆散的群組結構。群組中的成員聚在一起執行特定任務，例如決定一項全域策略，但他們並不是每天一起工作的長期團隊。

本文撰寫時，治理群組的最佳模型是一個探索領域，終極目標是避免建立成為瓶頸的治理團隊。

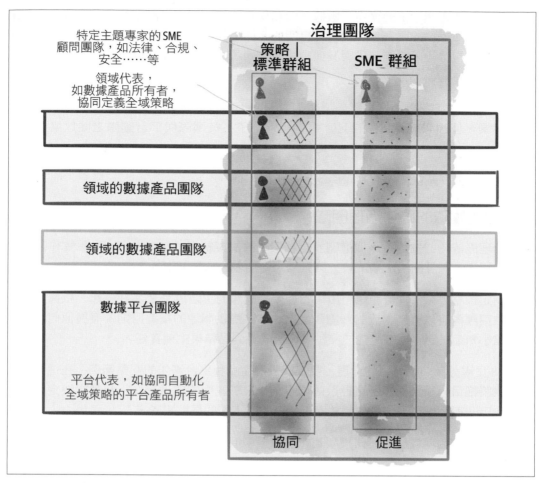

圖 16-8　數據治理群組及其互動的範例

在這個範例中，數據產品擁有者等人的領域代表，和平台產品擁有者等人的平台代表，與主題專家所組成的全域策略和標準群組，協同工作以識別和定義一小組的全域策略。平台與該群組合作實現策略自動化。

由諸如法務、安全、合規等主題專家組成的群組，會繼續諮詢數據產品團隊。

發現數據產品邊界

數據產品的邊界直接定義了團隊的邊界。經常有人問我,要如何辨識數據產品的邊界?什麼數據需要進入到哪個數據產品?數據產品的正確顆粒度是多少?

這些問題很重要,是數據產品團隊分配及其長期職責的基礎。因此,我在這裡回答與組織結構設計決策相關的問題。這些問題的答案不是一門特定的科學,更重要的是,因為組織進化其數據網格實作,答案也會隨著時間而改變。

如果你考慮支撐數據產品的一些原則,你將得出一組啟發式的方法,來測試目前為數據產品所選擇的邊界是否正確。在本節中,我將介紹其中一些啟發式方法。

在繼續之前先容我提醒一下,無論你如何評估和辨識數據產品的邊界,所謂的好邊界,都會隨著時間而改變。這將取決於你所處的數據網格進化階段(第 276 頁「多階段進化模型」)、處理大量數據產品的操作成熟度等級、網格的複雜性、平台可用功能,以及底層供應商提供的技術可能在任何時間點施加的強硬限制等。計畫和設計是為了持續改進和變化,而不是為了擁有永恒且完美的設計品。

從現有業務領域和子領域開始

數據產品是否與業務領域保持一致?還是基於理論建模製造的數據產品?它符合商業現實和真理嗎?

數據產品由業務技術對齊領域所擁有、獲得和使用,這是數據網格的基本組織假設。發現業務領域會推動數據產品的建立和所有權,從辨識業務領域開始,發現它們分享或需要哪些數據產品。

你可能會問,要如何辨識業務領域?其實不用做太多事,它們已經存在,正在代表企業劃分資源、責任、結果和知識。舉例來說,圖 16-4 是 Daff 業務領域的範例。

查看這些領域及它們的子領域,是找到數據產品之間粗略界限的起點。在某些情況下,數據產品並不完全符合一個領域,它是多個領域的聚合,在這種情況下,可能是建立的新領域,也可能是對數據產品生命週期和設計更有影響力的現有領域,會取得它的所有權。

數據產品需要長期擁有權

數據產品是否有利於長期擁有權？有沒有人關心這個領域到足以擁有它？

數據產品是具有長期所有權的長期產物。它們不是為特定專案所建構，然後慘遭原始專案開發者遺忘的工件。我們預期它們會隨著時間的推移而發展，主要取決於不斷變化的新用途。

如果你在辨識的數據產品沒有如此的壽命，那它就不是數據產品。它可能只是為特定專案建構的，特定應用程式資料庫中的數據集。

數據產品必須擁有獨立的生命週期

數據產品是否具有易用性和原子完整性的高度內聚力？數據產品服務的所有數據是否都有相同的生命週期？或者，數據產品是否編譯多個數據集，每個數據集都根據不同的流程和觸發器而能獨立變更？

我建議設計數據產品時，每個產品都基於單一且定義明確的流程，來保存具有相同生命週期，即建立、更新與刪除的數據。套用鬆散耦合和高內聚原則，來定義哪些數據集應該或不應該屬於數據產品，可確保數據的完整性和可用性。數據產品的使用者，應該能夠簡單理解將各種數據集組合成領域數據產品背後的邏輯決策。每個數據產品都應該具有獨立的驅動價值和意義：數據使用者不用每次都將它與其他數據產品結合，才能獲得有意義的東西。

舉例來說，試想**聽眾剖析檔案**聚合數據產品。它提供聽眾個人資訊以及相關衍生特徵，例如音樂剖析檔案和它們所屬的群組。**聽眾剖析檔案**可以根據多個輸入而修改，例如**註冊**過程、**訂閱修改**或**收聽行為及位置**變更。儘管有不同的觸發器，但所有這些觸發器都使用單一轉換邏輯修改一個聚合實體，也就是**聽眾剖析檔案**。當然，也可以進一步拆分這個數據產品，分離數據產品，如**聽眾個人資訊和聽眾剖析檔案**，以得到一個更獨立的生命週期。前者會因註冊而改變，而後者會因為收聽行為而改變，我認為這兩種模型都可以接受。我從一個顆粒度較小的數據產品開始，同時尊重數據生命週期的內聚性。

相比之下，如果數據產品服務於兩種完全不同類型的數據，每種數據在不同的生命週期中獨立變化，在兩個聚合根之下[15]，邊界就需要改進，以建立兩種不同的數據產品。以這個病態例子來說，「**我們所知道關於聽眾的一切**」數據產品，為聽眾提供播放清單、

---

15 「聚合（*https://oreil.ly/P5Awy*）是領域物件的叢集，可以將其視為一個單元。聚合將以其中一個元件物件作為聚合根。」

設備和剖析檔案等，這些都在一個數據產品中，這些輸出的每一個都可以單獨改變；因此，它們必須轉換為不同的數據產品。

數據產品具有獨立意義

數據產品是否能獨立提供有意義的數據？你的所有數據產品使用者是否都需要合併，並且連接其他數據產品才能使用它？

傳統的數據倉庫使用資料庫正規化技術和事實資料表，來合併許多不同的維度資料表，每個維度資料表都保存關於一個實體的數據。這讓高度靈活的查詢系統可以跨多個維度交叉關聯數據。這種高成本的建模非常耗時，並且只能涵蓋一部分的使用案例。

網格上的數據產品並不打算設計出一個針對所有可能查詢最佳化的完美模型。網格上的數據產品針對最少的建模和最大的可重用性最佳化，並且只有在需要時才會組合出用途適合的數據產品。因此，它們試圖獨立的提供價值，即有意義的數據。如果需要，它們會從其他數據產品複製資訊，以避免不必要的合併。這不會取代跨數據產品的合併，但可以確保在大多數情況下，數據產品可以獨立使用。

恰到好處的數據產品邊界

恰到好處的數據產品邊界，如顆粒度、服務的數據和執行的轉換，處於**易用性**、**易維護性和業務相關性**的交叉點。

數據產品輸出必須能夠獨立使用，並且為其使用者提供價值和意義。如果數據產品太過肥大，編寫過多可以獨立變更面向的程式，而且讓人難以理解它變更的原因和方式，就是該把它分解成更簡單的數據產品的時候了。

數據產品轉換邏輯的複雜性不應該約束它的可維護性。它必須易於理解、測試和維護。如果數據產品的轉型，成為變更失敗率很高的複雜管道，也是重新審視它的邊界的時候了。也許就是將其分離為獨立的數據產品之時。

如果數據產品與業務的實際情況不符，因為聚合和轉換的發生，造成遠離原始業務情境的變形，有可能它已經漂移到完美建模的領域。在這片遙遠的土地上，維護成本增加，數據產品更難理解與使用。是時候重新審視複雜轉型背後的原因，並且回到現實世界的情境之下了。

沒有使用者的數據產品並不存在

數據產品有人用嗎？它是否為任何報告提供數據、訓練任何 ML 模型或是提供數據給下游數據產品？或是說，數據產品是為未來某一天可能需要的假設使用案例而建立的？

關注數據的人很容易預先決定組織有一天可能需要哪些數據產品。或許是害怕會錯過促使建立這種假設的數據產品。我同意，我們越早以數位方式捕捉到業務現實，就越容易讓未來的使用案例有機會從過去獲得洞見。然而，這種前期投資的成本，和我們實際需要抓取的知識缺乏，並沒有超過利益。因此，我建議遵循我在第十五章中介紹的業務驅動執行方法（第 270 頁），首先發現使用案例，然後快速建構所需的數據產品。

人員

與人相關的組織設計決策包括他們的角色、能力、發展和培訓以及招聘。在本節中，我將只討論數據網格影響的關鍵獨特領域：全新和不斷變化的角色和責任，以及新的發展途徑，以產生實作數據網格所需的人才、技能和思維方式。

首先，讓我們快速了解一下變更中的角色或是新的角色。

角色

數據即產品和領域所有權原則的導入，在每個領域團隊中導入新的角色，例如數據產品擁有者，他們促進數據產品及其功能的優先順序排序。

自我服務數據平台強調平台產品擁有者的作用，他們促進以內部技術產品方式所提供的平台功能。

領域治理決策的聯合改變現有的治理角色，如數據治理者、數據管理員和數據保管者。

最終，將數據所有權去中心化到跨職能的領域導向團隊，會轉移組織數據負責人，例如首席數據和分析者的職責和角色。

數據產品負責人角色

數據產品擁有者在特定領域內工作，並且對領域的數據產品負責。根據子領域和數據產品的數量和複雜性，可能會有一個或多個數據產品擁有者。數據產品擁有者幫助圍繞著數據產品的願景和規劃來做出決策，持續關注數據消費者滿意度的測量和溝通，並且幫

助數據產品團隊提高數據的品質和豐富性。他們管理和溝通領域數據產品的生命週期，決定變更、修訂版本、淘汰數據和綱要的時機。他們在數據消費者的需求競爭之間取得平衡。

數據產品擁有者定義、持續監控和改善數據產品的成功標準，及與業務一致的 KPI（一組衡量數據產品性能和成功的客觀指標）。他們使用這些指標來獲得數據產品狀態的可觀察性，並且幫助團隊改進數據產品。

與任何其他產品一樣，數據產品的成功將與數據消費者滿意度達成一致。舉例來說，數據消費者滿意度可以藉由最終推薦值來衡量，也就是消費者向其他人推薦數據產品的程度、數據產品消費者成功發現和使用數據產品前置期的縮短，以及數據產品消費者的成長。

領域數據產品開發者

為了建構和營運領域的數據產品，應用程式開發團隊的角色需要擴展到包括數據產品開發者。數據產品開發者與應用程式開發者密切合作，定義領域數據語義，並且將數據從應用程式情境的內部數據，對應到數據產品情境的外部分析數據。他們建構並且維護產生所需數據的轉換邏輯，以及數據產品的可用性特徵和保證。

這種跨職能協作所帶來的美妙副作用是，不同技能組合的互相激盪，加上現有開發人員的交叉能力，讓他們成為數據產品開發者。

平台產品負責人

這個角色非數據網格平台所獨有，而是任何內部技術平台都必備。多階段平台服務只是產品，是內部使用者、數據產品開發者和消費者用來完成工作的產品。平台服務的成功取決於易用性、滿意度以及使用起來毫不費力的平台服務。平台產品擁有者的作用是幫助平台服務的優先順序排序，以設計和建構平台使用者的體驗。他們推動定義適合數據產品開發者、消費者、營運團隊及治理者等整體旅程的平台服務，並促進這一切的發生。然後，平台產品擁有者與平台架構師和開發團隊密切合作，改善建構這些經驗的法則。

平台產品擁有者必須對使用者，也就是數據開發者、數據產品擁有者等有深入了解。平台產品擁有者就是過去的資深使用者，親身經歷過數據生產者或數據消費者的旅程，對於整體技術有一定程度的了解，而這些技術就是使用、建構或購買為平台的一部分。

產品所有權技能，如使用者研究、產品驗證、回饋蒐集、A/B 測試等，也都是必要的。

現有數據治理辦公室的角色轉移

現在，各種數據治理職能在數據治理辦公室下運作。確切的結構和角色因組織而異。

儘管如此，數據網格改變辦公室內的角色，包括數據管理者、數據保管者、數據委員會成員等。

以下是治理角色變化的幾個範例：

今日的數據管理者身處中央治理團隊，負責管理、調查和解決一個或多個領域的數據品質問題。使用數據網格，這個角色轉移至領域，並且成為領域的一部分，是數據產品擁有者。目前擔任此角色的人員可以轉變為領域的數據產品擁有者角色，也可以專家角色轉移到平台，幫助自動化數據品質測試、可觀察性和錯誤恢復。

現今，數據保管者通常親自負責數據來源的日常工作和維護數據。此角色已遭棄用，並且以數據產品開發者的角色轉移到領域。

數據委員會是對政策負責的最高決策機構，也轉移到由領域代表組成的聯合模型。

這些範例是邁向自動化和聯合治理、消除同步控制和瓶頸，並且賦予有權力做出改變的人的責任起點。

改變首席數據和分析者的角色

如今，技術組織由職能主管營運，例如首席數據和分析者（CDAO）、首席技術者、首席數位者……等。傳統上，CDAO 的角色一直關注所有數據，包括對企業範圍內的數據建立、利用和治理負責，以推動業務價值；我合作過的許多 CDAO 都負責建構數據平台、蒐集和蒐集分析數據，以及建構業務所需的許多分析解決方案，如儀表板和 ML 模型。簡而言之，許多需要數據專業化的不同職責都屬於 CDAO 的職能組織。

將數據從專門的關切轉移為一般化、將數據責任分配給跨職能領域團隊以及數據專業知識的傳播，都會對 CDAO 角色造成影響，轉變為可行性角色，並且與首席數位者或技術人員建立密切協作關係；CDAO 將繼續負責高度專業化的領域。現在要說有哪些高度專業化的領域會進化，以及角色的樣子還言之過早。然而，組織必須解決 CDAO 下數據責任制的去中心化和中心化之間的衝突。

技能發展

數據網格策略需要將所需的最低限度技能，如欣賞、理解和使用數據等集合，傳播至參與數位解決方案開發，如應用程式、服務或產品的每個人上。消除數據專家和其他人之間的組織孤島牆，是技能、語言和理解互相激盪的催化劑。

雖然建立有利於藉由滲透學習新技能的組織結構是一個很好的起點，但組織必須全面性的投資建立，和執行刻意設計的**數據素養計畫**。

除了藉由增加數據教育來提升水準之外，還必須設計新的職業發展道路，讓人們能夠順利踏入數據網格導入的新角色和職責。

教育推動民主化

讓具有不同角色和技能水平的人參與更多跨組織數據分享，是許多組織的共同目標，這即是數據民主化。如果你追溯「民主化」一詞來源，你會得到「dēmos」，也就是人們的意思。教育提高人們的意識和參與程度。事實上，研究表示，眾人的教育水準，會直接影響整個社會範圍內的民主素養[16]，但這是另一個主題了。

數據網格的成功實作，取決於超出先前範例預期的數據分享參與。它假設通才技術人員參與提供數據並且將其投入使用。它假設產品經理、應用程式開發者和系統設計師，不再將數據知識和責任外部化。

數據網格並不期望人們成為數據專家，但它確實期望人們成為在自己數據中的專家。平台降低必備的專業化程度。它確實期望有協作的跨職能團隊，和許多通才建立起數據與數據使用案例的語言、心智模型、欣賞及同理心。同樣的，它期望數據專家與軟體工程師一起工作，以便在管理、套用或分享數據時，採用軟體工程的實踐。

組織範圍內的數據教育課程考慮多個維度，以下是之中的幾個維度：

每個人

參與建構、支援或管理數位解決方案的每個人，都必須了解何謂好的數據，以及利用這些數據的方式。了解套用於組織的特定行業 ML 應用，如生成應用程式、最佳化解決方案、推薦系統和異常檢測服務等，可以提高創造力和參與感。每個人都學習數據分析和視覺化。數據分析只是一種新的數位體驗，可以增強現有的數位工作流程，並希望能培養出對數據的認識、欣賞、同理心和好奇心。

---

16 Eduardo Alemán and Yeaji Kim, "The Democratizing Effect of Education," *Research & Politics*, (2015) 2(4), doi:10.1177/2053168015613360.

高階管理者和決策者

高階管理者必須深刻了解數據網格與組織相關的原因,並且了解基礎原則。在數據網格的執行過程中,他們將面臨許多關鍵決策,需要在這些決策中平衡短期戰術需求與整體策略需求。深入了解數據網格的長期影響以及短期可交付成果,可以幫助他們做出正確決定。

通才技術專家

擴大數據分享貢獻者的數量,無論是身為數據產品開發者還是數據使用者,都需要掌握一套新的工具。技術上來說,開發者需要了解平台介面和服務,以及管理數據產品的標準和政策。他們需要理解並且在持續交付數據產品的框架內工作。平台教育和治理可以是一項持續的啟動活動。

數據專家

許多數據專家,如數據工程師或數據科學家將加入領域跨職能團隊。他們將在一個交付點到點結果的串流對齊團隊中工作,而不再是在孤立步驟上工作,這代表以軟體工程實踐和技術,達到更緊密的協作和整合。教育計畫必須幫助數據專家學習軟體工程實踐,例如寫程式、測試和持續交付。

平台工程師

數據基礎設施工程師必須進一步接近計算和營運基礎設施,即建立和託管應用程式,而計算基礎設施工程師也需要更了解整體數據基礎設施。數據網格需要數據和應用平台的無縫整合。

有彈性的組織需要有彈性的人

數據網格包含從專業和孤立的團隊,到跨職能和協作團隊的轉變。它還取決於兩個強制功能:藉由平台降低數據專業化水準和提高數據素養水準。這是為了讓多數通才技術人員,能夠積極為數據產品和解決方案做出貢獻。組織必須設計職業道路以縮小這兩個群組之間的知識差距。

過程

我在前文介紹受數據網格實作影響的組織結構。現在讓我們看看它的流程與功能變化。

一般而言，過程分為垂直和水平兩類。垂直過程的決策或資訊會在組織階層中上下流動，舉例來說，關於預算的決策，通常是蒐集所有部門的請求後，以中心化方式進行，並且在最高階層中確定優先順序。而水平過程也稱為橫向過程，圍繞工作串流所設計，以實現跨越組織邊界的點到點結果。大多數的數據網格過程都是水平式，舉例來說，新數據產品的交付就是一個水平過程。

到目前為止，你已經看過數據網格中包含的幾個關鍵過程：

數據網格執行

第十五章討論過執行數據網格實作的整體過程，由較大的數據策略，以演化和增量業務驅動的薄片執行來調整和驅動。

這個轉變過程後的建模，《Digital Transformation Game Plan》[17] 稱之為薄片擷取（thin slicing），以縮小和目標性的變更過程貫穿業務與技術的各個面向，目的在辨識出必要的變更與障礙。這是一個水平過程。

數據價值交換

網格是數據提供者和消費者的網路，它們以最小的摩擦和互動，以價值交換為單位來分享數據產品。平台促進交換，也就是之前在第十章介紹的幾個過程：數據產品開發者之旅和數據產品消費者之旅。這些也是水平過程。

全域策略定義

第五章曾討論的藉由聯合治理小組建立全域策略和標準的方法，是一個垂直過程。

具有回饋過程的數據網格動態平衡

第五章也介紹移除過程控制以支援自動回饋循環來維持網格的健康（動態平衡）。舉例來說，導入正面和負面回饋循環，以減少重複和不需要的數據產品數量，可以作為數據生產建立過程中，建立中央控制的替代方法。這些都是水平過程。

---

17 Gary O'Brien, Guo Xiao, and Mike Mason, *Digital Transformation Game Plan*, (Sebastopol, CA: O'Reilly, 2020).

關鍵流程變更

數據網格致力於建立一個數據價值生成和數據價值交換的橫向擴展系統，尋找每一個機會以消除瓶頸、延遲和不可持續的手動任務。它尋找機會以導入像是回饋循環和槓桿等元素，使它們自動化，並且減少對中心化控制的需求。

簡而言之，如果你遵循消除瓶頸、快速回應數據變化和擴展數據分享系統的思路，你會發現許多能夠改進組織特有的數據分享流程機會。

以下是在數據網格執行的影響下，發生流程變更的幾個範例。

將組織決策結構下放到領域

許多傳統上涉及治理團隊的流程，如數據建模、保證數據品質、驗證數據安全等，都委託給領域。

自動化

自動化傳統的手動流程，是擴展數據網格實作的必要條件，這類過程的例子包括存取數據，以及驗證和認證數據品質。

用自動化或分散式共識取代同步

需要中心化同步的流程會抑制規模和敏捷性。每當你發現自己面臨一個這種流程時，請尋找其他方法，以分散式方式來達到相同的結果。

舉例來說，你可能需要決定辨識新數據產品及其所有者的過程，這是數據產品擁有者可以做出的決定。你甚至可以將其想像成討論和確定數據產品團隊分配的各種會議。這樣的會議就是一個同步的契機，能夠阻擋大規模的建立、變更，或分配現有產品的過程。

換句話說，這種同步和手動的過程，可以用一組全域啟發式方法替代，讓團隊使用這些啟發式方法，自我評估產品所有權。[18] 導入自動回饋循環和槓桿點，可以隨著時間過去，而刪除重複的數據產品。[19]

---

18 我在第五章曾以全域策略為例討論。
19 我在第五章的回饋循環和槓桿點範例中，討論過這點。

回顧

我希望你能從本章中學到，執行數據網格需要多面向的組織變革。隨著數據網格「薄片」的迭代交付，我鼓勵你審視修改組織設計決策的所有面向，Galbraith 將其概括為策略、文化、獎勵、結構、人員和過程。部署基於運動的組織變革（第 295 頁「改變」），從小處著手並且快速行動以展示價值、獲得認同，並且為可持續和規模化的變革累積動能。

定義和傳達文化價值（第 298 頁「價值」），以促進與數據網格策略保持一致的行動和行為。好消息是，人類的內在動機（第 301 頁），即掌握、自主和目的，與實作數據網格所需的任務之間存在著內在的一致性。

雖然確切的組織結構因組織而異，但可以使用我提供的模板，來設計你的團隊和基於數據網格團隊拓撲的互動模式（第 304 頁）。數據產品的邊界會直接影響到你的核心團隊（數據產品團隊）。使用我介紹的啟發式方法（第 311 頁「發現數據產品邊界」），改進它們，並且為你的組織建構新的啟發式方法，以建立一個系統，讓團隊可以輕鬆自我評估和獨立決策。

導入新角色，或者可能是改變現有角色（第 314 頁），將是你需要做出的最艱難改變之一。我大概討論一些角色變化。善待那些從舒適的已知角色轉向未知新角色的人，尤其是圍繞現有治理和中心化數據團隊結構的人員。

我保留現有過程中的一些關鍵轉變（第 319 頁「過程」），例如刪除組織同步點和手動流程，以及下放一些決策階層，以達成規模化。

無論變化如何，沒有什麼是永垂不朽的。如果你的團隊結構、角色和流程仍然阻礙著從大規模數據中獲取價值，請持續觀察、評估和改變。

最後，恭喜你讀完這本書，祝你好運，希望在你執行數據網格的旅程中，能獲得諸多樂趣！

索引

※ 提醒您：由於翻譯書排版的關係，部分索引名詞的對應頁碼會和實際頁碼有一頁之差。

關於作者

Zhamak Dehghani 是 Thoughtworks 的技術總監，致力於企業分散式系統與資料架構；除了 Thoughtworks 以外，她也是多個技術諮詢委員會的成員。Zhamak 提倡所有事物的去中心化，包括架構、數據，終極目標則是權力；她也是數據網格的創始人。

出版記事

本書封面動物是大鷸（Gallinago media），是目前已知遷徙速度最快的候鳥。大鷸在歐洲東北部繁殖，然後遷徙到非洲撒哈拉。在研究人員記錄下，牠們能以最快每小時 60 英里（約 96.5 公里）的速度，不停地飛行近 4,200 英里（約 6,760 公里）。

大鷸翼展長度一般為 17 至 20 英寸（約 43 至 50 公分），通常重量不到 7 盎司（約 198 克）。牠們的羽毛是斑駁的棕色，能幫助牠們在草原、沼澤和草地中棲息時有效偽裝。牠們的眼睛上有一條深色條紋，喙很長，可以在泥土和溼地中覓食蠕蟲和昆蟲。

根據國際自然保護聯盟瀕危物種紅色名錄（IUCN Red List），大鷸已瀕臨絕種。O'Reilly 封面上的許多動物都瀕臨絕種，牠們對世界都很重要。

數據網格｜大規模提供資料驅動價值

作　　者：Zhamak Dehghani
譯　　者：吳曜撰
企劃編輯：蔡彤孟
文字編輯：詹祐甯
特約編輯：袁若喬
設計裝幀：陶相騰
發 行 人：廖文良

發 行 所：碁峰資訊股份有限公司
地　　址：台北市南港區三重路 66 號 7 樓之 6
電　　話：(02)2788-2408
傳　　真：(02)8192-4433
網　　站：www.gotop.com.tw
書　　號：A713
版　　次：2023 年 07 月初版
建議售價：NT$680

國家圖書館出版品預行編目資料

數據網格：大規模提供資料驅動價值 / Zhamak Dehghani 原著；
吳曜撰譯. -- 初版. -- 臺北市：碁峰資訊, 2023.07
　面；　公分
譯自：Data mesh: delivering data-driven value at scale.
ISBN 978-626-324-557-0(平裝)
1.CST：大數據　2.CST：資料探勘
312.74　　　　　　　　　　　　　　　　112011122

讀者服務

● 感謝您購買碁峰圖書，如果您對
本書的內容或表達上有不清楚
的地方或其他建議，請至碁峰網
站：「聯絡我們」\「圖書問題」留
下您所購買之書籍及問題。（請
註明購買書籍之書號及書名，以
及問題頁數，以便能儘快為您處
理）
http://www.gotop.com.tw

● 售後服務僅限書籍本身內容，若
是軟、硬體問題，請您直接與軟
體廠商聯絡。

● 若於購買書籍後發現有破損、缺
頁、裝訂錯誤之問題，請直接將
書寄回更換，並註明您的姓名、
連絡電話及地址，將有專人與您
連絡補寄商品。